全国本科院校机械类创新型应用人才培养规划教

现代数控机床调试及维护

主　编　邓三鹏　刘朝华　石秀敏

参　编　杨雪翠　祁宇明　张香玲　张　瑜
　　　　谢　雷　张中景　马金茹

主　审　王金敏　刘贵杰

北京大学出版社
PEKING UNIVERSITY PRESS

内容简介

本书在编写中力求做到“理论先进，内容实用、操作性强，学以致用”，共分8章内容：第1章数控机床调试与维护概述，第2章典型数控系统的操作，第3章数控系统的调试与维护，第4章伺服系统的故障诊断与维护，第5章数控机床机械结构的故障诊断与维护，第6章数控机床电气与可编程控制器的故障诊断与维护，第7章数控机床故障分析、维护与调试实例，第8章实验。本书内容全面，并辅以大量的故障诊断分析实例，以帮助读者迅速完成理论到实践的过渡，掌握数控机床的故障诊断与维护技术。同时，每章都附有一定量的思考题供读者选做。

本书是机械类本科专业用教材，也可作为机械类和近机类专业高等自学考试、高职高专教学和技能考核培训教学用书，还可作为工厂操作、编程、设计与维修等工程技术人员的参考书。

图书在版编目(CIP)数据

现代数控机床调试及维护/邓三鹏，刘朝华，石秀敏主编. —北京：北京大学出版社，2011.1

(全国本科院校机械类创新型应用人才培养规划教材)

ISBN 978-7-301-18033-4

Ⅰ. ①现… Ⅱ. ①邓…②刘…③石… Ⅲ. ①数控机床—调试—高等学校—教材②数控机床—维修—高等学校—教材 Ⅳ. ①TG659

中国版本图书馆CIP数据核字(2010)第215824号

书　　　名：现代数控机床调试及维护

著作责任者：邓三鹏　刘朝华　石秀敏　主编

责 任 编 辑：郭穗娟

标 准 书 号：ISBN 978-7-301-18033-4/TH·0222

出　版　者：北京大学出版社

地　　　址：北京市海淀区成府路205号　100871

网　　　址：http://www.pup.cn　http://www.pup6.com

电　　　话：邮购部62752015　发行部62750672　编辑部62750667　出版部62754962

电 子 邮 箱：pup_6@163.com

印　刷　者：三河市欣欣印刷有限公司

发　行　者：北京大学出版社

经　销　者：新华书店

787毫米×1092毫米　16开本　16.75印张　390千字

2011年1月第1版　2011年1月第1次印刷

定　　　价：32.00元

前　言

2009年，我国连续第八年成为世界机床第一消费国和进口国，机床出口居世界第六，机床产值跃居世界第一。我国已成为机床消费和制造大国，机床行业产品门类齐全，为国民经济建设和国防建设提供了大量基础工艺装备，为我国企业装备现代化作出了重要贡献。在国民经济平稳快速增长的大背景下，我国机床行业将持续快速发展。如何才能充分发挥数控机床的加工优势，达到数控机床的技术性能，确保数控机床能够正常工作，是摆在众多用户面前的现实问题。数控机床是集机、电、液、气、光于一体的现代机电设备，具有技术密集和知识密集的特点，及时准确地进行诊断与维修是一件很复杂的工作。

本书编者在数控机床调试与维护高级应用人才的培养上进行了有益的探索，天津职业技术师范大学于2003年在国内首先建立“机械维修与检测技术教育”本科专业，并确定其培养方向为数控机床故障诊断与维修。该校老师秉承“动手动脑、全面发展”的办学理念，坚持机电融合，进行了多项教学改革，建成多功能实验、实训基地，并开展了对外培训和数控机床装调维修工的鉴定工作。该专业是国家级高等学校特色专业建设点(TS11878)、天津市品牌专业，教学成果“创建机械维修与检测技术教育专业，培养高层次数控机床故障诊断与维修人才”获2009年天津市教学成果二等奖。本书以FANUC 0i Mate C和SIEMENS 802D数控系统为例，坚持少而精、通俗易懂、循序渐进的原则进行编写。本书建议课时为64学时，其中实验课时为12学时。本书具有如下特点：

(1) 体系结构全面系统：在编写的过程中查阅了大量的资料，内容上覆盖了数控机床的机电结构、国内应用的大部分数控系统和常见故障的处理，论述翔实。

(2) 内容实用、操作性强：精选内容，先剖析基本原理，后针对具体实例进行分析，使读者达到触类旁通、举一反三的效果。

(3) 理论实践紧密结合：结合教学中的经验，本书始终保持理论实践紧密结合的特点，每章都分析具体实例，并在本书最后一章设置了8个实验。通过理论讲解→实例分析→实验的过程，读者可以较好地掌握数控机床故障诊断及维修技术。

本书由邓三鹏、刘朝华、石秀敏担任主编。参与本书编写工作的有天津职业技术师范大学的邓三鹏、刘朝华、石秀敏、杨雪翠、祁宇明、谢雷、张瑜，天津机电工艺学院的张香玲，宁波市鄞州职业教育中心学校的张中景，北京电子科技职业学校的马金茹。在编写过程中编者参阅了西门子、FANUC公司大量的文献，以及其他学者的教材、著作，得到了天津职业技术师范大学的数控机床故障诊断与维修教研室、工程实训中心(国家级实验教学示范中心)和天津市高速切削与精密加工重点实验室的大力支持和帮助，在此深表谢意！

本书承蒙天津职业技术师范大学的王金敏教授和中国海洋大学的刘贵杰教授细心审阅，提出许多宝贵意见，在此表示衷心的感谢！

由于编者学术水平所限，改革探索经验不足，书中难免存在不妥之处，恳请同行专家和读者们不吝赐教，多加批评和指正。

编　者

2010年6月

目　录

第 1 章　数控机床调试与维护概述

教学提示

本章主要介绍了数控机床故障诊断与维护的意义，数控机床基本结构、故障的类型与特点，数控机床故障诊断及维护的基本方法，数控机床的安装调试、验收和维护，让读者对数控机床故障诊断及维护有个全面的基本认识。

引例

只有坚持做好数控机床的日常维护保养工作，才可以延长元器件的使用寿命，延长机械部件的磨损周期，防止意外恶性事故的发生，争取数控机床长时间稳定工作；也才能充分发挥数控机床的加工优势，达到数控机床的技术性能，确保数控机床能够正常工作。因此，无论是对数控机床的操作人员，还是对数控机床的维修人员来说，数控机床的维护与保养就显得非常重要，必须高度重视。下面例图所示为数控车床和加工中心，是机械加工中用的最多的两种数控机床。数控机床日常维护的重点是导轨机构、液压或气动系统及通风、润滑装置。

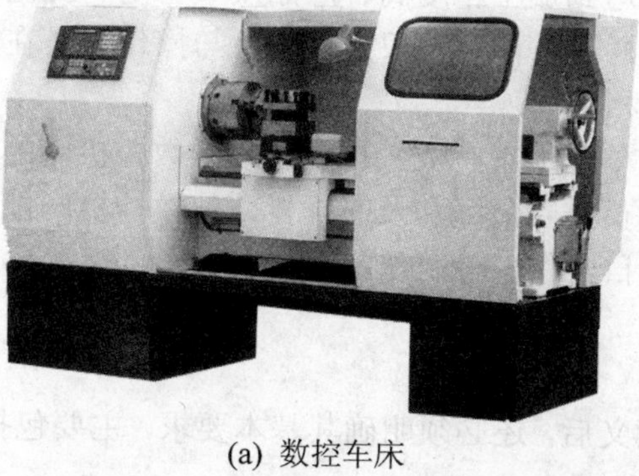

(a) 数控车床

(b) 加工中心

(1) 导轨机构的维护：每天检查油标、润滑泵，使用前手动打油润滑导轨，使用后清理切屑及脏物，检查滑动导轨有无划痕、滚动导轨润滑情况；半年清洗丝杠上的旧润滑脂，换新润滑脂，按说明书要求调整各轴导轨上镶条，压紧滚轮的松紧状态。

(2) 液压或气动系统的维护：每天检查油量、油质、温度、有无泄漏，及时清理分水器中过滤出的水，检查压力；坚持每周清洗空气过滤器一次，保持无尘，通畅，发现损坏及时更换；半年清洗各类阀、过滤器，清洗油箱底，换油。

(3) 通风、润滑装置的维护：每天检查电器箱散热、通风装置的冷却风扇工作是否正常，过滤器有无堵塞，清洗过滤器，润滑装置的油量、油质、温度；每周清除各电气柜过滤网上粘附的尘土；一年清洗冷却油池，更换过滤器。

1.1 数控机床故障诊断与维护的意义

1.1.1 数控机床维护的意义

我国自改革开放以来引进了不少先进的设备，这些设备对我国的技术人员来说是耳目一新的，其特点是以大规模集成电路为主的数字控制设备，其功能强、生产效率高，但是构造及控制复杂，尤其是电控部分。因此，在维修的理论、方法、手段上都应有很大的飞跃。

数控机床是集机、电、液、气、光一体化的现代技术装备，它与传统的机械装备相比，内容上虽然也包括机械、电气、液压与气动方面的故障，但就其维修来说，则是侧重于电子、机械、气动乃至光学等方面的交叉点上。由于数控系统的种类繁多、结构各异、形式多变，给测试和监控带来了许多困难。

数控系统完全或部分丧失了系统规定的功能就称为故障。所谓系统故障诊断技术，就是在系统运行中或基本不拆卸的情况下，即可掌握系统先行状态的信息，查明产生故障的部位和原因，或预知系统的异常和故障的动向，从而采取必要的措施和对策的技术。故障诊断的目的就是要确定故障的部位和原因，以便维修人员或操作人员尽快地进行故障的修复。

与普通机床相比较，数控机床不仅具有零件加工精度高、生产效率高、产品质量稳定、自动化程度高的特点，而且它还可以完成普通机床难以完成或根本不能加工的复杂曲面的零件加工，因而数控机床在机械制造业中的地位显得愈来愈重要。在机械制造业中，数控机床的档次和拥有量，是反映一个企业制造能力的重要标志。

应当认识到：在企业生产中，数控机床能否达到加工精度高、产品质量稳定、提高生产效率的目标，这不仅取决于机床本身的精度和性能，而且在很大程度上与操作人员在生产中正确地对数控机床进行使用和维护保养密切相关。

还应当注意到：数控机床维修的概念，不能单纯地理解成数控系统或者数控机床的机械部分和其他部分在发生故障时，仅依靠维修人员排除故障和及时修复，使数控机床能够尽早地投入使用就可以，这还应包括正确使用和日常保养等工作。

1.1.2 数控机床故障诊断与维护的基本要求

在学习了数控机床的维护与保养的目的和意义后，还必须明确其基本要求，主要包括：

1. 要从思想上高度重视数控机床的维护与保养工作

在思想上要高度重视数控机床的维护与保养工作，尤其是对数控机床的操作机床的操作人员更应如此，不能只管操作，而忽视对数控机床的日常维护与保养。

2. 提高操作人员的综合素质

数控机床的使用比普通机床的使用难度要大。首先，数控机床是典型的机电一体化产品，它牵涉的知识面较宽，即操作人员应具有机、电、液、气等宽广的专业知识。其次，由于其电气控制系统中的 CNC 系统升级、更新换代比较快，如果不定期参加专业理论培训学习，则不能熟练掌握新的 CNC 系统应用，对操作人员的素质要求是很高的。为此，必须对数控操作人员进行培训，使其对机床原理、性能、润滑部位及其方式进行较系统的学习，为更好地使用数控机床奠定基础。同时，在数控机床的使用与管理方面，制定一系列切合实际、行之有效的措施。

3. 要为数控机床创造一个良好的使用环境

数控机床中含有大量的电子元件，阳光直接照射、潮湿、粉尘和振动等，都可使电子元件腐蚀或造成元件间的短路，引起机床运行不正常。因此，对于数控机床的使用环境应做到清洁、干燥、恒温和无振动；对于电源应保持稳压，一般只允许正负 10%波动。

4. 严格遵循正确的操作规程

无论是什么类型的数控机床，都有一套自己的操作规程，这既是保证操作人员人身安全的重要措施之一，也是保证设备安全、保证产品质量的重要措施。因此，使用者必须按照操作规程正确操作。如果机床在第一次使用或长期停用后再使用时，应先使其空转几分钟，并要特别注意使用中开机、关机的顺序和注意事项。

5. 尽可能提高数控机床的开动率

要尽可能提高数控机床的开动率，对于新购置的数控机床应尽快投入使用，设备在使用初期故障相对来说往往大一些，用户应在保修期内充分利用机床，使其薄弱环节尽早暴露出来，在保修期内得以解决。如果在缺少生产任务时，也不能空闲不用，要定期通电，每次空运行 1h 左右，利用机床运行时的发热量来去除或降低机床内的湿度。

6. 要冷静对待机床故障，不可盲目处理

机床在使用中不可避免地会出现一些故障，此时，操作人员要冷静对待，不可盲目处理，防止产生更为严重的后果。要注意保留现场，待维修人员来后如实说明故障前后的情况，并共同参与分析问题，尽早排除故障。若故障属于操作原因，那么操作人员要及时吸取经验教训，避免下次犯同样的错误。

7. 制定并且严格执行数控机床管理的规章制度

除了对数控机床的日常维护外，还必须制定并且严格执行数控机床管理的规章制度。这些规章制度主要包括：定人、定岗和定责任的“三定”制度，定期检查制度，规范的交接班制度等。这也是数控机床管理、维护与保养的主要内容。

1.2　数控机床基本结构、故障的类型与特点

1.2.1　数控机床基本结构

数控机床基本结构如下：

(1) 主机。主机是数控机床的本体，主要由各种机械部件组成，包括底座、床身、主轴箱、进给机构等。

(2) 数控装置。数控装置是数控机床的控制核心，一般由一台专用计算机构成。

(3) 驱动装置。驱动装置是数控机床执行机构的驱动部件，包括主轴电动机、进给伺服电动机等。

(4) 辅助装置。辅助装置是数控机床的一些配套部件，如自动排屑部件、自动对刀部件、工作台、安全防护装置、自动检测装置等。

1.2.2 故障的类型与特点

数控机床的故障是多种多样的，可以从不同角度对其进行分类：

1. 从故障的起因分类

从故障的起因来看，数控系统故障分为关联性和非关联性故障。非关联性故障是指与数控系统本身的结构和制造无关的故障。这种故障的发生是由诸如运输、安装、撞击等外部因素人为造成的。关联性故障是指由于数控系统设计、结构或性能等缺陷造成的故障。关联性故障又分为固有性故障和随机性故障。固有性故障是指一旦满足某种条件，如温度、振动等条件，就出现的故障。随机性故障是指在完全相同的外界条件下，故障有时发生或不发生的情况。一般由于随机性故障存在着较大的偶然性，因此，给故障的诊断和排除带来了较大的困难。

2. 从故障的时间分类

从故障出现的时间上看，数控系统故障分为随机故障和有规则故障。随机故障是指故障的发生时间是随机的；有规则故障是指故障的发生有一定的规律性。

3. 从故障的发生状态分类

从故障发生的状态来看，数控系统故障分为突然故障和渐变故障。突然故障是指数控系统在正常使用过程中，事先并无任何故障征兆出现，而突然出现的故障。突然故障的例子有：因机器使用不当或出现超荷载而引起的零件折断；因设备各项参数达到极限而引起的零件变形和断裂等。渐变故障是指数控系统在发生故障前的某一时期内，已经出现故障的征兆，但此时(或在消除系统报警后)数控机床还能够正常使用，并不影响加工出的产品质量。渐变故障与材料的磨损、腐蚀、疲劳及蠕变等过程有密切的关系。

4. 按故障的影响程度分类

从故障的影响程度来看，数控系统故障分为完全失效故障和部分失效故障。完全失效故障是指数控机床出现故障后，不能进行工件正常加工，只有等到故障排除后，数控机床才能恢复正常工作。部分失效故障是指数控机床丧失了某种或部分系统功能，而数控机床在不使用该部分功能的情况下，仍然能够正常加工工件。

5. 按故障的严重程度分类

从故障出现的严重程度上来看，数控系统故障分为危险性故障和安全性故障。危险性故障是指数控系统发生故障时，机床安全保护系统在需要动作时因故障失去保护作用，造成了人身伤亡或机床故障。安全性故障是指机床安全保护系统在不需要动作时发生动作，引起机床不能启动。

6. 按故障的性质分类

从故障发生的性质上看，数控系统故障分为软件故障、硬件故障和干扰故障。其中，软件故障是指由程序编制错误、机床操作失误、参数设定不正确等引起的故障。软件故障可通过认真消化、理解随机资料，掌握正确的操作方法和编程方法，就可避免和消除。硬件故障是指由 CNC(Computer Numerical Control)电子元器件、润滑系统、换刀系统、限位机构、机床本体等硬件因素造成的故障。干扰故障则表现为内部干扰和外部干扰，是指由于系统工艺、线路设计，电源地线配置不当等，以及工作环境的恶劣变化而产生的。

1.3　数控机床故障诊断与维护的基本方法

1.3.1　数控机床故障诊断

数控设备的故障诊断与维修的过程基本上分为故障原因的调查和分析、故障的排除、维修总结三个阶段。

1. 故障原因的调查与分析

故障原因的调查与分析是排除故障的第一阶段，是非常关键的阶段。

数控机床出现故障后，不要急于动手处理，首先要摸清楚故障发生的过程，分析产生故障的原因。为此要做好下面几项工作：

(1) 询问调查。在接到机床现场出现故障要求排除的信息时，首先应要求操作人员尽量保持现场故障状态，不做任何处理，这样有利于迅速精确地分析故障原因。同时仔细询问故障指示情况、故障表象及故障产生的背景情况，依此做出初步判断，以便确定现场排除故障所应携带的工具、仪表、图样资料、备件等，减少往返时间。

(2) 现场检查。到达现场后，首先要验证操作人员提供的各种情况的准确性、完整性，从而核实初步判断的准确度。其次，由于操作人员的水平，会出现对故障状况描述不清甚至完全不准确的情况，因此到现场后仍然不要急于动手处理，应重新仔细检查各种情况，以免破坏现场，增加排除故障的难度。

(3) 故障分析。根据已知的故障状况，按故障分类办法分析故障类型，从而确定排故原则。因为大多数故障是有指示的，所以一般情况下，对照机床配套的数控系统诊断手册和使用说明书，可以列出产生该故障的多种可能的原因。

(4) 确定原因。对多种可能的原因进行排查，从中找出本次故障的真正原因。对于维修人员来说这是一种对该机床熟悉程度、知识水平、实践经验和分析判断能力的综合考验。当前的 CNC 系统智能化程度都比较低，系统尚不能自动诊断出发生故障的确切原因，往往是同一报警信号可以有多种原因，不可能将故障缩小到具体的某一部件。因此，在分析故障的起因时，一定要思路开阔。有时候，自诊断出系统的某一部分有故障，但究其起源，却不在数控系统，而是在机械部分。也就是说，无论是 CNC 系统、机床强电，还是机械、液压、气路等，只要有可能引起该故障，都要尽可能全面地列出来，进行综合判断和筛选，然后通过必要的试验，达到确诊和最终排除故障的目的。

(5) 排故准备。有些故障的排除方法可能很简单，有些故障则比较复杂，需要做一系列的准备工作，例如工具仪表的准备、局部的拆卸、零部件的修理，元器件的采购，甚至排故计划步骤的制订等。

数控机床电气系统故障的调查、分析与诊断的过程也就是故障的排除过程，一旦查明了原因，故障也就几乎等于排除了，因此故障分析诊断的方法也就变得十分重要了。

一般情况下，在故障检测过程中，应充分利用数控系统的自诊断功能，如系统的开机诊断、运行诊断、可编程控制器(PLC)的监控功能。同时在检测故障过程中还应掌握以下原则：

(1) 先外部后内部。数控机床是集机械、液压、电气为一体的机床，故其故障的发生必然要从这三个方面反映出来，数控机床的检修要求维修人员掌握先外部后内部的原则，即当数控机床发生故障后，维修人员应先用望、听、闻等方法，由外向内逐一进行检测，如数控机床外部的行程开关、按钮开关、液压气动元件以及印制电路板的连接部位，这些部位接触不良造成信号传递的失灵，是产生数控机床故障的重要因素。此外，由于工业环境中，温度、湿度变化比较大，油污或者粉尘对印制电路板的污染、机械的振动、信号传递通道的接触插件等都将产生严重的影响，检测中要重视这些因素，首先检测这些部位。另外应尽量减少随意的启封、拆卸及不适当的大拆大卸。

(2) 先机械后电气。由于数控机床是一种自动化程度高、技术复杂的先进机械加工设备，一般来说，机械故障较易发觉，而数控系统故障的诊断则难度较大。先机械后电气就是在数控机床中，首先检查机械部分是否正常，行程开关是否灵活，气动液压部分是否正常等。数控机床的故障中有很大一部分是机械动作失灵引起的，所以在故障检修之前，注意排除机械性的故障，往往可达到事半功倍的效果。

(3) 先静后动。维修人员本身应做到先静后动，不可盲目动手，首先应询问机床操作人员故障发生的过程及状态，阅读机床使用说明书、图样资料，进行分析后，才可查找和处理故障。其次，对有故障的机床也要本着先静后动的原则，先在机床断电静止的状态下，通过了解、观察测试、分析确认为非恶性循环性故障或非破坏性故障后，方可给机床通电，在运行工况下，进行动态的观察、检验和测试，查找故障。而对恶性破坏性故障，必须先排除危险后，方可通电，在运行工况下进行动态诊断。

(4) 先公用后专用。公用问题往往会影响全局，而专用问题只影响局部。如机床的几个进给轴都不能运动，这时首先应检查和排除各轴 CNC、PLC、电源、液压等公用部分的故障，然后设法排除某个轴的局部问题。如电网或主电源是全局性的，因此一般首先检查电源部分，检查熔丝是否正常，直流电压是否正常。总之，只有先解决影响面大的主要矛盾，局部的、次要的矛盾才可迎刃而解。

(5) 先简单后复杂。当出现多种故障互相交织掩盖，一时无从下手时，首先解决容易的问题，然后解决难度较大的问题。往往简单问题解决后，难度大的问题才可能变得容易；或者在排除简易故障时受到启发，对复杂故障的认识更为清晰，从而也有了解决的办法。

(6) 先一般后特殊。在排除某个故障时，首先要考虑最常见、最可能的原因，然后再分析很少发生的特殊原因。如一台 FANUC-0T 数控车床 Z 轴回零不准，常常是由减速挡块位置走动造成的，一旦出现这种故障，应先检查该挡块位置，在排除这一常见的可能性后，再检查脉冲编码器、位置控制环节。

2. 故障的排除

故障的排除是排除故障的第二阶段，是实施阶段。如上所述，完成了故障分析，也就基本上完成了故障的排除，剩下的工作就是按照相关操作规程具体实施。

3. 维修排故后的总结提高工作

对数控机床电气故障进行分析和维修排除后的总结与提高工作是排除故障的第三阶段，也是十分重要的阶段，应引起足够重视。

总结提高工作的主要内容包括：

(1) 详细记录从故障的发生、分析判断到排除全过程中出现的各种问题，采取的各种措施，涉及的相关电路图、相关参数和相关软件，其间错误分析和排除故障方法也应记录，并记录其无效的原因。除填入维修档案外，内容较多者还要另文详细书写。

(2) 有条件的维修人员应该从较典型的故障排除实践中找出带有普遍意义的内容作为研究课题，进行理论性探讨，写出论文，从而达到提高的目的。特别是在有些故障的排除中并未认真系统地分析判断，而是带有一定偶然性地排除了故障，这种情况下的事后总结研究就更加必要了。

(3) 总结故障排除过程中所需要的各类图样、文字资料，若有不足应事后想办法补齐，而且在以后的日子里研读，以备将来之需。

(4) 从排除故障过程中发现自己欠缺的知识，制订学习计划，力争尽快补课。

(5) 找出工具、仪表、备件的不足，条件允许时补齐。

总结提高工作的好处是：

(1) 迅速提高维修人员的理论水平和维修能力；

(2) 提高重复性故障的维修速度；

(3) 利于分析设备的故障率及可维修性，改进操作规程，提高机床寿命和利用率；

(4) 可改进原机床电气设计的不足；

(5) 资源共享，总结资料可作为其他维修人员的参考资料、学习培训教材。

1.3.2 数控机床维护的基本方法

由于数控机床集机、电、液、气等技术为一体，因此对数控机床的维护要有科学的管理，有目的地制定出相应的规章制度。对维护过程中发现的故障隐患应及时清除，避免停机待修，延长设备平均无故障时间，增加机床的利用率。开展点检是数控机床维护的有效办法。

以点检为基础的设备维修，是在日本引进美国的预防维修制度的基础上发展起来的一种点检管理制度。点检就是按有关维护文件的规定，对设备进行定点、定时的检查和维护。其优点是可以把出现的故障和性能的劣化消灭在萌芽状态，防止过修或欠修；缺点是定期点检工作量大。这种在设备运行阶段以点检为核心的现代维修管理体系，能达到降低故障率和维修费用，提高维修效率的目的。

我国自 20 世纪 80 年代初引进日本的设备点检定修制后，把设备操作人员、维修人员和技术人员有机地组织起来，按照规定的检查标准和技术要求，对设备可能出现问题的部位，进行定点、定时、定人、定期、定法、定量的检查，维修和管理，保证了设备持续、稳定的运行，促进了生产发展和经营效益的提高。

数控机床的点检是开展状态监测和故障诊断工作的基础，主要包括下列内容：

(1) 定点。首先要确定一台数控机床有多少个维护点，科学地分析这台设备，找准可能发生故障的部位。只要把这些维护点“看住”，有了故障就会及时发现。

(2) 定标。对每个维护点要逐个制定标准，例如间隙、温度、压力、流量、松紧度等，都要有明确的数量标准，只要不超过规定标准就不算故障。

(3) 定期。多长时间检查一次，要定出检查周期。有些点可能每班要检查几次，有些点可能一个月或者几个月检查一次，要根据具体情况确定。

(4) 定项。每个维护点检查哪些项目也要有明确规定。每个点可能要检查一项，也可能检查几项。

(5) 定人。由谁进行检查，是操作人员、维修人员还是技术人员，应根据检查的部位和技术精度要求，落实到人。

(6) 定法。怎样检查也要有规定，是人工观察还是用仪器测量，是采用普通仪器还是精密仪器。

(7) 检查。检查的环境、步骤要有规定，如是在生产运行中检查还是停机检查，是解体检查还是不解体检查。

(8) 记录。检查要详细做记录并按规定格式填写清楚。要填写检查数据及其与规定标准的差值、判定印象、处理意见，检查者签名并注明检查时间。

(9) 处理。检查中间能处理和调整的要及时处理和调整，并将处理结果进行记录。没有能力或者没有条件处理的，要及时报告有关人员安排处理，但任何人、任何时间处理都要填写处理记录。

(10) 分析。检查记录和处理记录都要定期进行系统分析。找出薄弱“维护点”，即故障率高的点或损失大的环节，提出意见并提交设计人员进行改进设计。

从点检的要求和内容上看，点检可分为专职点检、日常点检和生产点检三个层次，数控机床点检维修过程如图 1.1 所示。数控车床维护与保养如表 1-1 所示。

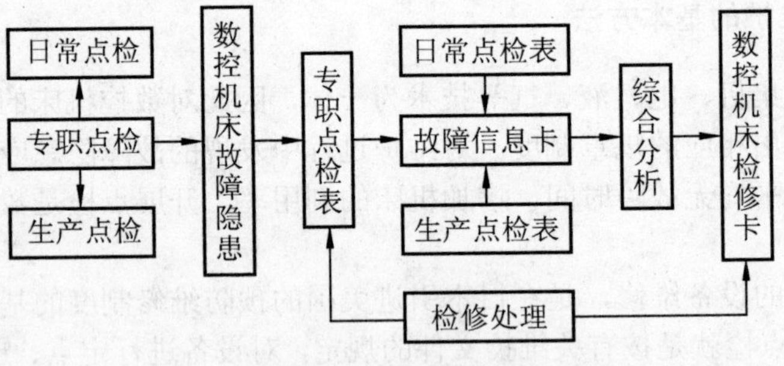

图 1.1　数控机床点检维修过程示意图

表 1-1　数控车床维护与保养

序号	检查周期	检 查 部 位	检 查 内 容
1	每天	导轨润滑机构	油标、润滑泵，每天使用前手动打油润滑导轨
2	每天	导轨	清理切屑及脏物，检查滑动导轨有无划痕，滚动导轨润滑情况
3	每天	液压系统	油箱泵有无异常噪声，工作油面高度是否合适，压力表指示是否正常，有无泄漏
4	每天	主轴润滑油箱	油量、油质、温度、有无泄漏

续表

序号	检查周期	检查部位	检查内容
5	每天	液压平衡系统	工作是否正常
6	每天	气源分水过滤器、干燥器	及时清理分水过滤器中过滤出的水，检查压力
7	每天	电器箱散热、通风装置	冷却风扇工作是否正常，过滤器有无堵塞，清洗过滤器
8	每天	各种防护罩	有无松动、漏水，特别是导轨防护装置
9	每天	机床液压系统	液压泵有无噪声，压力表接头有无松动，油面是否正常
10	每周	空气过滤器	坚持每周清洗一次，保持无尘，通畅，发现损坏及时更换
11	每周	各电气柜过滤网	清除粘附的尘土
12	半年	滚珠丝杠	清洗丝杠上的旧润滑脂，换新润滑脂
13	半年	液压油路	清洗各类阀、过滤器，清洗油箱底，换油
14	半年	主轴润滑箱	清洗过滤器，油箱，更换润滑油
15	半年	各轴导轨上镶条，压紧滚轮	按说明书要求调整松紧状态
16	一年	检查和更换电动机电刷	检查换向器表面，去除毛刺，吹净碳粉，磨损过多的电刷应及时更换
17	一年	冷却油泵过滤器	清洗冷却油池，更换过滤器
18	不定期	主轴电动机冷却风扇	除尘，清理异物
19	不定期	排屑器	清理切屑，检查是否卡住
20	不定期	电源	供电网络大修，停电后检查电源的相序、电压
21	不定期	电动机传动带	调整传动带松紧
22	不定期	刀库	刀库定位情况，机械手相对主轴的位置
23	不定期	冷却液箱	随时检查液面高度，及时添加冷却液，太脏时应及时更换

(1) 专职点检。专职点检负责对机床的关键部位和重要部位按周期进行重点点检、设备状态监测与故障诊断、制订点检计划，做好诊断记录，分析维修结果，提出改善设备维护管理的建议。它是由专职维修人员进行。

(2) 日常点检。日常点检负责对机床的一般部位进行点检，处理和检查机床在运行过程中出现的故障。它是由操作人员进行。

(3) 生产点检。生产点检负责对生产运行中的数控机床进行点检，并负责润滑、紧固等工作。

1.4 数控机床的安装调试、验收和维护

数控机床运到工厂后，必须通过安装、调试和验收合格后，才能投入正常的生产。故数控机床的安装、调试和验收是机床使用前期的一个重要环节。

数控机床在出厂前，已经对机床进行了各项必要的检验，检验合格后才能出厂。对于大、中型数控机床，由于机床的体积较大，运输不方便，必须解体后分别运输，运到用户处后需再重新组装和调试。对于小型机床，在运输的过程中无须对机床进行解体，故机床的安装、调试和验收工作相对来讲比较简单。数控机床运到用户处后，进行简单的连线、机床水平调整和试切后，就可正式投入使用，所需的工具也比较简单。下面介绍小型数控机床的安装、调试和验收要求。

1. 数控机床的初步安装

数控机床的初步安装时要注意以下两点：

(1) 根据数控机床的要求，选择合适的位置摆放数控机床。

(2) 阅读数控机床的资料，以保证正确使用数控机床。

2. 电源连接

这部分内容主要是数控机床的总电源连接，这个步骤虽然简单，但若做得不好，将会引起不必要的麻烦，甚至产生严重的后果，下面介绍电源连接时的注意事项：

(1) 输入电源电压和频率的确认。目前我国的电网供电为：三相交流380V，单相220V。国产数控机床一般是采用三相交流380V、频率50Hz供电，而有部分进口数控机床不是采用三相交流380V、频率50Hz供电，这些数控机床自身都已配有电源变压器，用户可根据要求进行相应的选择；下一步检查电源电压是否符合数控机床的要求和数控机床附近有无能影响电源电压大型波动的设备，若电压波动过大或有大型设备，应加装稳压器。电源供电电压波动大多会产生电气干扰，影响机床的稳定性。

(2) 电源相序的确认。当电源相序接错时，有可能使控制单元的熔丝熔断。检查电源相序用相序表测量，当相序表顺时针旋转，相序正确；反之则错误，这时只要将U、V、W三相中任意两根电源线对调即可。

3. 数控机床调试与性能检验

完成上述的电源连接后，参照数控机床使用说明书，给数控机床各部件加润滑油。接着就可以进行数控机床调试，可按以下几个步骤进行：

1) 数控机床几何精度的调试

在数控机床摆放粗调整的基础上，还要对数控机床进行进一步的微调，主要是精调数控机床床身的水平，确认水平后移动机床各部件，观察各部件在全行程内数控机床水平的变化，并相应调整数控机床，保证数控机床的几何精度在允许范围之内。

2) 数控机床的基本性能检验

(1) 数控机床系统参数的调整。这可根据数控机床的性能和特点去调整，主要包括以下几点：

① 各进给轴快速移动速度和进给速度参数调整；

② 各进给轴加、减速常数的调整；

③ 主轴控制参数调整；

④ 换刀装置的参数调整；

⑤ 其他辅助装置的参数调整，如液压系统、气压系统。

(2) 主轴功能。主轴功能有以下几点：

① 手动操作。选择低、中、高三挡转速，主轴连续进行五次正转/反转的启动、停止，检验其动作的灵活性和可靠性，同时检查负载表上的功率显示是否符合要求。

② 手动数据输入(MDI)方式。使主轴由低速开始，逐步提高到允许的最高速度。检查转速是否正常，一般允许误差不能超过数控机床上所示转速的±10%，在检查主轴转速的同时，观察主轴噪声、振动、温升是否正常，数控机床的总噪声不能超过80dB。

③ 主轴准停。连续操作五次以上，检查其动作的灵活性和可靠性。

(3) 各进给轴检查。各进给轴检查包括以下两点：

① 手动操作。对各进给轴，低、中、高三挡进给和快速移动，其移动比例是否正确，在移动时是否平稳、顺畅，有无杂音的存在。

② 手动数据输入方式。通过 G00 和 G01 指令功能，检测快速移动和各进给速度。

(4) 换刀装置的检查。检查换刀装置在手动和自动换刀的过程中是否灵活、牢固。

(5) 限位、机械零点检查。限位、机械零点检查包括以下两点：

① 检查数控机床的软硬限位的可靠性。软限位一般由系统参数来确定；硬限位是通过行程开关来确定，一般在各进给轴极限位置，因此，行程开关的可靠性就决定了硬限位的可靠性。

② 回机械零点的检查。用回原点方式，检查各进给轴回原点的准确性和可靠性。

(6) 其他辅助装置检查。其他辅助装置的检查如液压系统、气压系统、冷却系统、照明电路等的工作是否正常。

3) 数控机床稳定性检验

数控机床的稳定性也是体现数控机床性能的重要指标。若一台数控机床不能保持长时间稳定工作，加工精度在加工过程中不断变化，同时要不断测量工件、修改尺寸，就造成加工效率下降，体现不出数控机床的优点。为了全面地检查数控机床的功能及工作可靠性，数控机床在安装调试后，应在一定负载或空载下进行较长一段时间的自动运行考验。自动运行的时间，在 GB/T 9061—2006《金属切屑机床通用技术条件》中规定：自动、半自动和数控机床可在全部功能下模拟工作状态做不切削连续空运转试验，其连续运转时间应符合表 1-2 的规定。连续运转试验过程中不应发生故障，如出现异常或故障，在查明原因进行调整或排除后，应重新开始试验。试验时，自动循环应包括所有功能和全部工作范围，各次自动循环之间的休止时间不应大于 1 min。

表 1-2 机床全功能模拟连续空运转试验时间

机床控制形式		连续运转时间/h
机械控制		4
电、液控制		8
数字控制	联动轴数<3	36
	联动轴数≥3	48

4) 数控机床的精度检验

(1) 数控机床的几何精度检验。机床的几何精度是综合反映该设备的关键机械零部件和组装后的几何形状误差。数控机床的基本性能检验与普通机床的检验方法差不多，使用的检测工具和方法也相似，每一项都要独立检验，但要求更高。所使用的检测工具精度必须比所检测的精度高一级。其检测项目主要有：

① *X*、*Y*、*Z* 轴的相互垂直度；

② 主轴回转轴线对工作台面的平行度；

③ 主轴在 *Z* 轴方向移动的直线度；

④ 主轴轴向及径向圆跳动。

(2) 数控机床的定位精度检验。数控机床的定位精度是测量机床各坐标轴在数控系统控制下所能达到的位置精度。根据实测的定位精度数值判断数控机床是否合格。其内容有：

① 各进给轴直线运动精度；

② 直线运动重复定位精度；

③ 直线运动轴机械回零点的返回精度；

④ 刀架回转精度。

(3) 机床的切削精度检验。机床的切削精度检验，又称动态精度检验，其实质是对机床的几何精度和定位精度在切削时的综合检验。其内容可分为单项切削精度检验和综合试件检验。

① 单项切削精度检验：包括直线切削精度、平面切削精度、圆弧的圆度、圆柱度、尾座套筒轴线对溜板移动的平行度、螺纹检测等。

② 综合试件检验：根据单项切削精度检验的内容，设计一个具有包括大部分单项切削内容的工件进行试切加工，来确定机床的切削精度。

数控机床安装、调试合格后，一定要把 NC 机床参数、PLC 机床参数、PLC 程序进行备份和保存。这些数据可以是保存电子文件，也可打印出来，以便维修时使用。

4. 数控系统的日常维护

(1) 机床电气柜的散热：通风门上热交换器或轴流风扇对控制柜的内外进行空气循环(少开柜门)。

(2) 支持电池的定期更换：在机床断电期间，保证电池供电，使存储在 CMOS 器件内的机床数据不丢失。

(3) 检测反馈元件的维护：光电编码器、接近开关、行程开关与挡块、光栅等元件的检查和维护。

(4) 备用电路板的定期通电，备用电路板应定期装到 CNC 系统上通电运行，长期停用的数控机床也要经常通电，利用电器元件本身的发热来驱散电气柜内的潮气，保证电器元件性能的稳定可靠。

(5) 纸带阅读机的定期维护：对光电头、纸带压板定期进行防污处理。

小 结

只有坚持做好数控机床的日常维护保养工作，才可以延长元器件的使用寿命，延长机械部件的磨损周期，防止意外恶性事故的发生，争取数控机床长时间稳定工作；也才能充分发挥数控机床的加工优势，达到数控机床的技术性能，确保数控机床能够正常工作。因此，无论是对数控机床的操作人员，还是对数控机床的维修人员来说，数控机床的维护与保养都显得非常重要，我们必须高度重视。数控设备的故障诊断与维修的过程基本上分为故障原因的调查和分析、故障的排除、维修总结三个阶段。在检测故障过程中还应掌握先外部后内部、先机械后电气、先静后动、先公用后专用、先简单后复杂、先一般后特殊等原则。

思 考 题

1．数控机床故障诊断与维护的意义是什么？

2．数控机床故障诊断与维护的基本要求是什么？

3．数控机床由哪些部分组成？数控机床常见故障如何分类？各有什么特点？

4．数控机床故障诊断与维修可分为几个阶段？各阶段完成什么任务？

5．在检测数控机床故障过程中应遵循哪些基本原则？

6．数控机床维护的基本方法有哪些？开展点检管理工作主要采取哪些措施？

7．数控机床安装调试步骤是什么？性能检验主要包括哪些内容？精度检验包含哪些内容？

第 2 章　典型数控系统的操作

教学提示

本章主要介绍了 FANUC 数控系统、SIEMENS 数控系统的操作面板和软件界面，并详细介绍了每一种数控系统的操作方法，让读者对数控机床的使用有一个全面的基本认识。

引例

数控系统的熟练操作是进行数控机床调试与维护的必需技能。因为数控系统生产厂家的不同，数控系统的操作界面与操作步骤也各不相同。例图为 SIEMENS 802D 系统的显示面板、编辑键盘与机床控制面板。

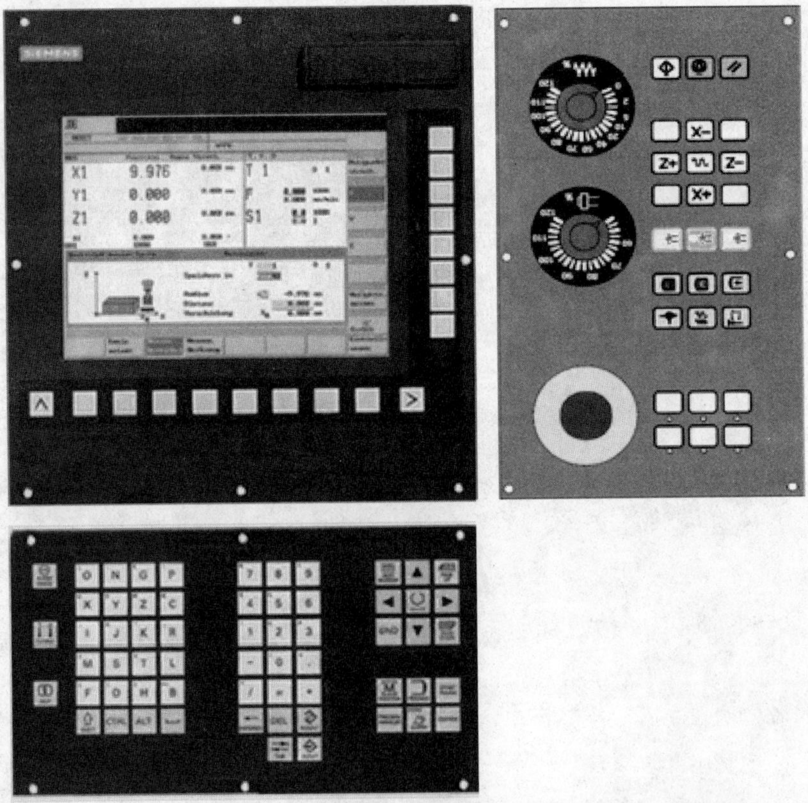

SIEMENS 802D 数控系统屏幕可以划分为状态区、应用区及软键区；编辑键盘主要应用于程序的编辑与修改；机床控制面板则实现机床的运动功能。结合这三个面板的操作则可以实现机床的数控加工。

2.1　FANUC 0i Mate C 数控系统的操作

2.1.1　FANUC 0i Mate C 数控系统的操作面板

FANUC 数控系统操作面板的功能是实现操作人员与 CNC 装置及机床的人机对话，包括数控系统操作面板和数控机床操作面板。数控系统操作面板又包括 MDI 键盘操作面板(实体如图 2.1 所示，示意如图 2.2 所示)和系统软键操作面板(见图 2.3)。其中，MDI 键盘操作面板上各按钮的说明如表 2-1 所示。数控机床操作面板分为符合国际化设计的系统厂家操作面板和机床厂家按机床的功能设计的机床厂家的操作面板两种。数控机床操作面板如图 2.4 所示。数控机床操作面板上各按钮的说明如表 2-2 所示。

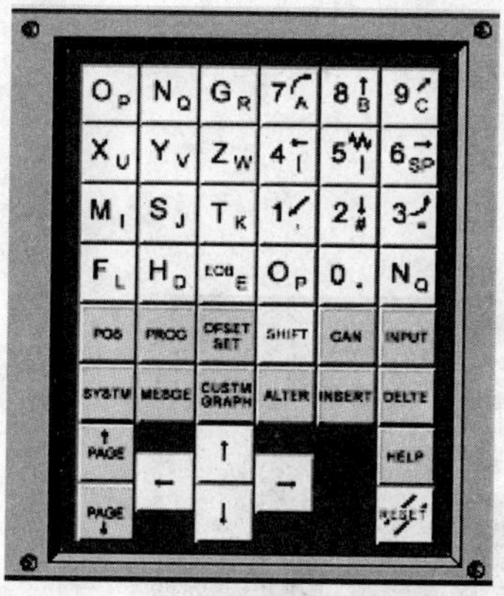

图 2.1　MDI 键盘操作面板实体

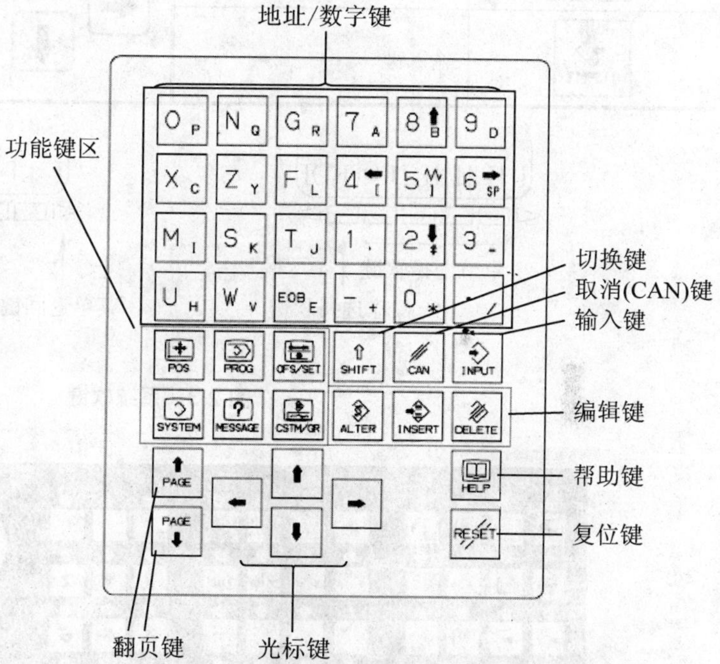

图 2.2　MDI 键盘操作面板示意

表 2-1　MDI 键的说明

POS	位置画面显示键	ALTER	替换键
PROG	程序画面显示键	INSERT	插入键
OFS/SET	刀偏/设定(SETTING)显示画面	DELETE	删除键

续表

SYSTEM	系统画面显示键	RESET	复位键
? MESSAGE	信息画面显示键	HELP	帮助键
CSTM/GR	用户宏画面(会话式宏画面)或图形画面显示键	PAGE ↑ PAGE ↓	翻页键
⇧ SHIFT	换挡键		
CAN	取消(CAN)键	← ↑ ↓ →	光标移动键
INPUT	输入键		

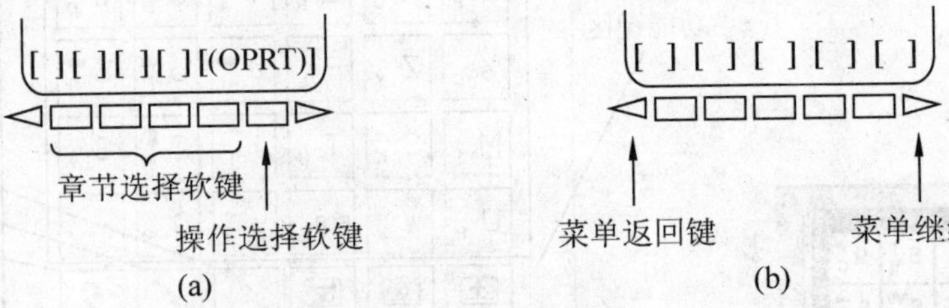

图 2.3　系统软键

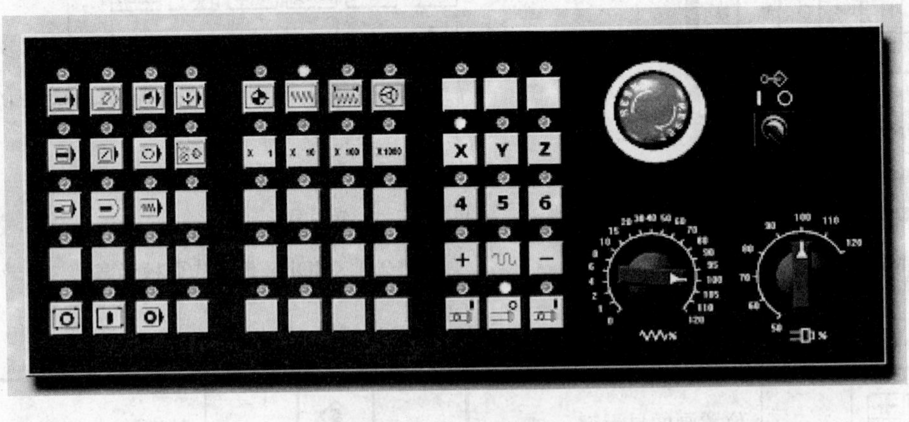

图 2.4　机床操作面板

表 2-2　机床操作面板键的说明

	自动运行方式设定键		手轮进给方式键
	程序编辑方式设定键	X 1　X 10　X 100　X1000	手轮进给倍率键

续表

	MDI 方式设定键	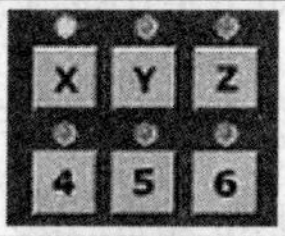	手动进给轴选择键
	DNC 运行方式设定键		
	单程序段运行方式键		快速进给键
	可选程序段跳过运行方式键		移动方向选择键
	程序停止键		主轴正转、停止、反转键
	手动示教键		进给倍率键
	程序重启键		
	机床机械键		
	空运行方式键		主轴转速设定键
	循环停止键		
	循环启动键		
	程序停止键		紧急停止键
	返回参考点方式键		
	手动进给方式键		程序保护开关键

在 MDI 键盘操作面板上按功能键，属于选择功能的章节选择软键出现。按其中一个章选择软键，与所选的章相对应的画面出现，如果目标章的软键未显示，则按继续选择菜单键(下一个菜单键)。当目标画面显示时，按操作选择键显示被处理的数据，为了重新显示章选择软键，按返回菜单键。

2.1.2　FANUC 系统工作方式

FANUC 公司为其 CNC 系统设计了以下几种工作方式。

1. 编辑(EDIT)方式

按数控机床操作面板键，进入编辑方式，在该方式下按键，可以编辑零件加工程序，如图 2.5 所示。

2. 手摇进给或步进(HANDLE/INC)方式

按数控机床操作面板键，即可用手摇轮(手摇脉冲发生器)或单步按键使各进给轴正、反移动。该模式下坐标显示画面如图 2.6 所示。

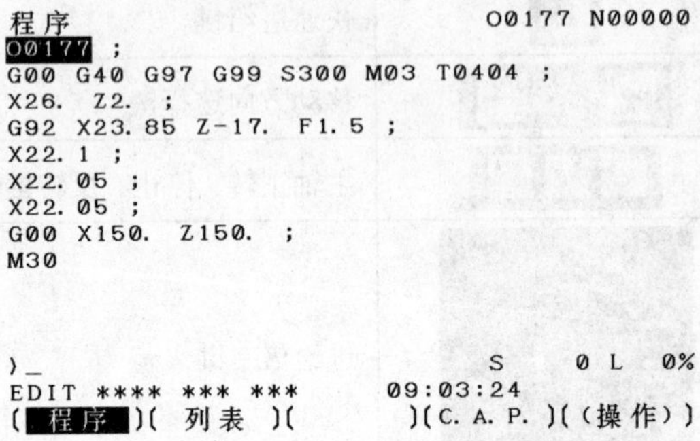

图 2.5　程序编辑界面

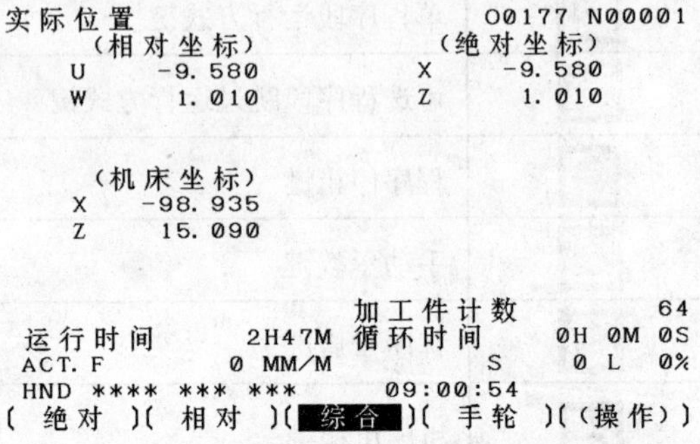

图 2.6　手摇进给方式下的坐标显示画面

3. 手动连续进给(JOG)方式

按数控机床操作面板键，用手按住机床操作面板上的各轴各方向键使所选轴向连续地移动。若按下快速移动键，则使其快速移动。该模式下坐标显示画面如图 2.7 所示。

4. 存储器(自动)运行(MEM)方式

按数控机床操作面板键，用存储在 CNC 内存中的零件程序连续运行数控机床，加工零件，如图 2.8 所示。

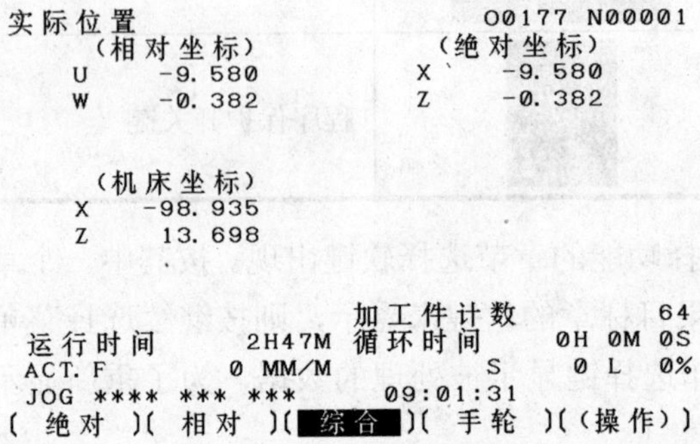

图 2.7　手动连续进给方式下的坐标显示画面

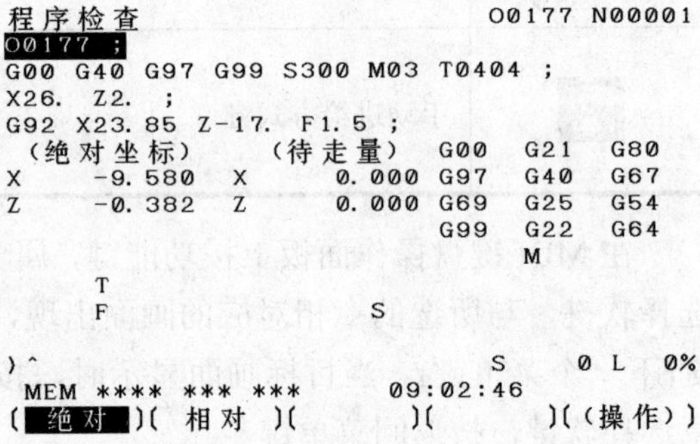

图 2.8　MEM 方式显示画面

5. 手动数据输入(MDI)方式

按数控机床操作面板键，进入如图 2.9 所示的画面。该方式可用于自动加工，也可以用于数据(如参数、刀偏量、坐标系等)的输入。用于自动加工时与存储器方式的不同点是：该方式通常只加工简单零件，因此都是现编程序现加工。

6. 示教编程

按机床操作面板键，对于简单零件，可以在手动加工的同时，根据要求加入适当指令，编制出加工程序。

```
程序 (MDI)                              O0177 N00000
O0000
%




G00   G69   G21   G25   G80   G54   G18
G97   G99   G40   G22   G67   G64   G13.1
                                    M
   T
   F                     S
)^                                S    0 L   0%
 MDI **** *** ***      09:02:06
〔 程序 〕〔 MDI 〕〔 当前 〕〔 下一步 〕〔(操作)〕
```

图 2.9　MDI 显示画面

2.1.3　手动移动机床

1. 手摇进给或步进进给(HANDLE/STEP)方式

机床只配这两种方式中的一种，用于手动调整机床的位置。要注意的是有的机床使用了倍率值 1000，此时，若手摇太快，则当摇动停止时，机床还可能快速移动，这是很危险的。

2. 手动连续进给(JOG)方式

在 JOG 方式中，持续按下操作面板上的进给轴及其方向选择开关会使刀具沿着所选轴的所选方向连续移动，可用倍率旋钮改变速率。在手动连续进给方式下按住快移按钮，可快速移动机床，快移速度由参数设定。

3. 手动返回数控机床参考点

按数控机床操作面板按钮，数控机床执行回参考点动作。对于使用增量式位置编码器的数控机床(目前多是这种情况)，开机后的第一个操作就是手动回参考点，以建立数控机床移动的基准位置。回参考点过程由数控机床厂设计的梯形图控制。数控机床回参考点后，可在相应坐标系画面将当前坐标值清零。只有在参考点建立后，才能进入 MEM 方式用程序加工零件。一次通电只须回参考点一次，不关机无须再回零点。当然，使用绝对式位置编码器的数控机床开机后无须手动回数控机床参考点。数控机床参考点是在制造时调好的，不更换编码器，按时更换电池，参考点永远不会丢失。

4. 自动建立加工坐标系

根据设定的参数，手动回零点后可以自动建立加工坐标系：G92(M：铣床和加工中心系列)或 G50(T：车床系列)。

2.1.4　自动运行

1. 存储器运行(MEM)方式

进入 MEM 方式，按下 MDI 键盘上的 PROG(程序)键，调出加工程序，再按自动加工启动按钮，则机床就在程序控制之下加工零件。运行中，可以按进给暂停(HOLD)按钮中断程序的执行，再按启动按钮即可恢复程序的连续执行，也可以按下单段执行按钮，一段段地执行程序。欲终止自动运行，应按复位(RESET)按钮。

2．MDI 运行

对于简单的零件，可以在该方式下现场编制程序并进行加工。操作方法与 MEM 方式基本相同。但执行程序时，必须先将光标移到程序头。另外，这种方式下的程序不能存储。

3．DNC 运行

DNC 运行方式实际就是 Fanuc 3，Fanuc 6 系统中的纸带运行加工方式，目的是为了解决模具加工时 CNC 存储容量的不足问题，通过 RS-232C 接口接一个外设(通常用计算机)，加工程序存储在磁盘上，一段段调入 CNC 存储器实施加工。

操作方法是：将方式开关置于 RMT(梯形图中是在 MEM 方式下按按钮，将 DNCI 信号置 1)，在计算机上调出加工程序，并按 Enter 键，再按下数控机床的自动加工启动按钮，即可执行。

执行此种方式的条件是：计算机上必须安装适当的通信软件，计算机方和 CNC 方都要设定对应的参数，如通信口，波特率，停止位和传输代码(应设 ISO 码)等。另外还要按 FANUC 的要求焊接 RS-232C 口的电缆线。实际应用中，经常出现的#86 和#87 报警就是这些条件不满足造成的。

用计算机时，不能执行 M198 功能。M198 功能是调用外设上的子程序，但这些外设只能是 FANUC 的设备，如便携软磁盘机(Handy File)、磁带机等。

DNC 运行方式还可用远程缓冲器(Remote Buffer)。远程缓冲器是一块印制电路板，上面有 CPU，用于快速传送处理，该印制板与上述外设连接。当然此种方式加工速度可提高。

2.1.5　加工程序的编制

1．普通编辑方法

将工作方式置于编辑(EDIT)方式，使显示处于程序画面，如图 2.5 所示。此方式下有两种编程语言：G 代码语言和用户宏程序语言(MACRO)。常用的是 G 代码语言，程序的地址字有 G**，M**，S**，T**，X**，Y**，Z**，F**，O**，N**，P**等，程序如下所示：

```
O0010;
N1  G92X0Y0Z0;
N2  S600M03;
N3  G90G17G00G41D07X250.0Y550.0;
N4  G01Y900.0F150;
N5  G03X500.0Y1150.0R650.0;
N6  G00G40X0Y0M05;
N7  M30;
```

编程时应注意的是代码的含义。车床、铣床、磨床等不同系列的系统同一个 G 代码其意义是不同的。不同的机床厂用参数设定的 G 代码系及设定的 M 代码的意义也不相同，编程时须查看机床说明书。

用户宏程序语言(MACRO)的编辑方法与 G 代码程序的编制基本是一样的，不同点是用户宏程序语言是以语句基本单元(不是以字符)进行编辑的。程序如下所示：

```
O9100;
G81Z#26R#18F#9K0;
IF[#3EQ90]GOTO1;
```

```
#24=#5001+#24;
#25=#5002+#25;
N1  WHILE[#11GT0]DO1;
#5=#24+#4*COS[#1];
#6=#25+#4*SIN[#1];
G90X#5Y#6;
END1;
G#3G80;
M99;
```

上面的程序用的是宏程序 B，此时要注意的是 MDI 键盘形式，有的小键盘个别字符不能输入。这种情况必须用计算机编辑，编好后通过 RS-232C 口输到 CNC。

编辑方式只有四个编辑键：插入(INSERT)，修改(ALTER)，删除(DELET)和程序段结束(EOB)。编辑的插入位置是在光标后，修改和删除位置是在光标所处位置。

有的系统选择了扩展型编辑功能，此时可实现程序的部分或全部的复制(用 COPY 键)、移动(用 MOVE 键)、合并(用 MERGE 键)。

2. 背景编辑

在自动加工(MEM 方式)的同时编辑程序称为背景或后台编辑。编辑方法与上述 EDIT 方式完全一样。

3. 示教编程

示教编程是在零件加工的同时，记录各程序段刀具的移动轨迹，并根据实际要求在程序中加入程序段号及适当的 M、S、T 指令。因此，这种方法一般用于简单形状零件的编程。示教编程是用 TEACH IN JOG(手动连续)示教方式和 TEACH IN HANDLE/STEP(手摇进给/步进)示教方式实现。

4. 图形会话编程

要求系统必须配有图形印制板。FANUC 的图形会话编程软件有多种形式。常用的有 G 代码菜单形式和编程符号形式。目前 0i 免费配置了 G 代码菜单形式。

5. 图形功能

图形功能可以显示自动运行和手动运行期间刀具的轨迹，通过观察屏显的刀具轨迹可以检查加工过程。具体步骤为：

(1) 按功能键，进入图形参数设定画面，如图 2.10 所示。

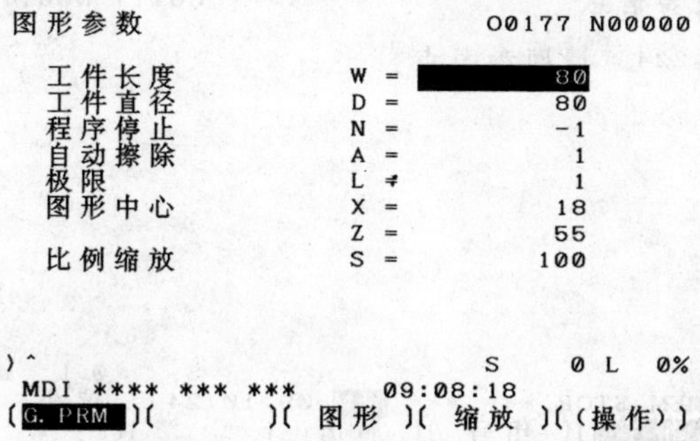

图 2.10　图形参数设定画面

(2) 用光标键将光标移动到所需设定的参数处。

(3) 输入数据，然后按软键【INPUT】。

(4) 重复第(2)和第(3)步直到设定完所有需要的参数。

(5) 按软键【GRAPH】，如图 2.11 所示。

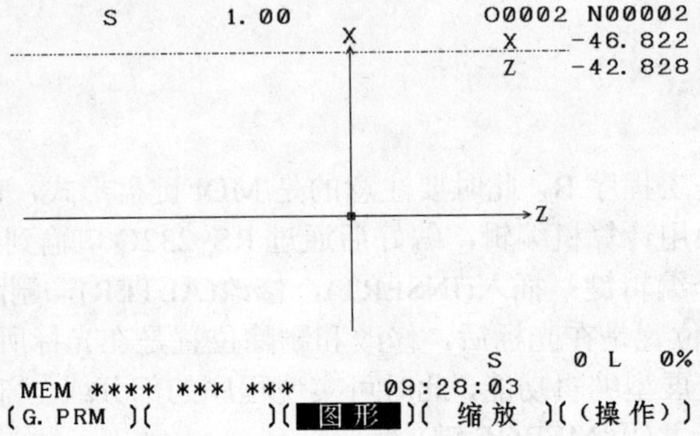

图 2.11　图形操作画面

(6) 按下CUSTOM GRAPH操作后进入图形显示画面，再按相应软键【执行】，于是画面上绘出刀具的运动轨迹，如图 2.12 所示。

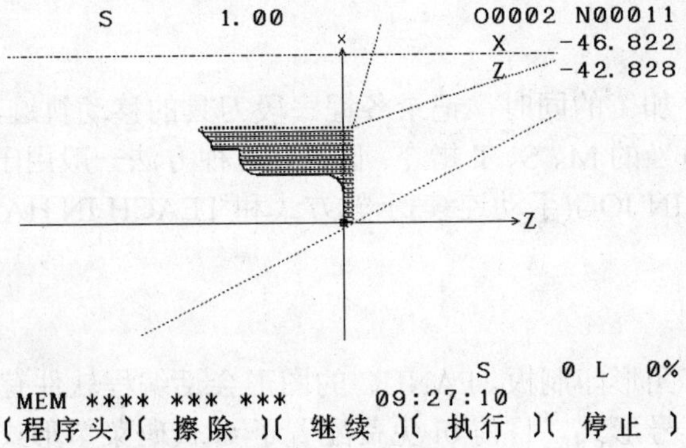

图 2.12　图形显示画面

注意：图形模拟须在 MEM 模式下，首先选定要模拟的程序段，然后进行(1)～(6)操作，并且在此之前要进行数控机床回参考点操作，否则系统报警，如图 2.13 所示。

图 2.13　报警画面

2.1.6　数据的设定和显示

运行数控机床之前，必须设定相关数据。如有关参数，刀补量，刀具寿命，工件坐标系等。

每种数据在 MDI 键盘上都有相应的键，按下某个键就显示对应的画面。设定这些数据需在 MDI 方式相应的画面上进行。操作方法具体为：

(1) 将 NC 置于 MDI 方式或急停状态。

(2) 用以下步骤使参数处于可写状态。

① 按功能键【SETTING】一次或多次后，再按软键【SETTING】，可显示 SETTING 画面，如图 2.14 所示。

② 将光标移至“PARAMETER WRITE”处。

③ 按软键【OPRT】显示操作选择软键。

④ 按软键【ON：1】或输入 1，再按软键【INPUT】，使“PARAMETER WRITE”=1，如图 2.14 所示。这样参数成为可写入状态，同时 CNC 发生 P/S 报警 100(允许参数写入)，如图 2.15 所示。

```
设定    (HANDY)                        O0177 N00000

  参数写入           = 0(0:不可以      1:可以)
  TV 校验            = 0(0:OFF     1:ON)
  穿孔代码           = 1(0:EIA     1:ISO)
  输入装置           = 0(0:MM      1:INCH)
  I/O 通道           =  4(0-35:  通道号)
  自动加顺序号       = 0(0:OFF     1:ON)
  纸带格式           = 0(0:NO CNV  1:F10/11)
  顺序号停止         =       0( 程序号 )
  顺序号停止         =       0( 顺序号 )

  对比度       ( + =[ ON:1 ]  - =[OFF:0 ])
)1^
                                  S     0 L   0%
 MDI **** *** ***        09:04:34
( 搜索 )( ON:1 )(OFF:0 )(+输入 )( 输入 )
```

图 2.14　SETTING 画面

```
报警信息                              O0177 N00000

  100  允许写入参数




                                  S     0 L   0%
 MDI **** *** ***            09:05:06
( 报警 )( 组号 )( 履历 )(        )(        )
```

图 2.15　100 号报警显示画面

(3) 按功能键【SYSTEM】一次或多次后，再按软键【PARAM】，显示参数画面，如图 2.16 所示。

(4) 参数画面由多个页面组成。通过①②两种方法可以显示所需要参数所在的页面。

① 由翻面键或光标移动键，显示需要的页面。

② 从键盘输入想显示的参数号，然后按软键【搜索】。这样可显示包括指定参数所在的页面，光标同时在指定参数的位置(数据部分变成反转文字显示)，如图 2.17 所示。

```
参数     (SETTING)              O0177 N00000

 0000           SEQ          INI  ISO  TVC
       0    0    0    0    1    0    1    0
 0001                             FCV
       1    0    0    0    0    0    0    0
 0002                                  RDG
       0    0    0    0    0    0    0    0
 0012 RMV                              MIR
  X    0    0    0    0    0    0    0    0
  Z    0    0    0    0    0    0    0    0
 0020 I/O CHANNEL                      4
)^
                           S     0 L   0%
 MDI **** *** ***        09:06:27
( 参数 )( 诊断 )( PMC )( 系统 )((操作))
```

图 2.16　参数设定画面

```
参数     (SETTING)              O0177 N00000

 0000           SEQ          INI  ISO  TVC
       0    0    0    0    1    0    1    0
 0001                             FCV
       1    0    0    0    0    0    0    0
 0002                                  RDG
       0    0    0    0    0    0    0    0
 0012 RMV                              MIR
  X    0    0    0    0    0    0    0    0
  Z    0    0    0    0    0    0    0    0
 0020 I/O CHANNEL                      4
)1805^
                           S     0 L   0%
 MDI **** *** ***        09:07:41
( 搜索 )( ON:1 )(OFF:0 )(+输入 )( 输入 )
```

图 2.17　参数搜索

(5) 输入数据，然后按软键【INPUT】。输入的数据将被设定到光标指定的参数中。

(6) 若需要设定多个数据则重复步骤(4)和(5)。

(7) 参数设定完毕。需将参数设定画面的“PARAMETER WRITE=”设定为 0，禁止参数设定。

(8) 复位 CNC，解除 P/S 报警 100。但是在设定参数时，有时会出现 P/S 报警 000(需切断电源)，此时请关掉电源再开机。

2.1.7 机床操作的有关功能

在自动运行时，可以进行手动操作，有以下几种：

(1) 手动绝对值的开/关(ON/OFF)：该操作是在存储器运行(MEM 方式)时，将方式转为手动方式移动机床，开关的 ON/OFF 决定其移动量是否包括在显示的坐标值中。ON 时移动量不计到显示值上；OFF 时移动量累积到显示值上。

(2) 手轮中断：该操作是在存储器运行(MEM 方式)时，摇动手轮(手摇脉冲发生器)会增加移动距离。但显示的坐标值是：绝对和相对坐标值不变，只有机床坐标值随移动量改变。

(3) 手动干预和返回：该功能是在存储器运行(MEM方式)时，按下暂停按钮(HOLD)使进给暂停，转为手动方式手动移动机床后再回到 MEM 方式；按下自动加工启动按钮时，机床可自动返回到原来位置，恢复系统运行。因此可以用来代替程序再启动功能，但条件是只能用暂停按钮(HOLD)中断 MEM 方式。

2.1.8 数据的输入与输出

NC 的数据可用外设输入，也可以输出到外设。这些数据包括：加工程序、刀补量、坐标系、螺补值、系统和机床参数等。

外设(如计算机)接在 RS-232C 口上。接法及串口参数的设定与上述 DNC 操作一样。设置参数需在 MDI 方式下，按系统操作面板上的“Setting”键后按“参数”软键进入参数设定画面进行。

数据的输入与输出在编辑(EDIT)方式进行，并需将显示器置于相应的数据画面。如传输加工程序，应按 MDI 键盘操作面板上的程序(PROG)键将显示器置于程序画面。传输刀补量时应按下 OFFSET 键，使显示处于偏置量画面。其他类似。

数据输入时，0 系统要按 INPUT 键，其他系统按 READ 和 EXEC 键；数据输出时 0，系统要按 OUTPUT 键，其他系统按 PUNCH 和 EXEC 键。

0i 系统的显示增加了 ALL IO 画面，非常方便数据的输入与输出。

2.2 SIEMENS 802D 数控系统的操作

2.2.1 SIEMENS 802D 数控系统的操作面板

SIEMENS 公司生产的 SIEMENS 802D 数控系统的操作面板可分为两个部分，一部分为编辑键盘，另一部分为外部机床控制面板。图 2.18 所示为编辑键盘示意，图 2.19 所示为外部机床控制面板示意，表 2-3 所示是编辑键盘上各键作用，表 2-4 所示是外部机床控制面板上各键作用。

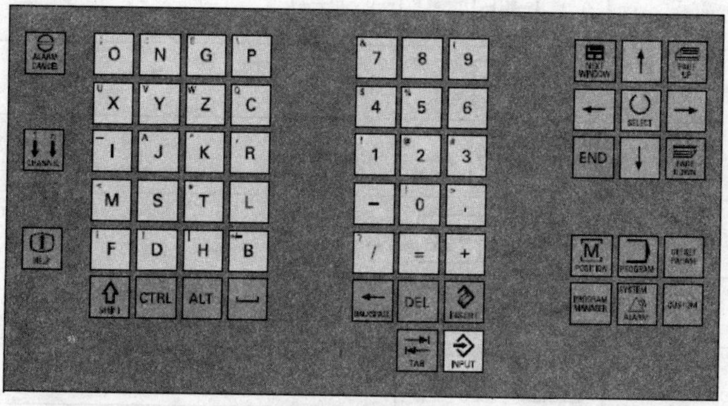

图 2.18　编辑键盘示意

图 2.19　外部控制面板示意

表 2-3　编辑键盘上各键的作用

ALARM CANCEL	报警应答键	PROGRAM	程序操作区域键
CHANNEL	无功能	OFFSET PARAM	参数操作区域键
HELP	信息键	PROGRAM MANAGER	程序管理操作区域键
SHIFT	上挡键	SYSTEM ALARM	报警，系统操作区域(Shift +此键)
CTRL	控制键	CUSTOM	未使用
ALT	ALT 键	NEXT WINDOW	未使用
␣	空格键	PAGE UP　PAGE DOWN	翻页键
BACKSPACE	退格键	↑ ← → ↓	光标键
DEL	删除键	SELECT	选择/转换键
INSERT	插入键		
TAB	制表键	END	到行尾
INPUT	回车输入键	J	字母键 上挡键转换对应字符
POSITION	加工操作区域键		

表 2-4 外部机床控制面板上各键的作用

	复位		手动数据输入
	数控停止		主轴正转
	数控启动		主轴停
	带发光二极管的用户定义键		主轴反转
	无发光二极管的用户定义键	+X −X	X 轴
	增量选择(步距)	+Z −Z	Z 轴
	JOG	+Y −Y	Y 轴
	快速运行叠加		紧急停止
	参考点		
	单段		进给速度修调
	自动方式		主轴速度修调

2.2.2 SIEMENS 802D 数控系统的屏幕划分

SIEMENS 802D 数控系统屏幕可以划分为状态区、应用区、说明及软键区三个区域，如图 2.20 所示。

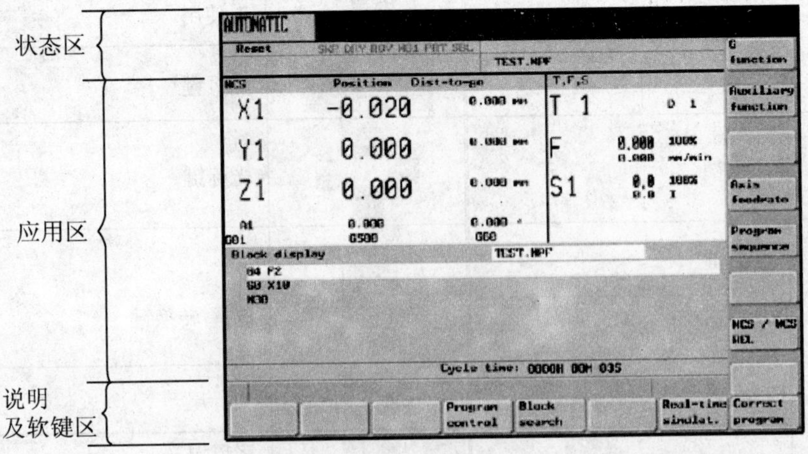

图 2.20 屏幕划分

状态区显示如图 2.21 所示，其中每一个显示单元的说明如表 2-5 所示。

表 2-5　状态区显示单元的说明

<table>
<tr><th>图中元素</th><th colspan="2">意　义</th></tr>
<tr><td>①</td><td colspan="2">当前操作区域，有效方式
加工
JOG；1 INC、10 INC、100 INC、1000 INC、VAR INC
(JOG 方式下增量大小)
MDA
AUTOMATIC
偏移量
程序
程序管理器
系统
报警
G291 标记的“外部语言”</td></tr>
<tr><td>②</td><td colspan="2">报警信息行
显示以下内容：
1. 报警号和报警文本
2. 信息文本</td></tr>
<tr><td rowspan="4">③</td><td colspan="2">程序状态</td></tr>
<tr><td>RESET</td><td>程序中断/基本状态</td></tr>
<tr><td>RUN</td><td>程序运行</td></tr>
<tr><td>STOP</td><td>程序停止</td></tr>
<tr><td>④</td><td colspan="2">自动方式下程序控制</td></tr>
<tr><td>⑤</td><td>路径</td><td>N：-NC 内部“驱动器”
D：-CF 卡</td></tr>
<tr><td>⑥</td><td colspan="2">NC 信息</td></tr>
<tr><td>⑦</td><td colspan="2">所选择的零件程序(主程序)</td></tr>
</table>

说明及软键区显示如图 2.22 所示，表 2-6 为该区图中元素的说明。

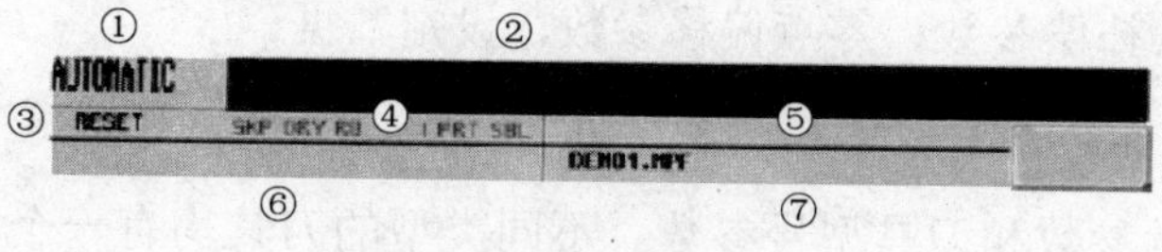

图 2.21　状态区显示

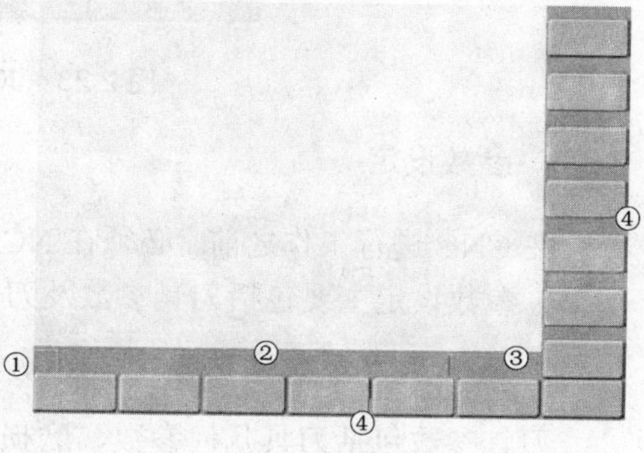

图 2.22　说明及软键区

表 2-6　说明及软键区图中元素说明

图中元素	显　示	意　义
①		返回键 按返回键，返回到上一级菜单
②		提示行 显示提示信息
③	   	MMC 状态信息 ETC 扩展键可用(按下此键展开水平软键条其它功能) 混合书写方式有效(大小写字符) 数据传输正在进行 链接 PLC 编程工具有效
④		垂直和水平软键条

2.2.3　开机和回参考点

接通 CNC 和数控机床电源，系统启动以后进入“加工”操作区 JOG 运行方式，出现“回参考点”窗口，如图 2.23 所示。用数控机床控制面板上回参考点键启动“回参考点”。按坐标轴方向键，开始回参考点。如果该轴正确回到参考点则系统显示“◐”，否则显示“○”。注意“回参考点”只有在 JOG 方式下才可以进行。

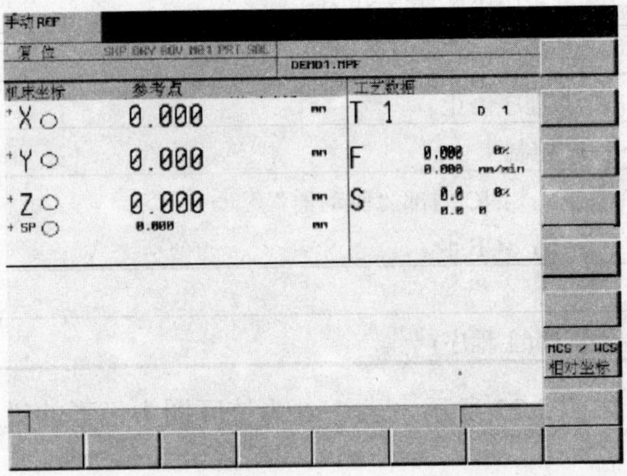

图 2.23　JOG 方式回参考点状态图

2.2.4　参数设定

在 CNC 进行工作之前，必须在 NC 上通过参数的输入和修改对数控机床、刀具等进行调整。参数设定主要包括刀具参数及刀具补偿参数、零点偏移参数、设定数据。

1. 输入刀具参数及刀具补偿参数

刀具参数包括刀具几何参数、磨损量参数和刀具型号参数。不同类型的刀具均有一个确定的参数数量，每个刀具有一个刀具号(T-号)。

打开刀具补偿参数窗口，显示所使用的刀具清单。可以通过光标键和“上一页”、“下一页”键选出所要求的刀具，如图 2.24 所示。然后在输入区定位光标，输入刀具数值。最后按输入键确认或者移动光标完成参数输入。对于一些特殊刀具可以使用扩展键，填入全套参数，如图 2.25 所示。

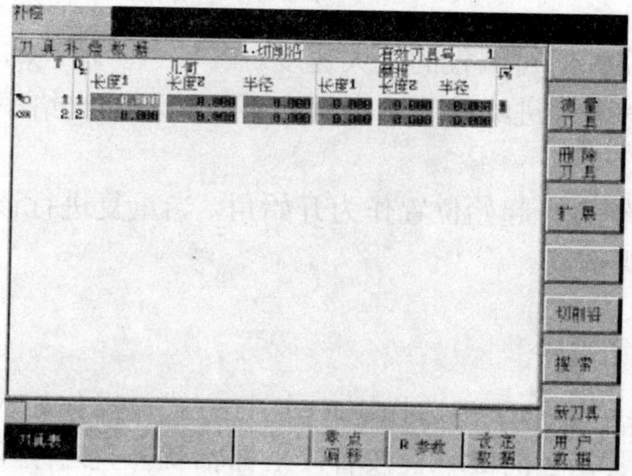

图 2.24　刀具补偿参数窗口

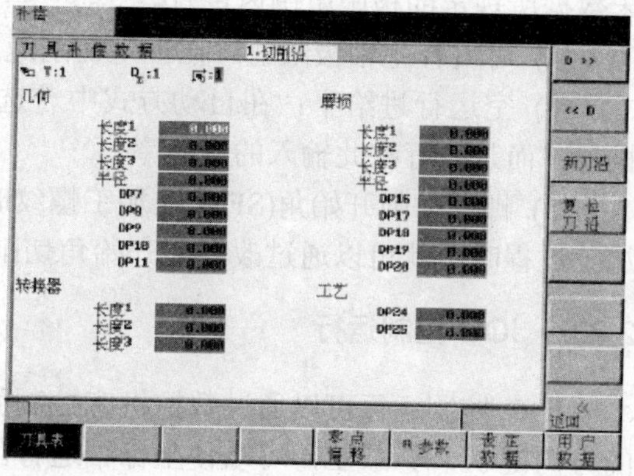

图 2.25　特殊刀具的输入屏幕格式

2. 输入/修改零点偏置值

在回参考点之后，实际值存储器以及实际值的显示均以数控机床零点为基准，而工件的加工程序则以工件零点为基准，这之间的差值作为可设定的零点偏移量输入。

按“参数操作区域”键和“零点偏移”软键，屏幕上显示出可设定零点偏置的情况，如图 2.26 所示，包括已编程的零点偏置值、有效的比例、系数状态显示“镜像有效”及所有的零点偏置。把光标移到待修改的范围，通过移动光标或者使用输入键输入零点偏置的大小。输入或修改的零点偏置值确认后，切削沿的补偿值就立即生效。

3. 编程设定数据

利用设定数据可以设定运行状态，并在需要时进行修改。通过按“参数操作区域”键和“零点偏移”软键选择设定数据。在按下“设定数据”键后进入下一级菜单，在此菜单中可以对系统的各个选件进行设定。把光标移到所要求的范围，键入数字值，按输入键或者移动光标确认输入，如图 2.27 所示。

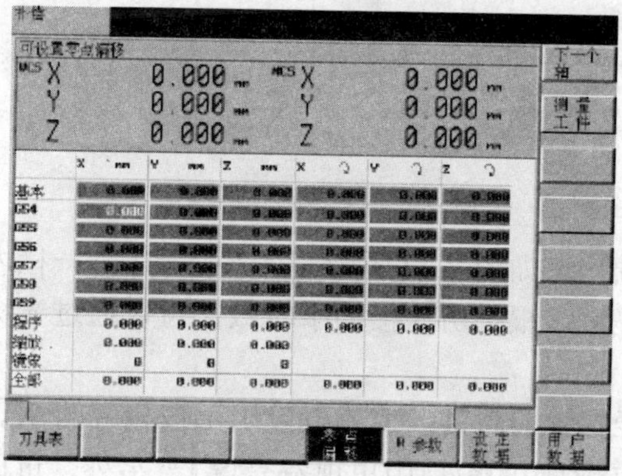

图 2.26　零点偏置窗口

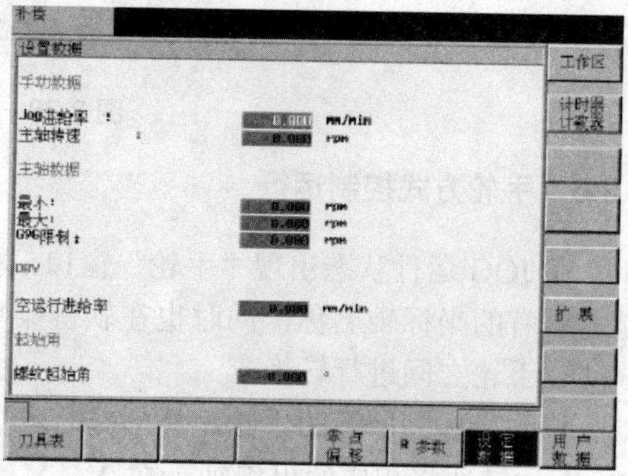

图 2.27　“设定数据”状态图

设定数据包括以下几个：

(1) JOG-进给率：在 JOG 状态下的进给率。如果该进给率为零，则系统使用数控机床数据中存储的数值。

(2) 主轴最小值/最大值：对主轴转速的限制(G26 最大/ G25 最小)，它只可以在数控机床数据所规定的极限范围内进行。

(3) 可编程主轴极限值：在恒定切削速度(G96)时可编程的最大速度。

(4) 空运行进给率：在自动方式中若选择空运行进给功能，则程序不按编程的进给率执行，而是执行在此输入的进给率。

(5) 螺纹切削开始角(SF)：在加工螺纹时主轴有一起始位置作为开始角，当重复进行该加工过程时，就可以通过改变此开始角切削多头螺纹。

2.2.5　JOG 控制运行

JOG 控制运行可以通过数控机床控制面板上的 JOG 键选择 JOG 运行方式，操作相应的方向键 X，Y 或 Z，可以使坐标轴运行。只要相应的键一直按着，坐标轴就一直连续不断地以设定数据中规定的速度运行，如果设定数据中此值为“零”，则按照数控机床数据中存储的值运行，需要时可以使用修调开关调节速度。如果同时按“快速叠加”键，则所选的坐标轴以快进速度运行。在选择“增量选择”以步进增量方式运行时，坐标轴以所选择的步进增量运动，步进量的大小在屏幕上显示，此时，按一次点动键就可以去除步进增量方式。在“JOG”基本画面上显示位置、进给值、主轴值和刀具值，如图 2.28 所示。

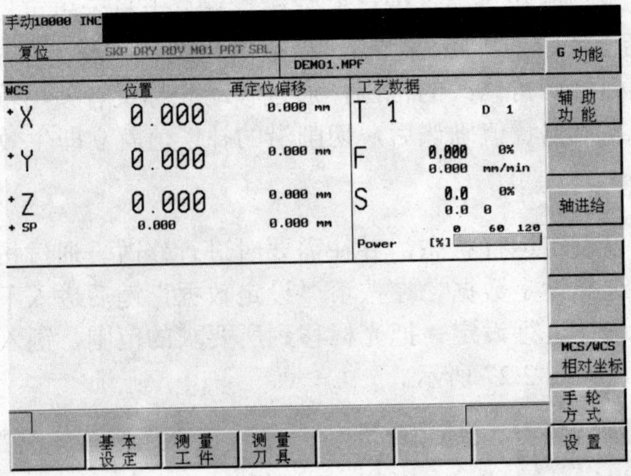

图 2.28 “JOG”状态图

2.2.6　手轮方式控制运行

在 JOG 运行状态出现“手轮”窗口，打开窗口，如图 2.29 所示。在“坐标轴”一栏内显示所有的坐标轴名称，同时也在软键菜单中显示。根据所连接的手轮数，可以通过光标移动在手轮之间进行转换。

移动光标到所选的手轮，然后按移动所需坐标轴的软键，或者直接用手按相应的 X、Y、Z 软键选择相应的坐标轴。在 X、Y、Z 轴后对应的窗口中出现符号☑。另外，可以按机床控制面板上的“增量”键改变手轮的倍率。

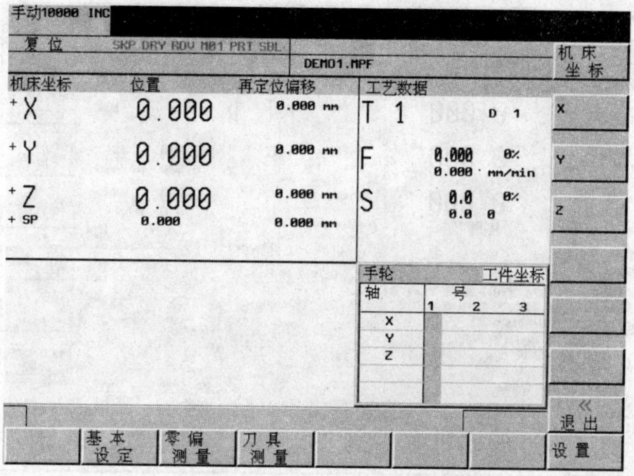

图 2.29 手轮选择窗口

2.2.7 MDA 运行方式

(1) 功能。在 MDA 运行方式下可以编制一个零件程序段加以执行。

(2) 注意事项。MDA 运行方式中所有的安全锁定功能与自动方式中一样，其他相应的前提条件也与自动方式中一样。

(3) 操作步骤。通过机床控制面板上的 MDA 键可以选择 MDA 运行方式，如图 2.30 所示。通过操作面板输入程序段。按 NC 启动键执行输入的程序段。在程序执行时不可以再对程序段进行编辑。程序段执行完毕后，输入区的内容仍保留，这样该程序段可以通过按 NC 启动键再次重新运行。

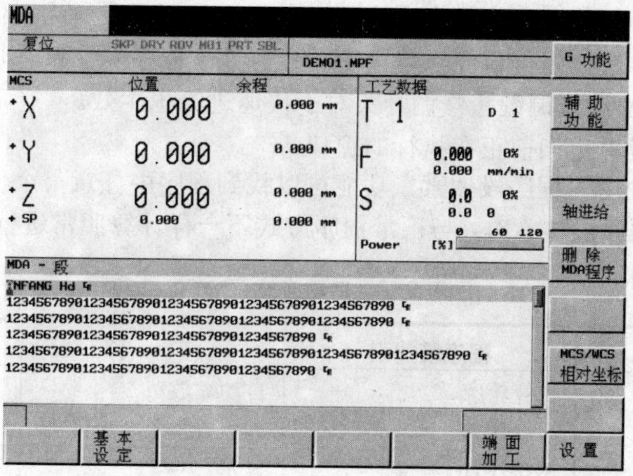

图 2.30 MDA 状态图

2.2.8 自动运行方式

按自动方式键选择自动运行方式。屏幕上显示“自动方式”基本画面，显示位置、进给值、主轴值、刀具值以及当前的程序段，如图 2.31 所示。

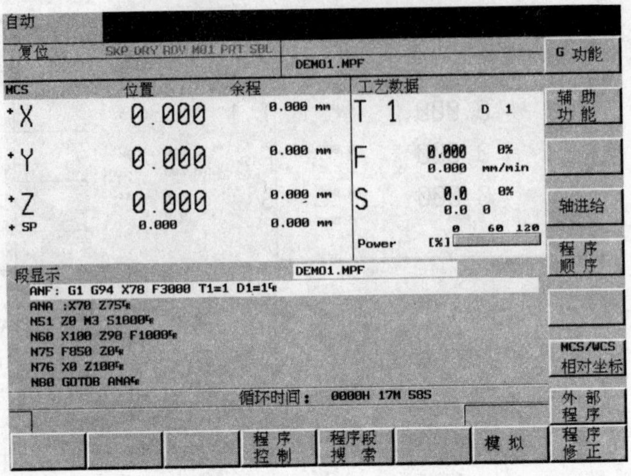

图 2.31 自动方式状态图

自动方式所包含的功能菜单如表 2-7 所示。其软键功能如下：

程序控制：按此键显示所有用于选择程序控制方式的软键(如程序段跳跃，程序测试)。

程序测试：在程序测试方式下所有到进给轴和主轴的给定值被禁止输出，此时给定值区域显示当前运行数值。

空运行进给：进给轴以空运行设定数据中的设定参数运行，执行空运行进给时编程指令无效。

有条件停止：程序在执行到有 M01 指令的程序段时停止运行。

跳过：前面有斜线标志的程序段在程序运行时跳过不予执行(如“/N100”)。

单一程序段：此功能生效时零件程序按如下方式逐段运行，即每个程序段逐段解码，在程序段结束时有一暂停，但在没有空运行进给的螺纹程序段时为一例外，在此只有螺纹程序段运行结束后才会产生一暂停。单段功能只有处于程序复位状态时才可以选择。

ROV 有效：按快速修调键，修调开关对于快速进给也生效。

返回：按返回键退出当前正在执行的窗口。

程序段搜索：使用“程序段搜索”功能可以找到程序中任意一个位置。

计算轮廓：在程序段搜索时，与正常程序方式下一样计算照常进行，但坐标轴不移动。

表 2-7 自动方式菜单树

程序控制	程序段搜索	模 拟	程序修改
程序测试	计算轮廓	自动缩放	
空运行进给	启动搜索	到原点	
有条件停止	不带计算	显示	
跳过	搜索断点	缩放+	
单一程序段	搜索	缩放-	
ROV 有效		删除画面	
		光标粗细	
返回<<	返回<<	返回<<	返回<<

启动搜索：程序段搜索，直至程序段终点位置。在程序段搜索时，与正常程序方式下一样计算照常进行，但坐标轴不移动。

不带计算：程序段搜索，不进行计算。在程序段搜索期间不执行计算功能。

搜索断点：光标定位到中断点所在的主程序段，在子程序中自动设定搜索目标。

搜索：搜索键提供功能“行查找”和“文本查找”。

模拟：利用线图可以显示编程的刀具轨迹。

程序修正：在此可以修改错误的程序，所有修改会立即被存储。

G 功能：打开 G 功能窗口，显示所有有效的 G 功能。G 功能窗口下显示所有有效的 G 功能，每个 G 功能分配在一个功能组下并在窗口中占有一固定位置。通过“向上翻页键”或者“向下翻页键”可以显示其他的 G 功能，如图 2.32 所示。

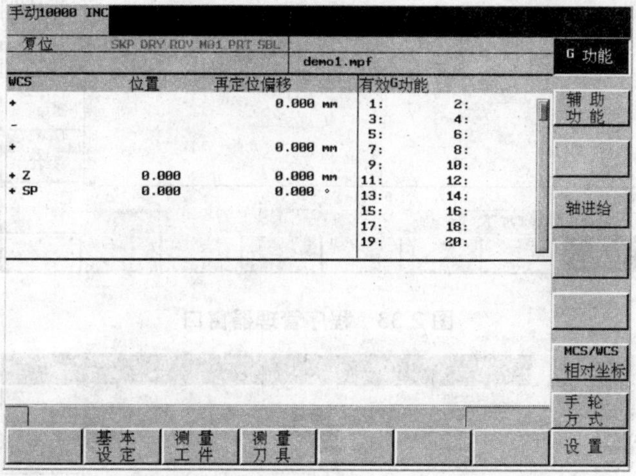

图 2.32 “G 功能”窗口

辅助功能：在此窗口显示所有有效的辅助功能和 M 功能。再按此键，可以关闭此窗口。

轴进给：按此键显示轴进给窗口。再按此键，可以关闭此窗口。

程序顺序：从 7 段程序转换到 3 段程序。

MCS/WCS 相对坐标：操作此键可以分别选择机床坐标系，工件坐标系或相对坐标系中的实际值。

外部程序：外部程序可以通过 RS-232 接口传送到控制系统，然后按 NC 启动键后立执行。

2.2.9　零件编程

选择“程序”操作区，打开“程序”管理器，以列表形式显示零件程序或者循环目录，如图 2.33 所示。在程序目录中用光标键选择零件程序。为了更快地查找到程序，输入程序名的第一个字母。控制系统自动把光标定位到含有该字母的程序前。

1. 输入新程序

输入新程序的步骤如下：

(1) 选择“程序”操作区，显示 NC 中已经存在的程序目录。

(2) 按下“新程序”键，出现一对话窗口，如图 2.34 所示，在此输入新的主程序和子程序名称。主程序扩展名.MPF 可以自动输入，而子程序扩展名.SPF 必须与文件名一起输入。

(3) 输入新文件名。

(4) 按“确认”键接收输入，生成新程序文件。现在可以对新程序文件进行编辑。

(5) 按“中断”键中断程序的编制，并关闭此窗口。

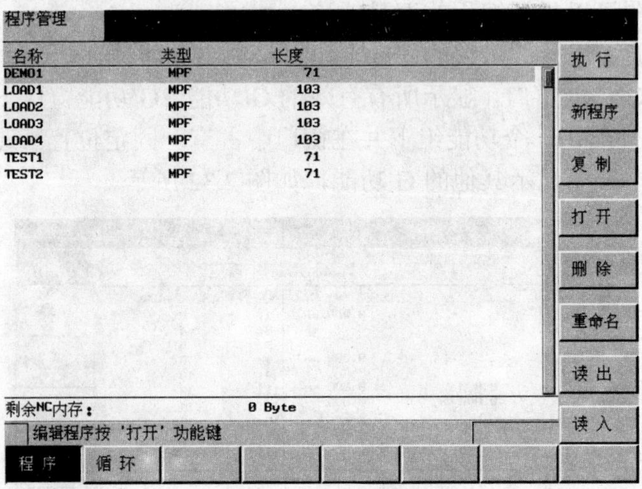

图 2.33　程序管理器窗口

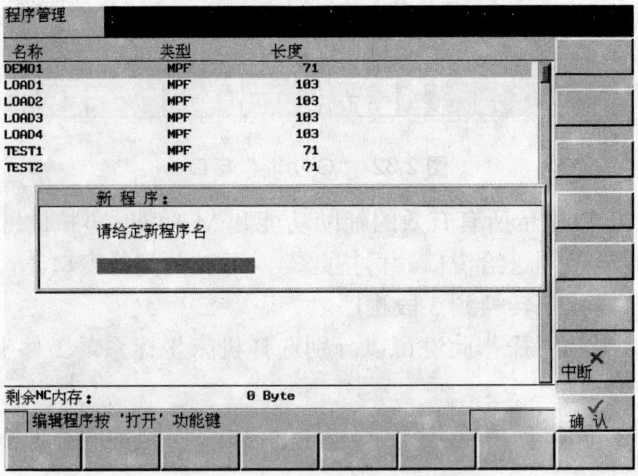

图 2.34　新程序输入屏幕格式

2. 零件程序的编辑

零件程序不处于执行状态时，可以对其进行编辑。在零件程序中进行的任何修改均立即被存储，图 2.35 所示为零件程序编辑窗口。

零件程序编辑窗口的软键功能介绍如下：

执行：使用此键，选择待执行的文件。

标记程序段：按此键，选择一个文本程序段，直至当前光标位置。

复制程序段：按此键，复制一程序段到剪贴板。

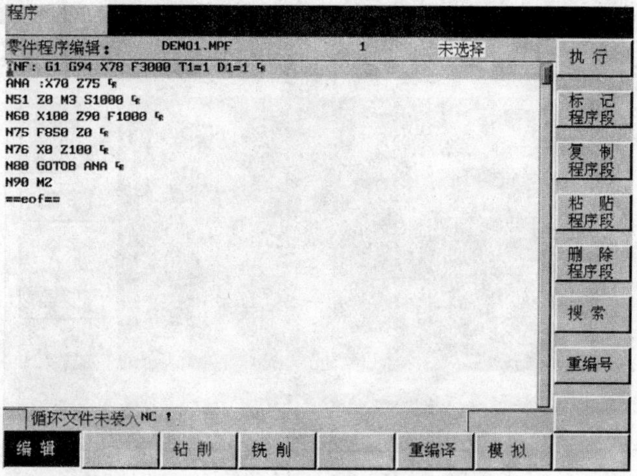

图 2.35　零件程序编辑窗口

粘贴程序段：按此键，把剪贴板上的文本粘贴到当前的光标位置。

删除程序段：按此键，删除所选择的文本程序段。

搜索：按“搜索”键和“搜索下一个”键在所显示的程序中查找一字符串。在输入窗口键入所搜索的字符，按“确认”键启动搜索过程。按“返回”键则不进行搜索，退出窗口。再按此键则继续搜索所要查询的目标文件。

重编号：使用该功能，替换当前光标位置到程序结束处之间的程序段号。

钻削：钻削循环。

铣削：铣削循环。

模拟：程序模拟功能。

重编译：在重新编译循环时，把光标移到程序中调用循环的程序段中。使用此功能，译码循环名，并在其屏幕格式中处理相应的参数。如果所设定的参数不在有效范围之内，则该功能会自动进行判别，并且恢复使用原来的默认值。屏幕格式关闭之后，原来的参数就被所修改的参数取代。

2.2.10　模拟功能

SIEMENS 802D 数控系统编程的刀具轨迹可以通过线图表示。不进行任何轴运动。

1. 操作步骤

调出待加工的程序，按数控机床控制面板上“自动”键进入自动运行方式，同时屏幕上的“复位”栏中的“PRT”反白，表示数控机床已经被锁住，否则不能进行模拟功能。按“模拟”键，屏幕显示模拟初始状态，如图 2.36 所示。按 NC 启动键开始模拟所选择的零件程序。

2. 软键介绍

自动缩放：按此键，可以按比例自动缩放所记录的刀具轨迹。

到原点：按此键，可以恢复到图形的基准设定。

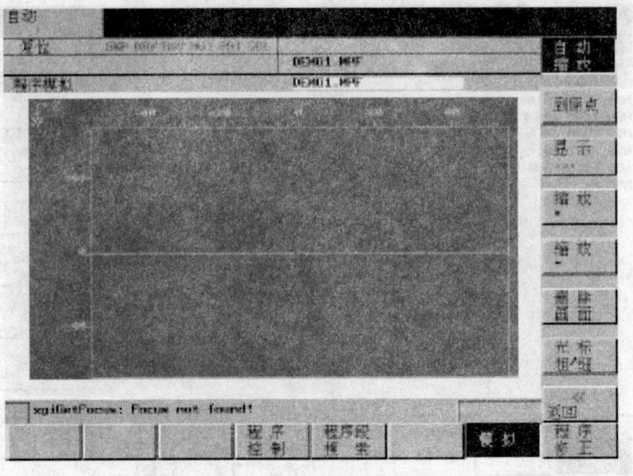

图 2.36　模拟初始状态

显示：按此键，可以显示整个工件。

缩放+：按此键，可以放大显示图形。

缩放-：按此键，可以缩小显示图形。

删除画面：按此键，可以擦除显示的图形。

光标粗/细：按此键，可以调整光标的步距大小。

小　　结

本章对 FANUC 0i Mate C 和 SIEMENS 802D 数控系统的操作面板、数控机床回参考点方法、手动运行方式、自动运行方式、程序的编辑与管理、参数的设置、程序的模拟运行等基本操作方法进行了描述。但这两种系统操作与编程涉及的知识很多，如有不清楚的地方，可以查阅相关系统的相关资料。

数控机床的操作步骤大同小异，通过本章的学习，希望读者能够举一反三，在实际数控机床的使用中真正做到灵活应用。

思　考　题

1．FANUC 系统有哪几种工作方式？各适用于什么场合？

2．FANUC 系统软键的功能是什么？什么称为“示教编程”方式？

3．试设置 8131 号参数中的第“0”位为 0，观察发生什么现象？

4．在 SIEMENS 802D 数控系统中，如何进行手轮方式控制 X 轴运动？

5．在 SIEMENS 802D 数控系统中，请使用 MDI 功能，将主轴运行在左转、300r/min 的状态。

6．在 SIEMENS 802D 数控系统中，试编写一段程序，利用模拟功能观察其走刀轨迹。

第 3 章　数控系统的调试与维护

教学提示

本章主要介绍了 FANUC 0i Mate C 和 SIEMENS 802D 两种典型数控系统的调试与维护，详细介绍了它们的硬件组成、接口信号并提供了一些典型连接实例图，详细介绍了典型参数配置，数据备份与恢复等内容，有助于读者对数控系统的使用有全面的基本认识。

引例

数控系统的调试要从了解系统的硬件结构入手，进而熟练掌握参数配置、数据备份等内容。数控系统的硬件结构多样，包括的内容也较多，其中伺服驱动器是其中一个重要硬件结构。右图为 SIEMENS 公司生产的 SIMODRIVE 611 伺服驱动器实物图。

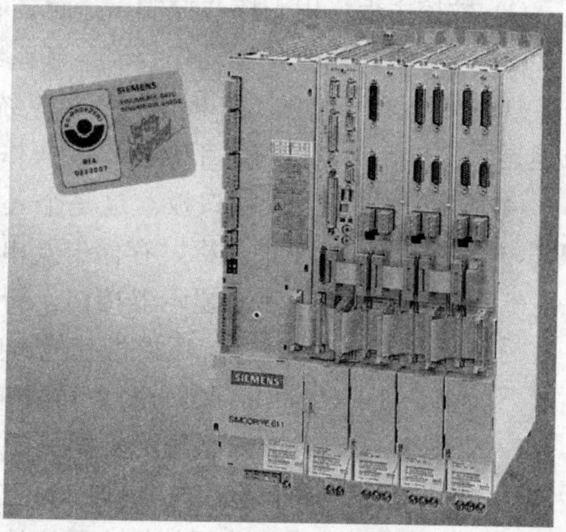

SIMODRIVE 611 是一种模块化的伺服驱动器，可以实现多轴以及组合驱动的解决方案。该伺服驱动器由多个功能模块组成。电源模块可以提供最大 120kW 的总功率。功率模块可以与任何电机配合。使用 SIMODRIVE 611 插入式闭环控制单元，可以控制所有类型的电机。基于模块化的设计，使得该伺服驱动器可以根据驱动任务而量身定做灵活而经济的驱动解决方案。

3.1　FANUC 数控系统调试与维护

日本 FANUC 公司是从事数控产品生产最早、产品市场占有率最大、最有影响的数控产品开发和制造厂家之一。该公司自 20 世纪 50 年代末期生产数控系统以来，已开发出 40 多种系列的数控系统，特别是 20 世纪 70 年代中期开发出 FS5、FS7 系统以后，所生产的系统都是 CNC 系统，也是从此开始，FANUC 公司的 CNC 系统大量进入中国市场，在中国 CNC 市场上处于举足轻重的地位。20 世纪 80 年代，FANUC 公司较有代表性的系统是 F6 和 F11。目前，该公司的主要产品有 F0 和 F15 系列。FANUC 数控系统是数控机床上使用最广的系统之一。

目前，FANUC 公司生产的数控装置有 F0、F10/F11/F12、F15、F16、F18 系列。其中，F00/F100/F110/F120/F150 系列是在 F0/F10/F12/F15 的基础上加了 MMC 功能，即 CNC、PMC、MMC 三位一体的 CNC。

3.1.1　数控系统的结构

数控机床一般由输入输出设备、数控装置(CNC 装置)、伺服单元、驱动装置(又称执行机构)、可编程控制器(PLC 又称 PMC)及电气控制装置、辅助装置、机床主体及测量装置组成。

数控装置即数控系统是数控机床的核心，由硬件和软件两大部分组成。它接受从数控机床输入装置(软磁盘、硬磁盘、纸带阅读机、磁带机等)输入的控制信号代码，经过输入、缓存、译码、寄存、运算、存储等转变成控制指令实现直接或通过可编程控制器(PLC)对伺服驱动系统的控制。数控装置主要包括微处理器(CPU)、存储器、局部总线、外围逻辑电路以及与 CNC 系统其他组成部分联系的接口等。

FANUC 数控系统的典型构成如下：

(1) 数控主板：用于核心控制、运算、存储、伺服控制等。新主板集成了 PLC 功能。

(2) PLC 板：用于外围动作控制。新系统的 PLC 板已经和数控主板集成到一起。

(3) I/O 板：早期的 I/O 板用于数控系统和外部的开关信号交换。新型的 I/O 板主要集成了显示接口、键盘接口、手轮接口、操作面板接口及 RS-232 接口等。

(4) MMC 板：人机接口板。这是个人电脑化的板卡，不是必须匹配的。其本身带有 CRT、标准键盘、软驱、鼠标、存储卡及串行、并行接口。

(5) CRT 接口板：用于显示器接口。新系统中，CRT 接口被集成到 I/O 板上。

另外，FANUC 数控系统还提供其他一些可选板卡等。

下面以 FANUC 0i Mate C 为例来介绍 FANUC 数控系统的组成。

FANUC Series 0i Mate(系统配置图见图 3.1)是高可靠性、高性能价格比的 CNC 系统。于 2004 年 4 月在中国市场上推出的 FANUC 0i-C/0i Mate-CCNC 系统是高可靠性、高性能价格比、高集成度的小型化系统。该系统是基于 16i/18i-B 的技术设计的，代表了目前常用 CNC 系统的最高水平，并使用了高速串行伺服总线(用光缆连接)和串行 I/O 数据口，还带有以太网口。用该系统的数控机床可以单机运行，也可以方便地入网用于柔性加工生产线。和 0i-B 一样，该系统有提高精度的先行控制功能(G05 和 G08)，因此，非常适合于模具加工数控机床使用。

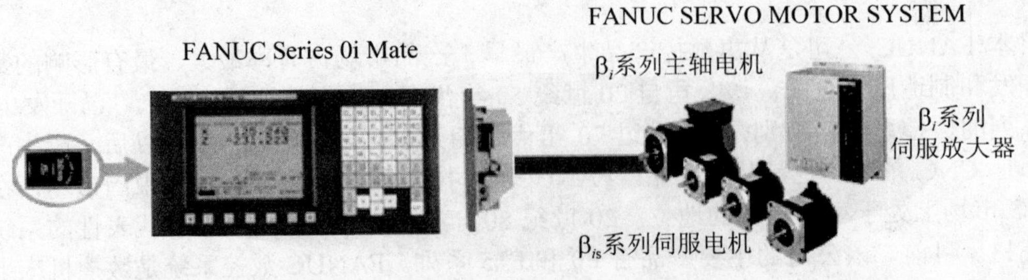

图 3.1　FANUC 0i Mate C 系统配置

1. 系统总体

FANUC 0i Mate C 系统的总体图如图 3.2 所示。

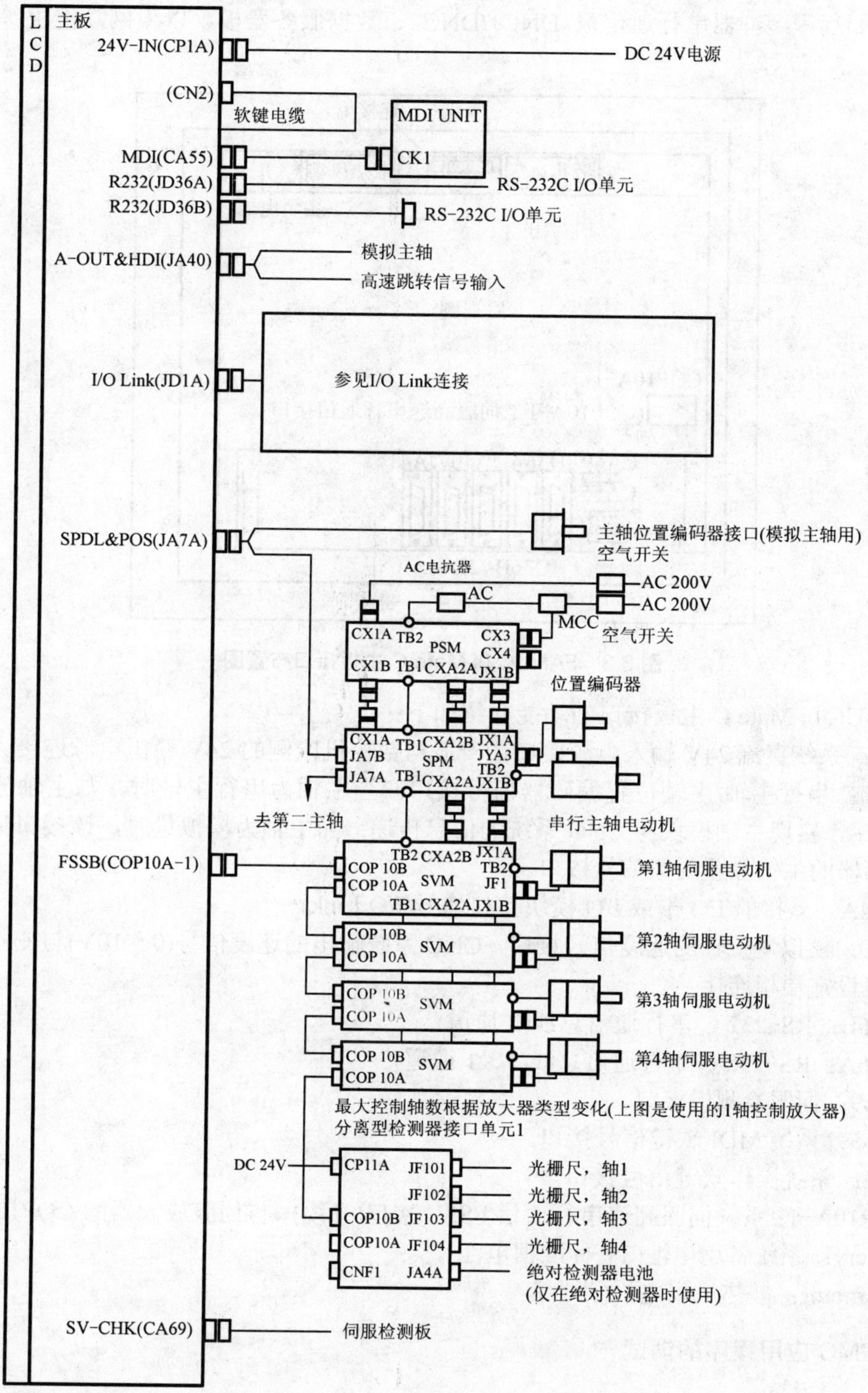

图 3.2　FANUC 0i Mate C 系统总体图

2. FANUC 0i Mate C 系统的功能连接

FANUC 0i Mate C 系统结构与 FANUC 0i C 系统结构基本相同，只是取消了扩展小槽功能板，如远程缓冲器串行通信板 DNC1/DNC2、数据服务器板、以太网功能板等，具体结构如图 3.3 所示。

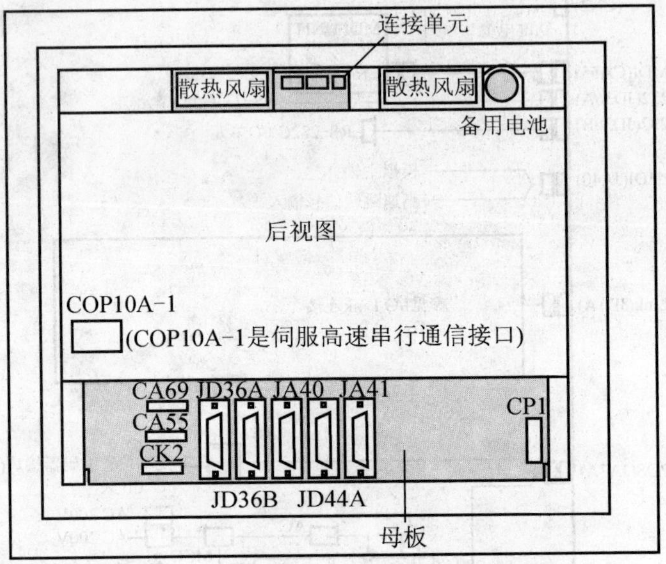

图 3.3　FANUC 0i Mate C 主板接口布置图

FANUC 0i Mate C 主板接口的功能介绍如下：

CP1：系统直流 24V 输入电源接口，一般与数控机床侧的 24V 稳压电源连接。

JA41：串行主轴/主轴位置编码器信号接口。当主轴为串行主轴时，与主轴放大器的 JA7B 连接，实现主轴模块与 CNC 系统的信息传递；当主轴为模拟量时，该接口又是主轴位置编码器的主轴位置反馈信号接口。

JD44A：外接的 I/O 卡或 I/O 模块接口信号(I/O Link)

JA40：模拟量主轴的速度信号接口，CNC 系统输出的速度信号(0～10V)与变频器的模拟量频率设定端相连接。

JD36B：RS-232 C 串行通信总线(2 通道)。

JD36A：RS-232 C 串行通信总线(1、1 通道)。

CA69：伺服检测板接口。

CA55：系统 MDI 软键信号接口。

CN2：系统操作软键信号接口。

COP10A-1：系统伺服高速串行通信 FSSB 接口(光缆)，与伺服放大器的 COP10B 连接。

Battery：系统备用电池(3V 标准锂电池)。

Fan motor：散热风扇电机(两个)。

3.1.2　PMC 应用程序的调试

FAPT LADDER-Ⅲ是在 Windows 95/98，Windows 2000，Windows XP 环境下运行的 FANUC PMC 程序的系统开发软件。

1. 新建梯形图程序

运行 FAPT LADDER-Ⅲ软件，利用鼠标在“File”菜单中选择“New Program”(见图 3.4)，出现如图 3.5 所示的画面。

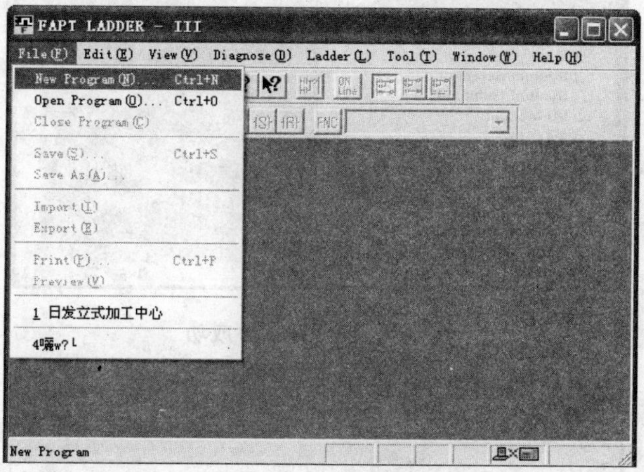

图 3.4　创建新程序

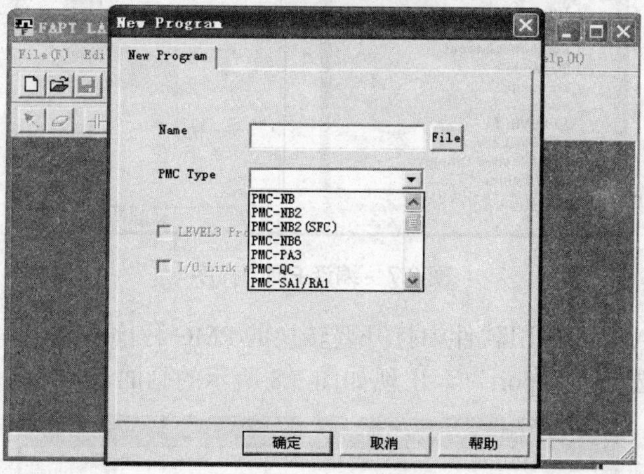

图 3.5　选择合适的 PMC 类别

然后，输入程序名称(如 pmc1)及 PMC 类型(如 FANUC 0i Mate 数控系统 PMC 类型为 PMC-SA1)，确定后出现如图 3.6 所示的画面即可编写自己的程序。

2. 调试 PMC 程序

编辑好 PMC 程序后，在“Tool”菜单中选择“Compile”(见图 3.7)，将该程序进行编译成机器语言，如果没有提示错误，则编译成功，如果提示错误，要退出修改后重新编译，然后保存。

3. 利用 M-CARD 将编译好的 PMC 程序传到 CNC 中

当把计算机格式(PMC.LAD)的 PMC 程序转换成 M-CARD 格式的文件后，可以将其存储到 M-CARD 上，通过 M-CARD 装载到 CNC 中，而不用通过外部通信工具(如 RS-232 C 或网线)进行传输。

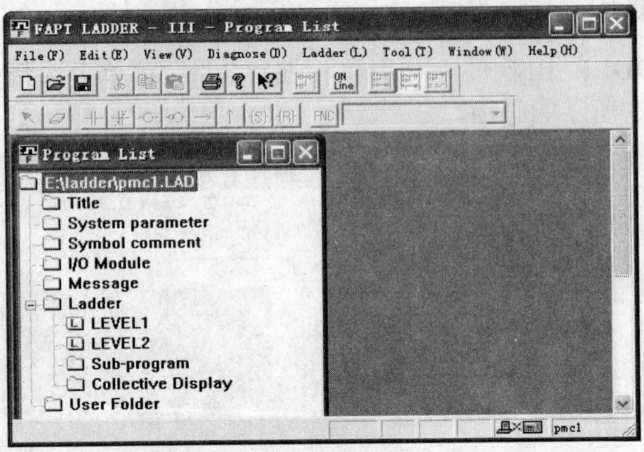

图 3.6　创建新程序成功

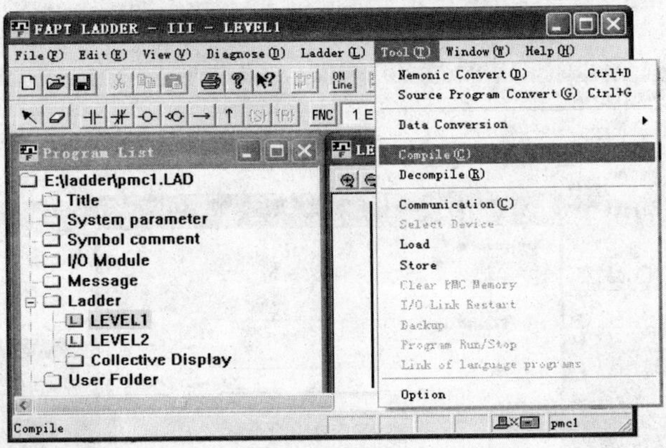

图 3.7　编译 PMC 程序

(1) 在 FAPT LADDER-Ⅲ软件中打开要转换的 PMC 程序。将该程序编译成功后保存，然后在 File 菜单中选择“Export”，出现如图 3.8 所示的画面。

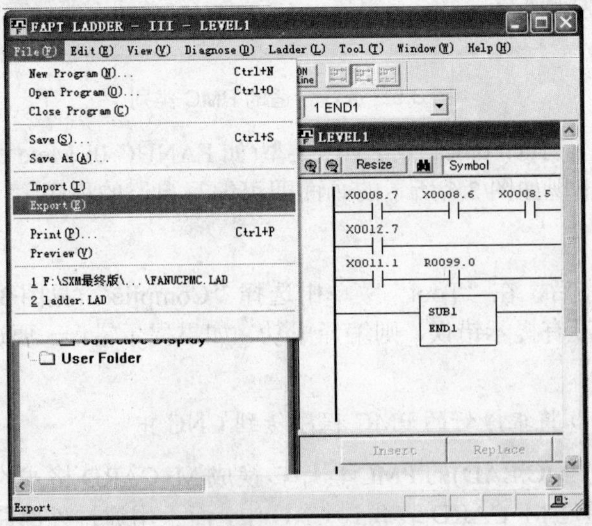

图 3.8　导出程序

注意：如果要在梯形图中加密码，则在编译的选项中单击 Option，选中“Setting of Password”，如图 3.9 所示。按“Exec”输入密码即可，如图 3.9 所示。

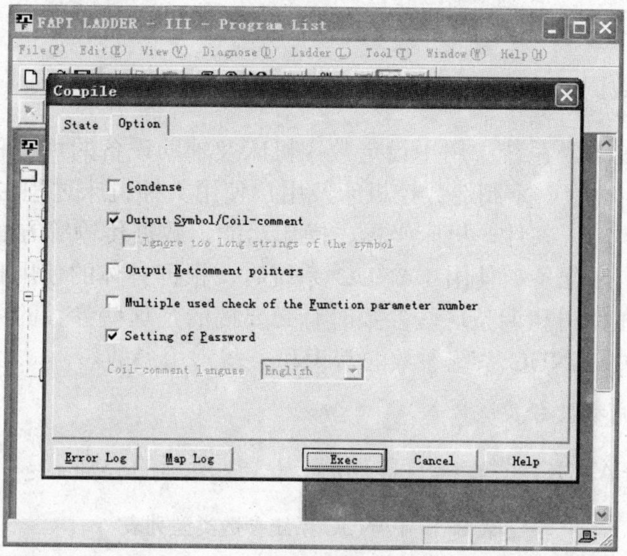

图 3.9　设置密码选项画面

(2) 在“File”菜单中选择“Export”后，软件提示选择输出的文件类型，选择 M-CARD 格式，如图 3.10 所示。

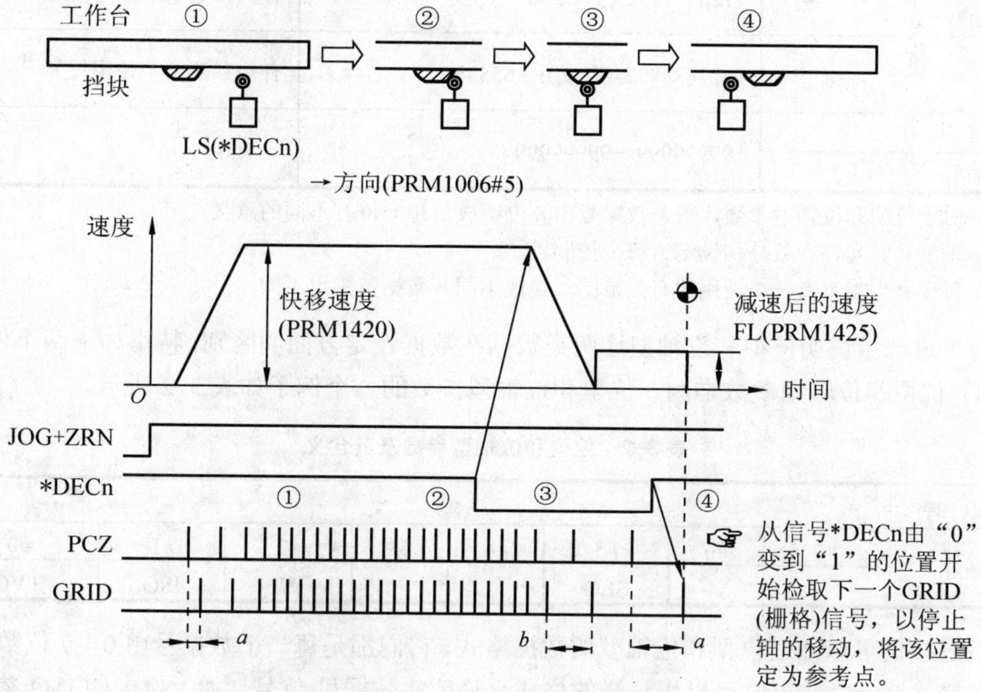

图 3.10　有挡块模式回参考点动作

a—栅格位移量(PRM1850)；*b*—参考计数器容量(PRM1821)

确定 M-CARD 格式后，选择下一步指定文件名，按照软件提示的默认操作即可得到转换了格式的 PMC 程序，注意该程序的图标是一个 Windows 图标(即操作系统不能识别的文件格式，只有 FANUC 系统才能识别)。转换好的 PMC 程序即可通过存储卡直接装载到 CNC 中。

3.1.3　数控系统参数调试

数控系统参数在 NC 系统中用于设定数控机床及辅助设备的规格和内容，及加工操作所必需的一些数据。机床厂家制造数控机床及用户使用数控机床过程中，通过参数的设定，来实现对伺服驱动、加工条件、机床坐标、操作功能、数据传输等方面的设定和调用。

机床厂商和用户在配备、使用 FANUC 系统时，根据具体的使用状况，有大量的参数需要调整和设置。在使用和调整这些参数时有必要搞清楚这些参数的用途和设置方法。在下文中介绍一些有关 FANUC 系统参数的常识和一些常用参数。

1. FANUC 系统参数分类

按照数据形式 FANUC 系统参数可以分为表 3-1 所示的类别。

表 3-1　FANUC 系统参数类型列表

数据形式	数　值	备　注
位型	0 或 1	—
位轴型		
字节型	-128～127 或 0～256	有些参数中不使用符号
字节轴型		
字型	-32768～32768 或 0～65535	有些参数中不使用符号
字轴型		
双字型	-99999999～99999999	—
双字轴型		

注：(1) 对于位型和位轴型参数，每个数据号由 8 位组成，每一位有不同的意义。

(2) 轴型参数允许参数分别设定给每个控制轴。

(3) 每个数据类型有一个通用的有效范围，参数不同其数据范围也不同。

为了进一步说明位型和位轴型这两类数据在数据设定方面的区别，特举如下两个例子。

(1) 位型和位轴型参数举例。位型和位轴型参数的一个例子如表 3-2 所示。

表 3-2　位型和位轴型参数及其含义

参 数 号	含　义							
1000	#7	#6	#5	#4	#3	#2	#1	#0
			SEQ			INI	ISO	TVC

通过该例可以知道位型和位轴型的数据格式，它们都是每一个数据号由 0～7 位数据组成。在描述这一类数据时可以用这样的格式来说明：数据号.位号。如上例中的 ISO 参数就可以用这样的符号来表示：1000.1。1000.1=0 时表示数据采用 EIA 码输出，1000.1=1 时表

示数据采用 ISO 码输出。位型和位轴型数据就是用这样的方式来设定不同的系统功能。

(2) 位型和位轴型以外的数据，如表 3-3 所示。

表 3-3　参数号及其含义

参数号	含　义
1023	指定轴的伺服轴号

2. FANUC 常见系统参数

(1) 控制轴。控制轴的系统参数有以下几类。

① 基本参数。基本参数的内容如表 3-4 所示，其中，1020 参数的设定值，如表 3-5 所示。

表 3-4　基本参数的内容

参数号	数据类型	含　义
8130	字节型	可控制轴数
1010	字节型	CNC 可控制轴数
1020	字节轴型	各轴的程序轴名称
1004	位型	最小设定单位

表 3-5　1020 参数的设定值

轴名称	设定值	轴名称	设定值	轴名称	设定值	轴名称	设定值
X	88	U	85	A	65	E	69
Y	89	V	86	B	66	—	—
Z	90	W	87	C	67	—	—

② 增量系统(编程移动量和刀具移动量)。增量系统主要有以下三类，即

增量系统 IS－A　　公制 0.01mm

增量系统 IS－B　　公制 0.001mm

增量系统 IS－C　　公制 0.0001mm

其相关参数如表 3-6 所示。

表 3-6　增量系统的相关参数

参数号	数据类型	含　义
1004#1	位型	IS-C 来选择
1006#3	位轴型	DIAx 直径编程(T 系统)
1004#7	位型	IPR 可设置 10 倍指令单位
0000#2	位型	INI 公英制选择

③ 回转轴。回转轴的参数如表 3-7 所示。

表 3-7　回转轴的参数

参数号			含　义
1006	#1 ROSx	#0 ROTx	
	0	0	直线轴
	0	1	旋转轴
		1	
1260			每转移动量

(2) 误差控制。误差控制主要包括以下两类:

① 存储型螺距误差补偿。存储型螺距误差补偿的内容如表 3-8 所示。

表 3-8　存储型螺距误差补偿

参数号	数据类型	含　义
3620	字轴型	位于参考点的螺补位置号
3621	字轴型	螺补的最小位置号
3622	字轴型	螺补的最大位置号
3623	字节轴型	螺补的倍率因子
3624	双字节轴型	螺补的位置间隔

② 反向间隙补偿。反向间隙补偿的内容如表 3-9 所示。

表 3-9　反向间隙补偿

参数号	数据类型	含　义
1800＃4	位型	切削进给和快速移动分别指定反向间隙
1851	字轴型	各轴的反向间隙补偿值
1852	字轴型	各轴快速移动的反向间隙补偿值

(3) 超程检测。超程检测的系统参数有以下几类。

① 参数内容。

参数号	数据类型	参数含义
3004＃5	位型	设为 0 检测超程信号

② 软限位。软限位的相关参数如表 3-10 所示。

表 3-10　软限位的相关参数

参数号	数据类型	参数含义
1320	字节轴型	存储式行程检测 1 各轴正方向坐标值
1321	字节轴型	存储式行程检测 1 各轴负方向坐标值
1300＃0	位型	参数 1322、1323 设定的检测区域的内侧或外侧为禁止区域
1300＃6	位型	LZR：上电至返回参考点期间是否执行存储行程检测 1，通常设为 1，表示不检测

(4) 报警信号。报警信号若是 3111＃7 NPA，则表示产生报警时是否切换到报警信息画面。

(5) JOG 进给。JOG 进给的相关参数如表 3-11 所示。

表 3-11　JOG 进给相关参数

参 数 号	数据类型	含　义
1423	字轴型	各轴 JOG 进给的速度
1002＃0	位　型	JOG 手动快速和返回参考点时同时控制轴数(0：1 轴，1：3 轴)

(6) 手轮进给。手轮进给的相关参数如表 3-12 所示。

表 3-12　手轮进给的相关参数

参 数 号	数据类型	含　义
8131#0	位　型	是否使用手轮进给
7113	字　型	手轮进给倍率(G019#5 为 1 时)；100
7114	字　型	手轮进给倍率(G019#4、#5 都为 1，即×1000)
7102	位轴型	手轮旋转方向与轴进给方向一致
7110	字节型	使用手轮的数量

(7) 手动返回参考点。手动返回参考点的方式有以下两种。

① 有挡块回参考点方式。有挡块回参考点方式回参考点动作如图 3.10 所示。其中相关参数如表 3-13 所示。

表 3-13　有挡块模式回参考点的相关参数

参 数 号	数据类型	含　义
1002#1	位型	DLZ 设为 1 表示对全轴有效，如只选择 Z 轴时，此位设 0
1005#1	位轴型	DLZx 设为 0 表示各轴使用有挡块回参考点
1006#5	位轴型	返回参考点的方向(0：按正向返回；1：按负向返回)
1201#2	位型	ZCL 设为 0 表示手动回参考点后不取消局部坐标系
1240	双字轴型	设为 0 表示在机械坐标系上的各轴第 1 参考点的坐标值
1420	双字轴型	各轴快速运行速度
1425	字轴型	各轴返回参考点的 FL 速度
1821	双字轴型	各轴的参考计数器容量
1836	字节轴型	设为 0 表示可以进行参考点返回的伺服误差量
1850	双字轴型	各轴的栅格偏移量
1815#5	位轴型	APC 设为 0 表示脉冲编码器为增量式

② 无挡块回参考点方式。无挡块回参考点方式回参考点动作如图 3.11 所示。其中相关参数如表 3-14 所示。

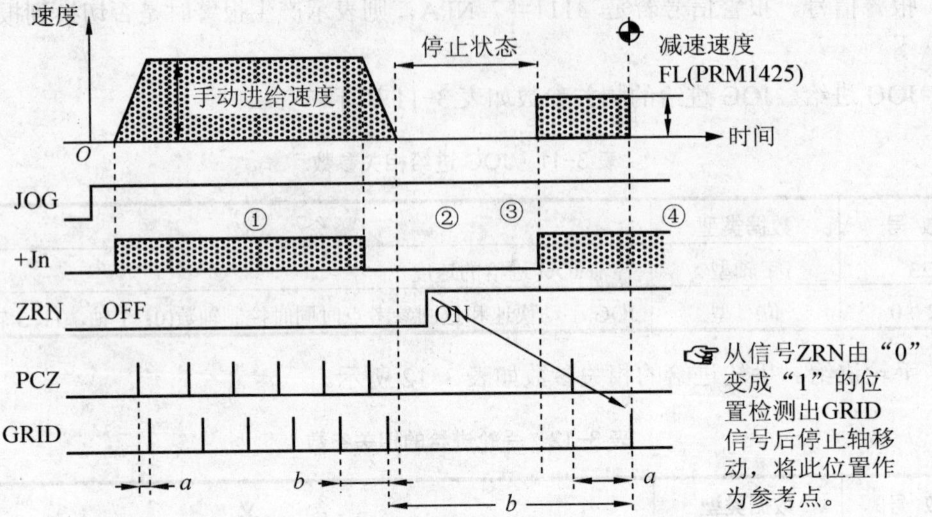

图 3.11　无挡块模式回参考点动作

a—栅格偏移量(PRM1850)；*b*—参考计数器容量(PRV1821)

表 3-14　无挡块模式回参考点的相关参数

参 数 号	数据类型	含　义
1002#1	位型	DLZ 设为 1 表示对全轴有效，如只选择 Z 轴时，此位设 0
1005#1	位轴型	DLZx 设为 1 表示各轴使用有档块回参考点
1006#5	位轴型	返回参考点的方向(0：按正向返回；1：按负向返回)
1201#2	位型	ZCL 设为 0 表示手动回参考点后不取消局部坐标系
1240	双字轴型	设为 0，则表示在机械坐标系上的各轴第 1 参考点的坐标值
1300#6	位型	LZR＝1 接通电源后到手动返回参考点之前不进行存储式行程检测
1420	双字轴型	各轴快速运行速度
1425	字轴型	各轴返回参考点的 FL 速度
1821	双字轴型	各轴的参考计数器容量
1836	字节轴型	设为 0，则表示可以进行参考点返回的伺服误差量
1815#5	位轴型	APC 设为 0 表示脉冲编码器为增量式

(8) 柔性进给齿轮比。对不同丝杠的螺距或数控机床运动有减速齿轮时，为了使位置反馈脉冲数与指令脉冲数相同而设定进给齿轮比，因为是通过系统参数可以修改，所以又称柔性进给齿轮比。

半闭环控制伺服系统：N/M=(伺服电动机一转所需的位置反馈脉冲数/100 万)的可约分数。

全闭环控制伺服系统：N/M=(伺服电动机一转所需的位置反馈脉冲数/电动机一转分离型检测装置位置反馈的脉冲数)的可约分数。

柔性进给齿轮比的相关参数如表 3-15 所示。

表 3-15　柔性进给齿轮比的相关参数

参 数 号	数据类型	含　义
2084	字轴型	柔性进给齿轮比(分子)
2085	字轴型	柔性进给齿轮比(分母)

3. 参数显示的操作步骤

参数显示的步骤请参照 2.1.6 小节中介绍。

3.1.4　系统数据恢复与备份

FANUC 数控系统中加工程序、参数、螺距误差补偿、宏程序、PMC 程序、PMC 数据，在数控机床不使用时是依靠控制单元上的电池进行保存的。如果发生电池失效或其他意外，则会导致这些数据的丢失。因此，有必要做好重要数据的备份工作，一旦发生数据丢失，可以通过恢复这些数据的办法，保证数控机床的正常运行。

FANUC 数控系统数据备份的方法常见的有两种：第一是使用存储卡，在引导系统画面进行数据备份和恢复；第二是通过 RS-232 接口使用 PC 进行数据备份和恢复。

本节以 FANUC 0i Mate 系统为例分别介绍利用这两种方法进行系统数据备份与恢复操作过程。

1. 使用存储卡进行数据备份和恢复

1) 系统进入 BOOT SYSTEM 界面进行系列备份和恢复

使用存储只进行数据备份和恢复这种方法的功能，第一就是将系统 SRAM 存储的全部数据备份到存储卡或存储卡的数据恢复到系统 SRAM 中；第二就是将系统 FROM 存储的用户数据(梯形图、宏执行程序等)备份到存储卡或存储卡的数据恢复到系统 FROM 中。

通过该方法备份的数据是系统数据的整体，下次恢复或调试其他相同数控机床时，可以迅速的完成。但是数据为机器码且为打包形式，不能在计算机上打开。该方法特别适用于系统死机情况下的数据备份或恢复及全部清除后的系统数据恢复。

数控系统的启动和计算机的启动一样，会有一个引导过程。在通常情况下，使用者是不会看到这个引导系统。但是使用存储卡进行备份时，必须要在引导系统画面进行操作。在使用这个方法进行数据备份时，首先必须要准备一张符合 FANUC 系统要求的存储卡(工作电压为 5V)。具体操作步骤如下：

(1) 数据系列备份。数据系统备份的步骤如下：

① 将存储卡插入存储卡接口上(NC 单元上，或者是显示器旁边)；

② 进入引导系统画面，按下显示器下端最右面两个软键，给系统上电，如图 3.12 所示，直到出现 BOOT SYSTEM 画面；

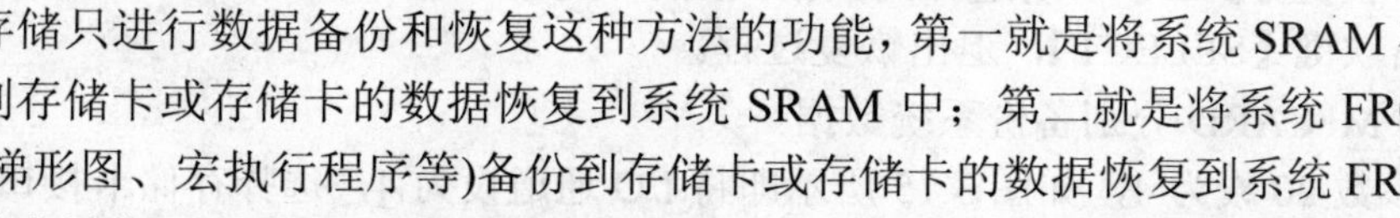

图 3.12　进入 BOOT SYSTEM 画面操作示例

③ 调出系统引导画面，如图 3.13 所示为系统引导画面；

④ 在系统引导画面选择所要的操作项(第 4 项)，进入系统数据备份画面，用软键 UP 或 DOWN 进行选择，如图 3.14 所示。

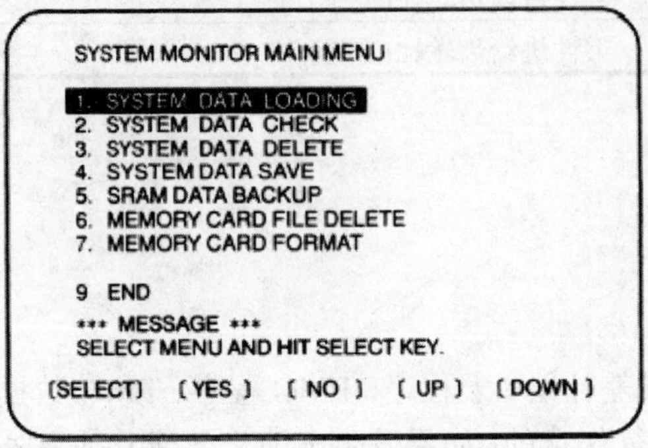

图 3.13 系统引导画面

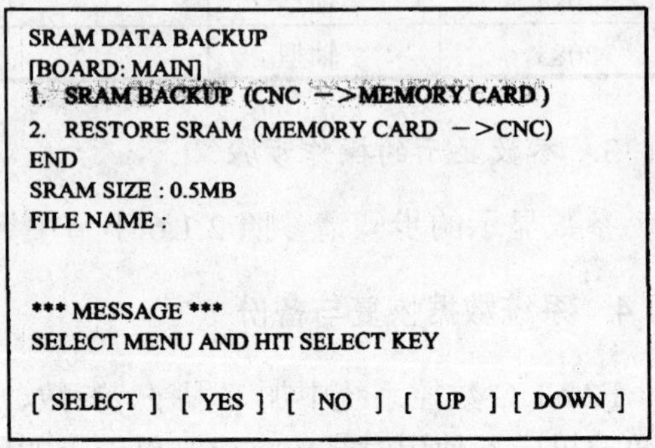

图 3.14 系统数据备份画面

⑤ 在系统数据备份画面中有很多项，选择所要备份的数据项，单击软键【YES】，数据就会备份到存储卡中；

⑥ 单击软键【SELECT】，退出备份过程。

(2) 数据系列恢复。数据系列恢复的步骤如下：

① 如果要进行数据的恢复，按照相同的步骤进入到系统引导画面；

② 在系统引导画面选择第一项“SYSTEM DATA LOADING”；

③ 选择存储卡上所要恢复的文件；

④ 单击软键【YES】，所选择的数据回到系统中；

⑤ 单击软键【SELECT】，退出恢复过程。

2) 使用 M-CARD 分别备份系统数据

(1) 将参数 20 设为 4，如图 3.15 所示即将 I/O 通道设为 4，选择存储卡接口。

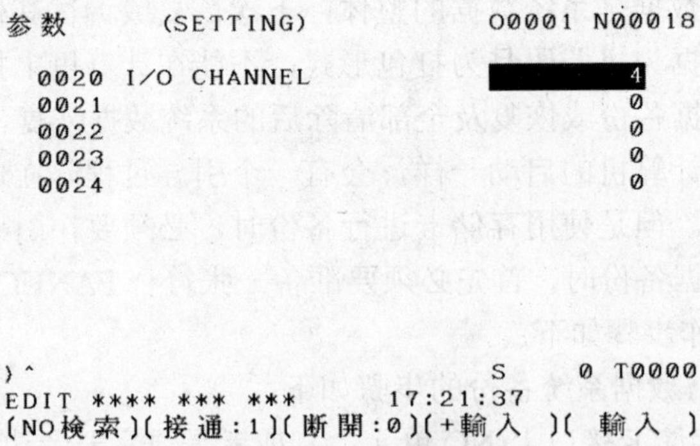

图 3.15 I/O 通道数设定画面

(2) 要在编辑方式下选择要传输的相关数据的画面(以参数为例)，过程如下：

① 单击如图 3.16 所示画面中【OPR】(操作)，对数据进行操作；

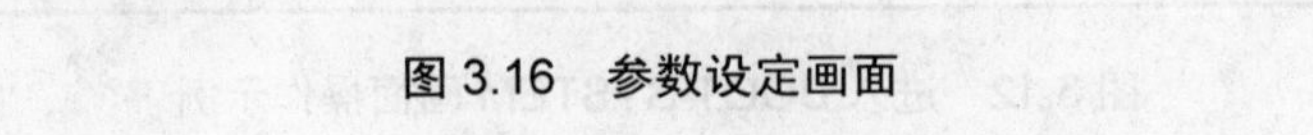

图 3.16 参数设定画面

② 单击右侧的扩展键▷，则画面为图 3.17 所示。

```
EDIT **** *** ***        17:22:24
(         )( READ  )(PUNCH )(         )(         )
```

图 3.17　数据读入/输出操作画面

③ 图 3.17 中【READ】表示从 M-CARD 读取数据，【PUNCH】表示把数据备份到 M-CARD，单击【READ】或【PUNCH】出现如图 3.18 所示画面。

```
EDIT **** *** ***        17:22:39
(         )(         )( ALL    )(         )(NON-0 )
```

图 3.18　读取数据选择画面

④ 图 3.18 中【ALL】表示备份全部参数，【NON-0】表示仅备份非零的参数，单击【ALL】或【NON-0】出现 3.19 所示画面。

```
EDIT **** *** ***        17:22:53
(         )(         )(         )( CAN   )( EXEC )
```

图 3.19　执行操作界面

⑤ 单击图 3.19 中【EXEC】键，即可看到【EXECUTE】闪烁，参数保存到 M-CARD 中。

通过这种方式备份数据，备份的数据以默认的名字存于 M-CARD 中。如备份的系统参数器默认的名字为“CNCPARAM”。要从 M-CARD 输入参数时，选择软键【READ】。但是，使用这种方法再次备份其他机床相同类型的参数时，之前备份的同类型的数据将被覆盖。

(3) 使用存储卡备份梯形图。在 MDI 键盘操作面板上单击功能键【system】，然后依次单击 PMC 键、扩展键▷、I/O 键，进入如图 3.20 所示画面。并将参数设置为：DEVICE 设置为“M-CARD”；FUNCTION 设置为“WHITE”时，数据传输方向为 CNC→M-CARD，设置为“READ”时，数据传输方向为 M-CARD→CNC；DATA KIND 设置为“LADDER”时仅备份梯形图，如欲备份梯形图参数，须将该参数设置为“PMC-PRM”。然后单击执行软键【EXEC】，即可执行相应操作。

```
PMC I/O PROGRAM                          MONIT STOP


          DEVICE          =    M-CARD

          FUNCTION        =    WRITE

          DATA KIND       =    LADDER

          FILE NO.        =    @PMC-RA.000
            ( @ NAME )

 )^

( EXEC )(CANCEL)(M-CARD)(F-ROM )(FDCAS )
```

图 3.20　使用存储卡备份梯形图画面

2. 使用 PC 进行数据的备份和恢复

通过 RS-232 接口使用 PC 进行数据备份和恢复，是一种非常普遍的做法。这种方法比前面一种方法用的更多，在操作上也更为方便。操作步骤如下：

(1) CNC 侧输入输出用参数的设定

① PRM0000

						ISO	

ISO　0：用 EIA 代码输出

1：用 ISO 代码输出

PRM0000 设定为 00000010

② PRM0020：选择 I/O 通道

0：通道 1

1：通道 1

2：通道 2

PRM0020 设定为 0

③ PRM0101

NFD			ASI				SB2

NFD　0：输出数据时，输出同步孔。

1：输出数据时，不输出同步孔。

ASI　0：输入输出时，用 EIA 或 ISO 代码。

1：用 ASCII 代码。

SB2　0：停止位是 1 位。

1：停止位是 2 位。

PRM0101 设定为 00000001

④ PRM0102：输入/输出设备的规格号，该参数有 0～6 个设定值，每个设定值的具体含义如下：

0：RS232C(使用代码 DC1-DC4)

1：FANUC 磁泡盒

2：FANUC Floppy cassette adapter F1

3：PROGRAM FILE Mate,FANUC FA card adapter,FANUC Floppy cassette adapter, FANUC Handy file,FANUC SYSTEM P-MODEL H

4：RS232C(不使用代码 DC1-DC4)

5：手提式纸带阅读机

6：FANUC PPR，FANUC SYSTEM P-MODEL G，FANUC SYSTEM P-MODEL H

在此用 RS232 传输数据故设为 0。PRM0102 设定为 0。

⑤ PRM0103：波特率(设定传送速度)

1：50	5：200	9：2400
2：100	6：300	10：4800
3：110	7：600	11：9600
4：150	8：1200	12：19200

PRM0103 设定为 10，设定为 11。

(2) 计算机侧的设定，以计算机 Windows 系统自带的通信程序——超级终端为例，设置过程如下：

① 选择计算机“开始”中“附件”→“通信”→“超级终端”命并执行。该程序运行后显示如图 3.21 所示。

② 设定新建连接的名称为 CNC(或其他)，并选择连接的图标，如图 3.22 所示。

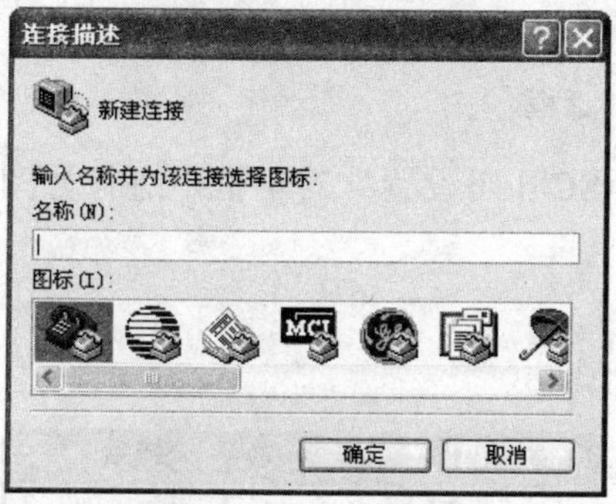

图 3.21　新建超级链接

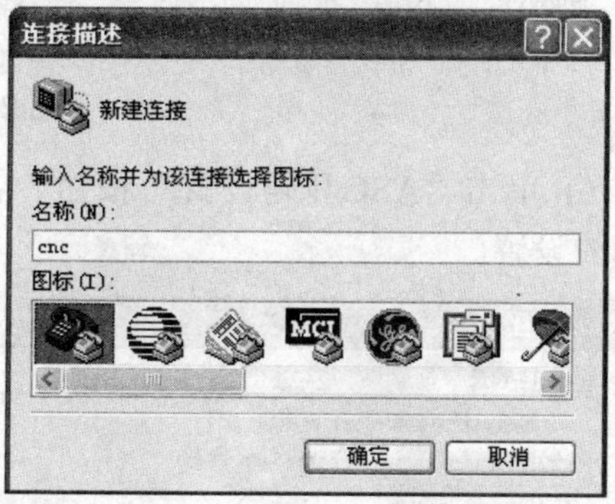

图 3.22　输入新建超级链接的名字(例如 CNC)

(3) 单击“确定”按钮，出现如图 3.23 所示画面，根据使用计算机的资源情况设定连接时使用的串口，如本例使用笔记本式计算机的“COM3”。

(4) 单击“确定”按钮，出现如图 3.24 所示画面，即可设置串行通信的参数。波特率可根据系统设定的参数而定，数据位有 7 位(不含奇偶校验位)、8 位(含奇偶校验位)，一般选择 8 位，奇偶校验有不校验、偶校验、奇校验，一般选不校验。停止位为 2 位。流量控制为 Xon/Xoff 控制。

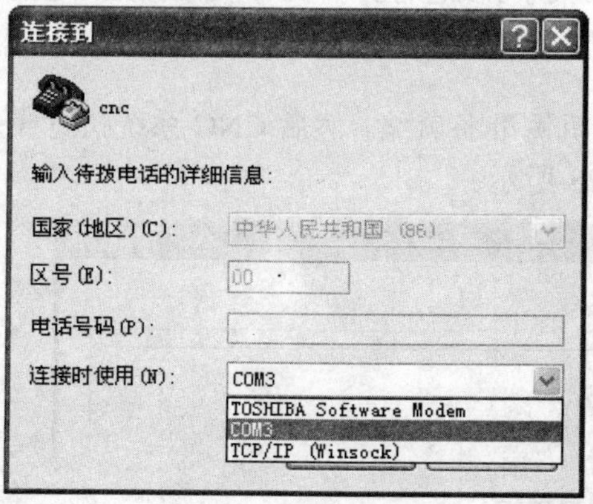

图 3.23　选择通信口

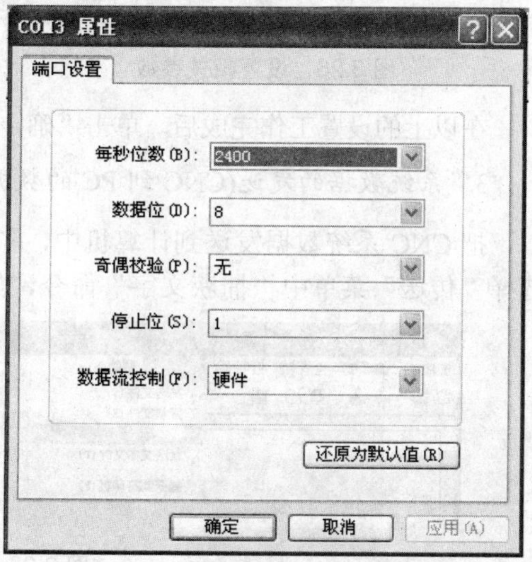

图 3.24　确定通信口参数

(5) 单击“确定”按钮后，在 CNC“文件”菜单中选择“属性”命令(见图 3.25)，在弹出的“CNC 属性”对话框中进行设置，如图 3.26 所示。

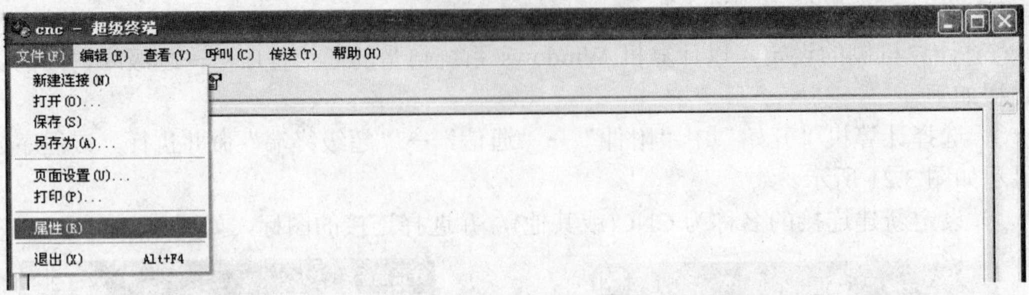

图 3.25　打开属性对话框

(6) 单击“ASCⅡ码设置”按钮，在弹出的“ASCⅡ码设置”对话框中进行如图 3.27 所示的设置。

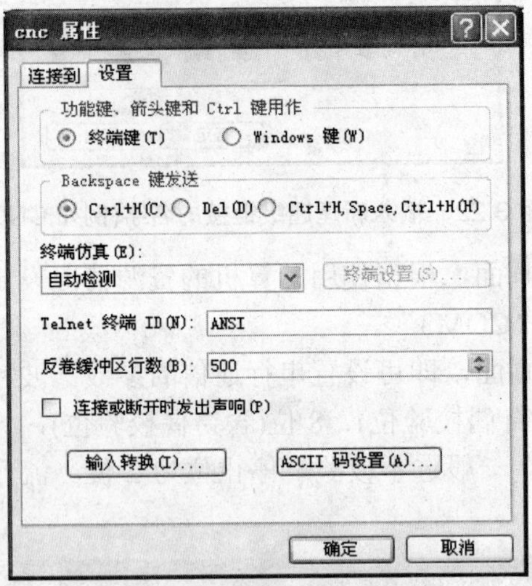

图 3.26　设置相关参数

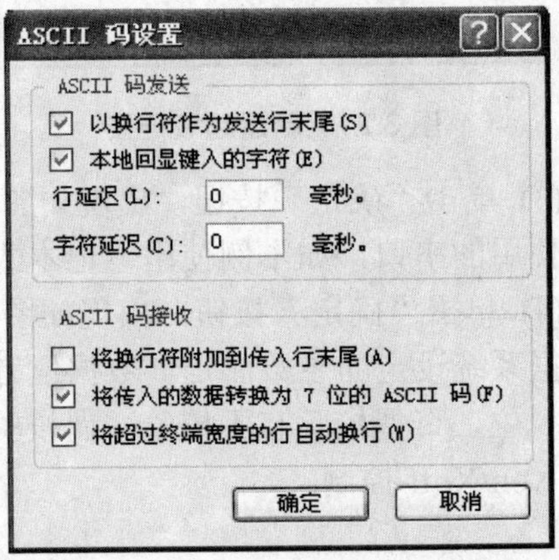

图 3.27　选择 ASCⅡ参数

在以上的设置工作完成后，单击“确定”按钮，就可以进行计算机与数控系统的通信了。

3. 系统数据的发送(CNC 到 PC 的数据传送)

把 CNC 系统数据发送到计算机中，首先计算机侧准备就绪，然后 CNC 系统执行操作。选择“传送”菜单中“捕获文字”命令，如图 3.28 所示。

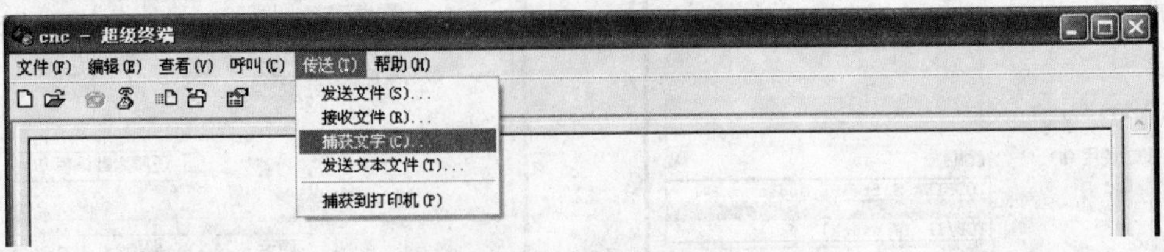

图 3.28　打开接受界面

要在编辑方式下选择要传输的相关数据的画面，以参数传输为例说明具体操作如下。

(1) 选择 EDIT(编辑)方式。

(2) 单击功能键【SYSTEM】，再单击软键【PARAM】，选择参数画面。

(3) 单击软键【OPRT】，再按连续菜单扩展键。

(4) 启动电脑侧传输软件处于等待输入状态。

(5) 系统侧单击软键【PUNCH】，再单击软键【EXEC】，开始输出参数。同时画面下部的状态显示上的“OUTPUT”闪烁，直到参数输出停止，按键 RESET 可停止参数的输出。

(6) 在计算机侧，单击“浏览”按钮可选择文件存储路径，单击“启动”按钮，完成计算机侧文件接收，如图 3.29 所示。

图 3.29　选择文件存储路径

4. 系统数据的接收(PC 到 CNC 的数据传送)

把计算机中备份好的机床数据传送到系统时，首先 CNC 系统侧准备就绪，然后计算机执行操作。通过选择“传送”菜单的“发送文本文件”命令，打开要发送的数据文件。具体操作如图 3.30 和图 3.31 所示。

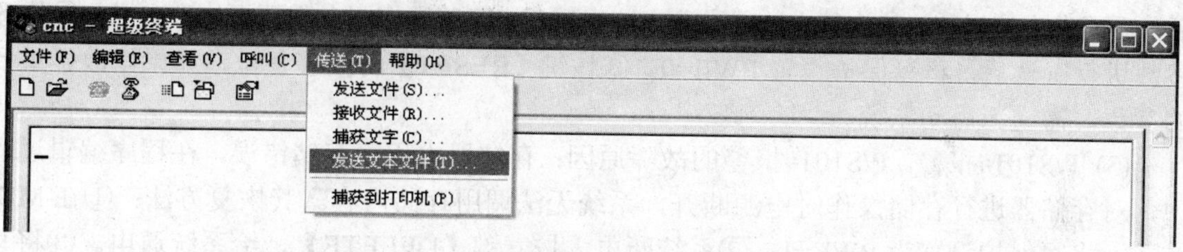

图 3.30　打开传送文件界面

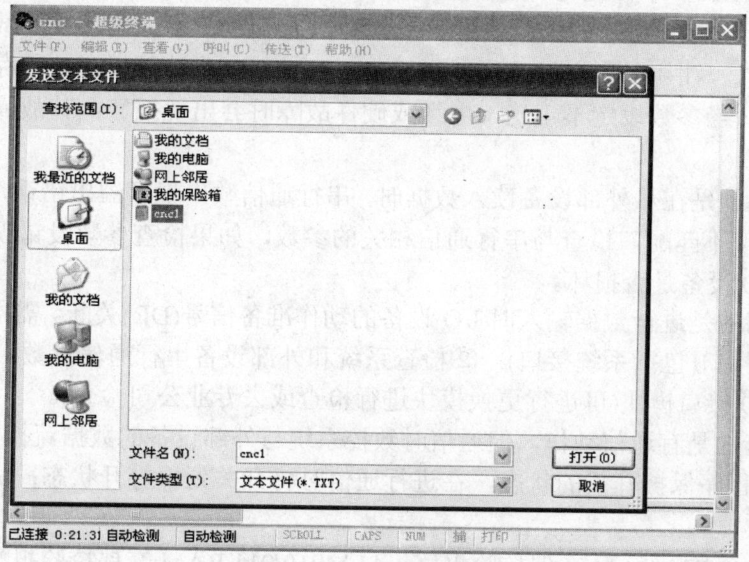

图 3.31　确定输出文件

要在编辑方式下选择要传输的相关数据的画面，以参数传输为例说明具体操作。

(1) 数控机床进入急停状态。

(2) 单击数次键【SETTING】，可显示设定画面。

(3) 确认【参数写入=1】。

(4) 单击菜单扩展键。

(5) 单击软键【READ】，再单击软键【EXEC】后，系统处于等待输入状态。

(6) 计算机侧找到相应数据，启动传输软件，执行输出，系统就开始输入参数。同时画面下部的状态显示上的“INPUT”闪烁，直到参数输入停止，单击键【RESET】可停止参数的输入。

(7) 输入完参数后，切断电源一次，再打开电源即可完成。

3.1.5　报警、故障分析、处理

1. FANUC 0i 常见报警及处理方法

(1) P/S00#报警。P/S00#报警的故障原因：设定了重要参数，如伺服参数，系统进入保护状态，需要系统重新启动，装载新参数。其恢复办法：在确认修改内容后，切断电源，再重新启动即可。

(2) P/S100#报警。P/S100#报警的故障原因：修改系统参数时，将写保护设置 PWE=1 后，系统发出该报警。其恢复方法：①发出该报警后，可照常调用参数页面修改参数。②修改参数进行确认后，将写保护设置 PWE=0。③按键【RESET】将报警复位，如果修改了重要的参数，需重新启动系统。

(3) P/S101#报警。P/S101#报警的故障原因：存储器内程序存储错误，在程序编辑过程中，对存储器进行存储操作时电源断开，系统无法调用存储内容。其恢复方法：①在 MDI 方式，将写保护设置为 PWE=1。②系统断电，按着键【DELETE】，给系统通电。③将写保护设置为 PWE=0，单击键【RESET】将 101#报警消除。

(4) P/S85～87 串行接口故障。P/S85～87 串行接口的故障原因：在对数控机床进行参数、程序的输入，往往用到串行通信，利用 RS-232 接口将计算机或其他存储设备与数控机床连接起来。当参数设定不正确，电缆或硬件故障时会出现报警。其故障查找和恢复具体如下：

85#报警指的是在从外部设备读入数据时，串行通信数出现了溢出错误，被输入的数据不符或传送速度不匹配，检查与串行通信相关的参数，如果检查参数没错误还出现该报警时，则检查 I/O 设备是否损坏。

86#报警指的是进行数据输入时 I/O 设备的动作准备信号(DR)关断。需检查：①串行通信电缆两端的接口(包括系统接口)；②检查系统和外部设备串行通信参数；③检查外部设备；④检查 I/O 接口模块(可进行更换模块进行检查或去专业公司检查)。

87#报警指的是有通信动作，但通信时数控系统与外部设备的数据流控制信号不正确，检查：系统的程序保护开关的状态，在进行通信时将开关处于打开状态；I/O 设备和外部通信设备。

(5) ALM910/911 RAM 奇偶校验报警。ALM910/911 RAM 奇偶校验报警的故障原因及处理方法如下：

① 印制电路板存储卡接触不良。当发生该类报警时，首先切断系统电源，进行系统全清操作。其方法是同时按住系统的 RESET 和 DELET 键，再打开电源，此时系统将清除存储板中 RAM 的所有数据。当完成以上操作后，仍然不能清除存储器报警时，则要考虑该故障可能是因为系统的 RAM 接触不良，请更换新的存储卡或进行该板的维修。

② 由于外界的干扰引起的数据报警，当执行系统 RAM 全清后，如果系统能进入正常的状态(不再发生该报警)，则可能是外界干扰引起的，在这种情况下要检查系统整体地线和走线等，采取有效的抗干扰措施。

③ 存储器的电池电压偏低，可以检查存储卡上的检查端子，检查电池电压。该电池电压正常为 3V，当低于 2.6V 时，可能会造成系统 RAM 的存储报警。

④ 电源单元异常引起，电源异常也有可能引起该类报警，此时进行系统全清后，报警会清除。

(6) 手动及自动均不能运行。手动及自动均不能运行的原因及处理方法：位置显示(相对，绝对，机械坐标)全都不动时，检查 CNC 的状态显示，检查急停信号，复位信号，操作方式状态，到位检测，互锁状态信号。

(7) 不能 JOG 操作运行。不能 JOG 操作运行的原因及处理方法如下：

① 确认操作方式是否正确，检查操作面板操作方式旋钮，检查操作方式信号接口诊断。

② 确认是否输入了进给轴方向选择信号(M)。

③ 进行在位检查。

(8) 不能自动运行。不能自动运行的原因及处理方法如下：

① 确认是否能手动运行，如果不能，请参照前面(6)恢复。

② 检查操作方式是否正确。

③ 确认循环启动信号是否起作用。

④ 输入进给保持信号，检查诊断 DGN0008.5，如果为 0，则检查 PMC 梯形图。

(9)系统 ROM 奇偶校验错误报警 900#的处理方法如下：

① 利用系统存储卡恢复或重新安装系统软件程序及 PMC 顺序程序，如果故障排除则判定故障原因为系统软件故障。

② 更换系统 FROM/SRAM 模块并重新输入系统参数如果系统恢复正常，故障原因为系统硬件 FROM/SRAM 模块故障。

③ 更换系统主板(有时需更换系统 CPU 卡，这是因为安装系统 ROOT 的 FROM 不良)。

(10) 系统动态存储器 DRAM 奇偶校验错误报警 912#～919#的处理方法如下：

① 系统在电源断开再接通后运行正常，则故障原因可能是外部干扰引起的。

② 系统 CPU 卡的 DRAM 不良，更换系统 CPU 卡。

③ 更换系统主板。

(11) 静态存储器 SRAM 发生 ECC 错误报警 935#的原因及处理方法如下：

① 全部清除系统 SRAM 的数据后故障消失，则故障为系统的 SRAM 数据不良。

② 系统电池电压(标准为 3V)如果低于 2.6V 就会产生电池报警，更换电池。

③ 如果全部清除存储器并恢复数据后还不能解决问题，就更换 FROM/SRAM 模块。

④ 更换系统主板或系统主 CPU。

(12) 系统 926(伺服串行总线报警)的故障原因及处理方法如下：

① 伺服放大器的控制电路电源 DC24V 故障或伺服电动机编码器+5V 电路短路故障；
② 伺服放大器的连接光缆故障。
③ 伺服放大器本身故障。
④ FSSB 初始化(自动设定)。
⑤ 系统轴板故障。
⑥ 系统主板不良。

3.2 SIEMENS 802D 数控系统

SIEMENS(西门子)公司推出的 802D 数控系统属于中低档系统，其特点是：全数字驱动，中文系统，结构简单(通过 PROFIBUS 连接系统面板，I/O 模块和伺服驱动系统)，调试简单 (通过 PCMCIA 卡批量调试)。具有免维护性能的 SIEMENS 802D 核心部件——控制面板单元(PCU)具有 CNC、PLC、人机界面和通信等功能，集成的 PC 硬件可使用户非常容易地将控制系统安装在数控机床上。

SIEMENS 802D 数控系统可控制四个数字进给轴和一个主轴。主轴完全通过 PCU 控制，既可通过数字接口控制，也可通过模拟接口控制。使用 PROFIBUS 总线可非常简洁地将伺服和 I/O 模块等系统各部件直接相连。模块化的驱动装置 SIMODRIVE 611 UE 可以根据数控车床或数控铣床的需要配置各种驱动和电机，强大的 Windows 工具可非常轻松地设置驱动参数，位置测量可用电机端编码器，也可用光栅尺，SIEMENS 802D 数控系统具有功能强大的 PLC(SIMATIC S7-200)，其编程工具可运行在任何 PC 上，其诊断功能也非常完善。梯形图编程和经典的 PLC 程序举例可非常方便地应用于数控机床控制。

SIEMENS 802D 数控系统虽属于中低档系统，但是基本上已经是标准的数控系统，最适合于数控车床、铣床、磨床和带小型刀库的数控加工中心的配套及改造。

3.2.1 SIEMENS 802D 数控系统的结构

1. 硬件组成

SIEMENS 802D 数控系统内置了 S7-200 PLC，主要包括 SIMODRIVE 611UE 驱动器、输入/输出模块 PP72/48、PCU 单元、数控机床控制面板 MCP、1FK6 系列伺服电动机等。802D 数控系统、611UE 驱动器和输入/输出模块 PP72/48 之间通过 PROFIBUS 总线连接通信。数控机床控制面板 MCP 通过扁平电缆和输入/输出模块连接。SIMODRIVE 611UE 驱动器由电源模块和功率模块组成，功率模块插接了 611UE 插件与 PROFIBUS 模块。图 3.32 所示为 802D 硬件组成图。

2. PROFIBUS 总线连接

SIEMENS 802D 数控系统是基于 PROFIBUS 总线的数控系统。输入/输出信号是通过 PROFIBUS 传送的，位置调节(速度给定和位置反馈信号)也是通过 PROFIBUS 完成的。因此 PROFIBUS 的正确连接是非常重要的。

PROFIBUS 电缆应由机床制造商根据其电柜的布局连接。系统提供 PROFIBUS 的插头和电缆，插头应按照图 3.33 连接。

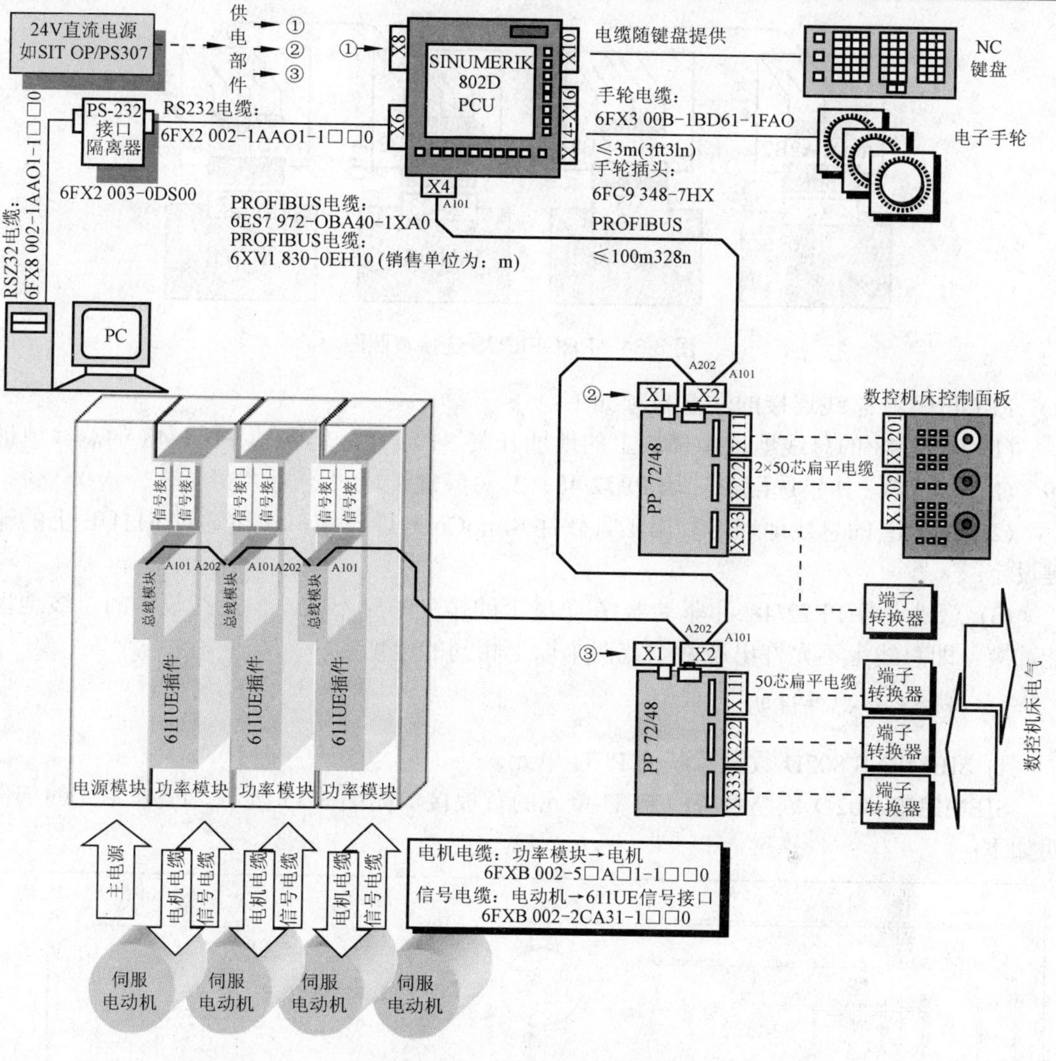

图 3.32　802D 硬件组成图

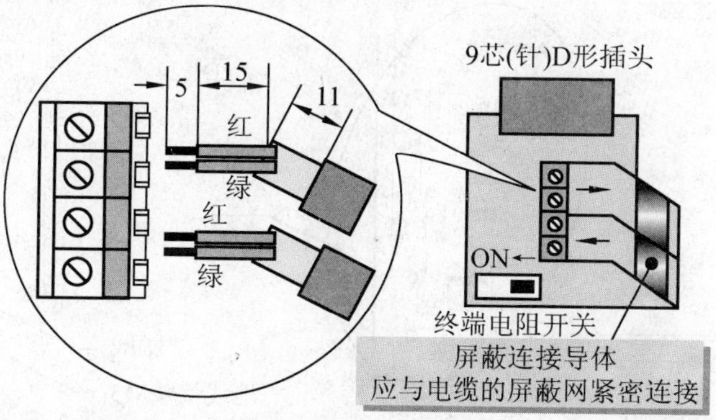

图 3.33　插头连接

PCU 为 PROFIBUS 的主设备，每个 PROFIBUS 从设备(如 PP72/48、611UE)都具有自己的总线地址，因而从设备在 PROFIBUS 总线上的排列次序是任意的。PROFIBUS 的连接请如图 3.34 所示。PROFIBUS 两个终端设备的终端电阻开关应拨至 ON 位置。

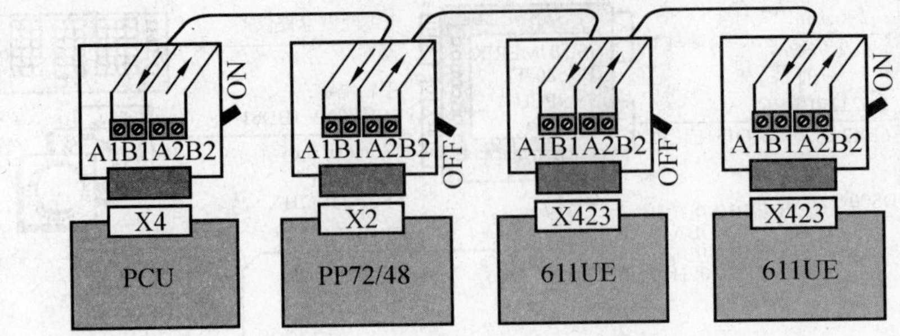

图 3.34　PROFIBUS 连接参照图

PROFIBUS 总线连接的注意事项如下：

(1) PP72/48 的总线地址由模块上的地址开关 S1 设定。第一块 PP72/48 的总线地址为“9”(出厂设定)。如果选配第二块 PP72/48，其总线地址应设定为“8”；

(2) 611UE 的总线地址可利用工具软件 SimoCom U 设定，也可通过 611UE 上的输入键设定；

(3) 总线设备(PP72/48 和驱动器)在总线上的排列顺序不限。但总线设备的总线地址不能冲突，即总线上不允许出现两个或两个以上相同的地址。

3. 数控系统部件说明

1) SIEMENS 802D 数控系统的 PCU 单元

SIEMENS 802D 数控系统的 PCU 单元的背板接口如图 3.35 所示。PCU 单元的部件说明如下：

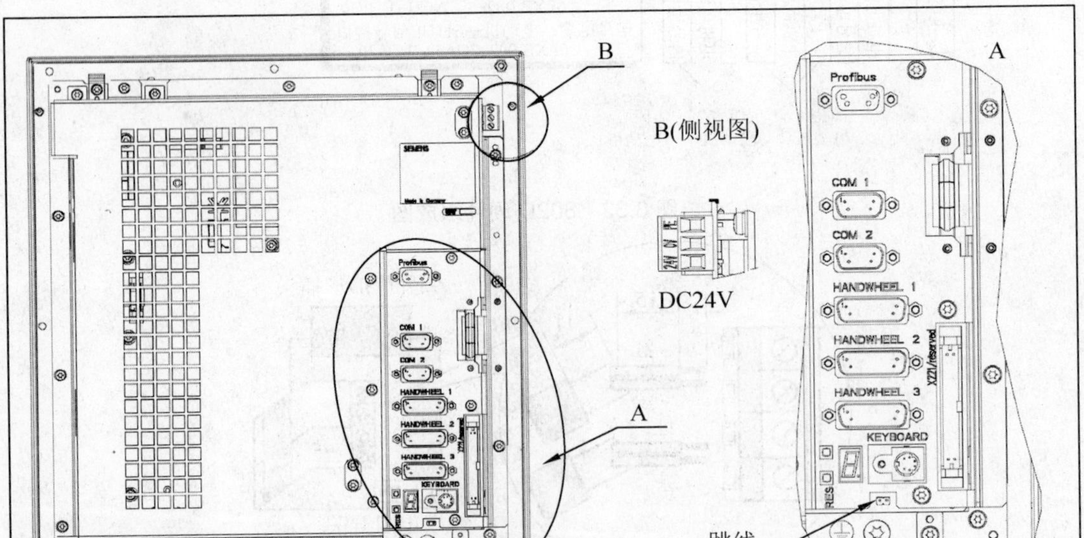

图 3.35　SIEMENS 802D 数控系统 PCU 单元背板接口图

(1) 24VDC 电源：(X8) 3 芯端子式插座(插头上已标明 24V，0V 和 PE)。

(2) PROFIBUS：(X4) 9 芯孔式 D 型插座。

(3) COM1：(X6) 9 芯孔式 D 型插座。注意：COM2 无定义。

(4) 手轮 1 到 3：(X14/X15/X16) 15 芯孔式 D 型插座。

(5) 键盘：(X10)。

(6) 复位健：(RES)。

(7) 状态指示：前端盖内有四个发光二极管用于状态指示，如图 3.36 所示。其中绿色 ON 指示灯为电源指示；黄色 NC 指示灯为 NC 生命标记监控(闪烁)；红色指示灯 WD 为过程监控；黄色指示灯 PB 为 PROFIBUS 状态。

2) 输入/输出模块 PP72/48

输入/输出模块 PP72/48 模块可提供 72 个数字输入和 48 个数字输出。每个模块具有三个独立的 50 芯插槽，每个插槽中包括了 24 位数字量输入和 16 位数字量输出(输出的驱动能力为 0.25A，同时系数为 1)。802D 数控系统最多可配置两块 PP 模块。

PP 72/48 作为模块 1 时，其总线地址为“9”，其拨码设置如图 3.37 所示。此时，X111 对应 24 位输入(I0.0～I2.7)和 16 位输出(Q0.0～Q1.7)；X222 对应 24 位输入(I3.0～I5.7)和 16 位输出(Q2.0～Q3.7)；X333 对应 24 位输入(I6.0～I8.7)和 16 位输出(Q4.0～Q5.7)。

PP 72/48 作为模块 2 时，其总线地址为“8”，其拨码设置如图 3.38 所示。此时，X111 对应 24 位输入(I9.0～I11.7)和 16 位输出(Q6.0～Q7.7)；X222 对应 24 位输入(I12.0～I14.7)和 16 位输出(Q8.0～Q9.7)；X333 对应 24 位输入(I15.0～I17.7)和 16 位输出(Q10.0～Q11.7)。

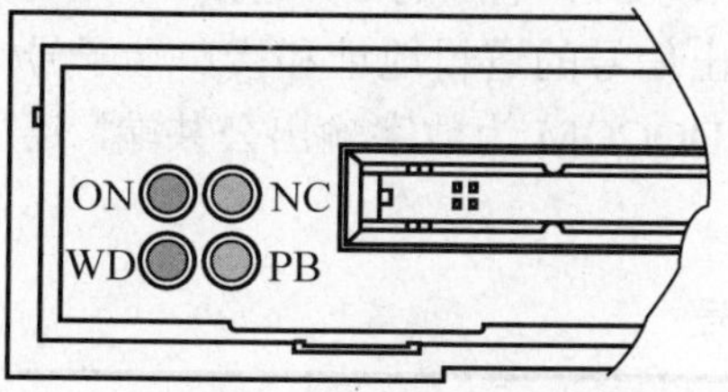

图 3.36 前端盖指示灯

图 3.37 模块 1 拨码图

图 3.38 模块 2 拨码图

输入/输出模块 PP72/48 结构图如图 3.39 所示。其主要部件说明如下：

(1) DC24V 电源：(X1) 3 芯端子式插头(插头上已标明 24V，0V 和 PE)。

(2) PROFIBUS：(X2)9 芯孔式 D 型插头。

(3) X111, X222, X333：50 芯扁平电缆插头(用于数字量输入和输出，可与端子转换器连接)。

(4) S1：PROFIBUS 总线地址开关。

(5) 四个发光二极管用于 PP72/48 的状态显示。其中，

绿色(POWER)指示灯为电源指示；

红色(READY)指示灯为 PP 72/48 就绪，但无数据交换；

绿色(EXCHANGE)指示灯为 PP 72/48 就绪，而 PROFIBUS 进行数据交换；

红色(OVTEMP)指示灯为超温指示。

(6) PP72/48 模块的外部供电主要包括以下两种：

① 输入信号的公共端可由 PP72/48 任意接口的第二脚供电，也可由为系统供电的 DC24V 电源提供(该 24V 电源的 0V 应连接到 PP72/48 每个接口的第一脚)。

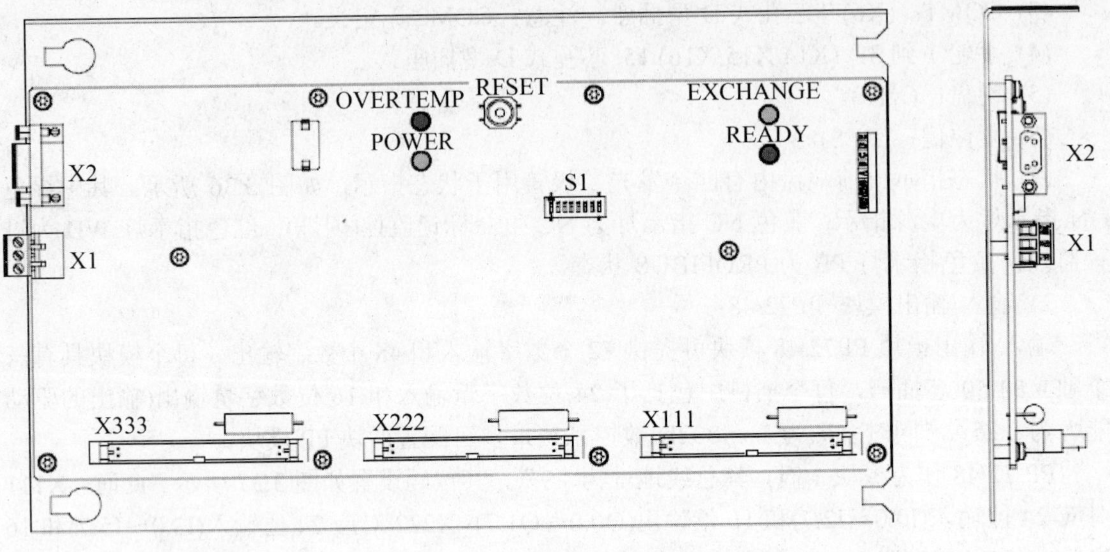

图 3.39　PP72/48 结构图

② 输出信号的驱动电流由 PP72/48 各接口的公共端(X111/X222/X333 的端子 47/48/49/50)提供。输出公共端也可由为系统供电的 DC24V 电源提供，也可采用单独的电源。如果采用独立电源为输出公共端供电，该电源的 0V 应与为系统 24V 电源的 0V 连接。

通过表 3-16、表 3-17 可查出 PP1、PP2 模块输入/输出信号的逻辑地址和接口端子号的对应关系，其中 DC24V 输出可作为输入信号的公共端，DOCOM 为数字输出公共端，连接 24V 直流电源。

表 3-16　PP1 模块输入/输出信号

端子	X111	X222	X333	端子	X111	X222	X333
1	0V (DICOM)			2	DC24V 输出		
3	I0.0	I3.0	I6.0	4	I0.1	I3.1	I6.1
5	I0.2	I3.2	I6.2	6	I0.3	I3.3	I6.3
7	I0.4	I3.4	I6.4	8	I0.5	I3.5	I6.5
9	I0.6	I3.6	I6.6	10	I0.7	I3.7	I6.7
11	I1.0	I4.0	I7.0	12	I1.1	I4.1	I7.1
13	I1.2	I4.2	I7.2	14	I1.3	I4.3	I7.3
15	I1.4	I4.4	I7.4	16	I1.5	I4.5	I7.5
17	I1.6	I4.6	I7.6	18	I1.7	I4.7	I7.7
19	I2.0	I5.0	I8.0	20	I2.1	I5.1	I8.1
21	I2.2	I5.2	I8.2	22	I2.3	I5.3	I8.3
23	I2.4	I5.4	I8.4	24	I2.5	I5.5	I8.5
25	I2.6	I5.6	I8.6	26	I2.7	I5.7	I8.7
27,29	无定义			28,30	无定义		
31	Q0.0	Q2.0	Q4.0	32	Q0.1	Q2.1	Q4.1
33	Q0.2	Q2.2	Q4.2	34	Q0.3	Q2.3	Q4.3

续表

端子	X111	X222	X333	端子	X111	X222	X333
35	Q0.4	Q2.4	Q4.4	36	Q0.5	Q2.5	Q4.5
37	Q0.6	Q2.6	Q4.6	38	Q0.7	Q2.7	Q4.7
39	Q1.0	Q3.0	Q5.0	40	Q1.1	Q3.1	Q5.1
41	Q1.2	Q3.2	Q5.2	42	Q1.3	Q3.3	Q5.3
43	Q1.4	Q3.4	Q5.4	44	Q1.5	Q3.5	Q5.5
45	Q1.6	Q3.6	Q5.6	46	Q1.7	Q3.7	Q5.7
47,49	DOCOM			48,50	DOCOM		

表 3-17 PP2 模块输入/输出信号

端子	X111	X222	X333	端子	X111	X222	X333
1	0V (DICOM)			2	DC24V 输出		
3	I9.0	I12.0	I15.0	4	I9.1	I12.1	I15.1
5	I9.2	I12.2	I15.2	6	I9.3	I12.3	I15.3
7	I9.4	I12.4	I15.4	8	I9.5	I12.5	I15.5
9	I9.6	I12.6	I15.6	10	I9.7	I12.7	I15.7
11	I10.0	I13.0	I16.0	12	I10.1	I13.1	I16.1
13	I10.2	I13.2	I16.2	14	I10.3	I13.3	I16.3
15	I10.4	I13.4	I16.4	16	I10.5	I13.5	I16.5
17	I10.6	I13.6	I16.6	18	I10.7	I13.7	I16.7
19	I11.0	I14.0	I17.0	20	I11.1	I14.1	I17.1
21	I11.2	I14.2	I16.2	22	I11.3	I14.3	I17.3
23	I11.4	I14.4	I16.4	24	I11.5	I14.5	I17.5
25	I11.6	I14.6	I16.6	26	I11.7	I14.7	I17.7
27,29	无定义			28,30	无定义		
31	Q6.0	Q8.0	Q10.0	32	Q6.1	Q8.1	Q10.1
33	Q6.2	Q8.2	Q10.2	34	Q6.3	Q8.3	Q10.3
35	Q6.4	Q8.4	Q10.4	36	Q6.5	Q8.5	Q10.5
37	Q6.6	Q8.6	Q10.6	38	Q6.7	Q8.7	Q10.7
39	Q7.0	Q9.0	Q11.0	40	Q7.1	Q9.1	Q11.1
41	Q7.2	Q9.2	Q11.2	42	Q7.3	Q9.3	Q11.3
43	Q7.4	Q9.4	Q11.4	44	Q7.5	Q9.5	Q11.5
45	Q7.6	Q9.6	Q11.6	46	Q7.7	Q9.7	Q11.7
47,49	DOCOM			48,50	DOCOM		

3) 数控机床控制面板(Machine Control Panel, MCP)

系统提供一种布局与 802S/C 数控机床控制面板相同的数控机床控制面板作为选件。数控机床控制面板背后的两个 50 芯扁平电缆插座可通过扁平电缆与 PP72/48 模块的插座连接，即机床控制面板的所有按键输入信号和指示灯信号均使用 PP72/48 模块的输入/输出点。

3.2.2　SIEMENS 802D 数控系统 PLC 调试

一般情况下，在 SIEMENS 802D 数控系统的各个部件连接完毕后，则需开始调试 PLC 的控制逻辑。至关重要的是必须在所有有关 PLC 的安全功能全部准确无误后，才能开始进行驱动器和 SIEMENS 802D 参数的调试。

1. PLC 应用程序

创建一个 802D 数控系统的 PLC 应用程序非常简单。系统的工具盘中提供了 PLC 编程工具 Programming Tool PLC 802 以及两个 PLC 应用程序实例(一个用于数控车床，一个用于数控铣床)和一个子程序库，可以在实例程序的基础上进行修改和扩充，来完成自己所需的 PLC 应用程序。使用 PLC 实例程序或子程序库，必须使用系统提供的标准车床或铣床初始化文件，用二进制格式将工具盒内的初始化文件利用 PCIN 软件下载到 802D 数控系统中。其文件的路径: Data\Setup\setup_T.ini 或 setup_M.ini。子程序库中可提供的子程序如表 3-18 所示。

表 3-18　子程序说明

SBR	子程序名	说　明
32	PLC_INI	系统初始化
33	EMG_STOP	急停处理(包括电源馈入模块的上电下电时序控制)
34	MCP_802D	传送 802D MCP 的 I/O 信号至信号接口 V1000xxxx 和 V1100xxxx
35	SPD_OVR	主轴倍率码生成(二进制码或格林码)
37	MCP_SIMU	MCP 仿真
38	MCP_NCK	MCP 信号送至 NCK
39	HANDWHL	根据 HMI 在数控机床坐标系(MCS)或工件坐标系(WCS)选择手轮
40	AXES_CTL	各坐标轴的使能控制(包括硬限位，参考点和抱闸释放等控制)
43	MEAS_JOG	手动刀具测量(只适用于数控车床)
44	COOLING	冷却液控制
45	LUBRICAT	定时定量润滑控制
46	TURRET1	数控车床刀架控制 1(4 或 6 工位霍尔元件转塔刀架)
47	TURRET2	数控车床刀架控制 2(编码器定位的转塔刀架，如肖特公司刀架)
48	TOOL_DIR	判别刀架转动方向
49	MGZ_INI	刀库表初始化
50	MGZ_SRCH	搜索刀具
63	TOGGLE	触发式开关 K1～K6；延时开关 K7，K8

802D 数控系统最多允许 64 个子程序，其中子程序 0 到子程序 31 为用户预留，子程序 32 到子程序 63 为子程序库占用。802D 数控系统为用户提供了三种类型的 PLC 数控机床参数。它们是 MD14510[0]到 MD14510[31]32 个 16 位整型数，MD14520[0]到 MD14520[31]32 个 8 位 16 进制数和 MD14514[0]到 MD14514[7]8 个 32 位浮点数。PLC 数控机床参数可以使 PLC 应用程序更加灵活。必须注意的是，一旦在 PLC 应用程序中使用了 PLC 数控机床

参数，必须要考虑参数的取值范围，以确保不会有错误的数据影响 PLC 动作的正确性。安全是在设计 PLC 应用程序时要考虑的最重要的事项。

2. PLC 用户程序的调试

(1) 利用准备好的“802D 数控系统调试电缆”将计算机和 802D 数控系统的 COM1 连接起来。注意不能在带电的情况下连接 RS-232 通信电缆，这样有可能损坏通信接口。

(2) 802D 数控系统必须进入联机方式，其操作是：系统→PLC→STEP7 连接→设定通信参数→连接开启。

(3) 启动 PLC 编程工具，进入通信画面，设定通信参数。

(4) 首先要拥有一个编译无误的 PLC 应用程序，然后才能利用 PLC 编程工具软件将该应用程序下载到 802D 数控系统中；下载成功后，需要启动 PLC 应用程序。可利用监控梯形图的状态(不包括局部变量 L 的状态)，可利用监控内部地址的状态，还可利用“交叉引用表”来检查是否有地址冲突。

(5) 如果 PLC 应用程序是在子程序库基础上建立的，则需要在制造商的级别下(口令：EVENING)设定相关的 PLC 数控机床参数，如 MD14510[16]的机床类型：1 表示数控车床，2 表示数控铣床。

(6) 在调试急停处理子程序时，由于此时驱动器尚未进入正常工作状态，故不能提供“就绪信号”(电源馈入模块的端子 72 和 73.1 不能闭合)，因此急停不能正常退出。可设定 PLC 参数 MD14512[16]Bit0=1(调试方式)，或将端子 72 和 73.1 短接，急停即可正常退出。

注意，在调试完毕后必须将参数 MD14512[16]Bit0=0，或将端子 72 和 73.1 之间的短接线去掉。

3.2.3　SIEMENS 802D 数控系统驱动器的调试

当 PLC 应用程序正确无误后，即可进入驱动器的调试。调试过程如下：

(1) 利用准备好的“驱动器调试电缆”将计算机与 611UE 的 X471 连接起来；驱动器上电后，在 611UE 的液晶窗口显示“A1106”，表示驱动器没有数据；R/F 红灯亮；总线接口模块上的红灯亮。

(2) 从 Windows 的“开始”中找到驱动器调试工具 SimoCom U，并启动。

(3) 通过单击“Search for online drives…”按钮，选择联机方式。

(4) 配置电机参数：进入联机画面后，自动进入参数设定画面，单击“Start drive configuration wizard…”按钮，在软件的提示下进行驱动器参数配置，具体过程如下：

① 命名轴名，例如 CJK6136_X；

② 输入 PROFIBUS 总线地址：总线地址如表 3-19 所示；

表 3-19　总线地址

轴　模　块	地　　址
611U 第一单轴模块	10
611U 第二单轴模块	11
611U 第三单轴模块	20
611U 第四单轴模块	21
611U 第一双轴模块	12
611U 第二双轴模块	13

③ 设定电机型号；

④ 电机测量元件的设定；

⑤ 直接测量系统的设定；

⑥ 存储参数。

(5) 驱动器正确配置完毕后，611UE 的 R/F 红灯灭；液晶窗口显示“A0831”，表示驱动器总线数据通信生效，但无总线主站(因为 802D 数控系统尚未设定参数)。总线接口模块上的红灯亮。

若 PLC 控制电源模块的端子 48、63、64 分别与端子 9 接通，电源模块的黄灯亮，表示电源模块已使能。

注意： 只有在 NC 的“总线配置”、“驱动器模块定位”和“位置控制使能”三组参数调试完毕后，电源模块的“就绪”信号(内部继电器触点：端子 73.1 与 72)才能闭合。另外，611UE 速度控制器的参数优化也要在电源模块的“就绪”信号生效后才可进行。

3.2.4 SIEMENS 802D 数控系统参数及调试

1. SIEMENS 802D 数控系统参数简介

SIEMENS 802D 的系统参数分为两大类：机床数据和设定数据。机床数据的设置与调整在数控机床的调试、维修过程中经常用到。机床数据涉及的方面较多，如轴数据、驱动数据、监控数据、优化数据、回参考点数据等。在设置和调整机床数据前，一定要清楚所要修改数据的定义和作用。修改机床数据一定要谨慎，以防止对数控系统或数控机床造成损坏。机床数据的修改分为了不同的保护等级，只有正确输入各个等级的保护口令，才能进行相应机床数据的修改。

机床数据是用于生产、安装、调试用的数据，主要用于设定、匹配机床的主要数据。设定数据主要是数控机床在使用过程中需要设定的数据，是一些常用的用于调整数控机床使用性能的数据。

机床数据有以下几种类型：通用机床数据、通道机床数据、坐标轴机床数据、驱动器机床数据和显示机床数据。有些机床数据(标准值)是默认的，因为在大多数情况下，这些值无须修改。机床数据输入之前，必须设置保护级 2 的密码。机床数据的范围如下：

通用机床数据	MD10000～19999
通道机床数据	MD20000～29999
坐标轴机床数据	MD30000～39999
显示机床数据	MD1～999
驱动器机床数据	参数 599～1999

输入的数据立即保存在数据存储器中，其中不包括驱动器机床数据。如果要永久保存驱动器机床数据的话，请使用软键数据存储或者 SimoComU 工具。如果忘记存储数据，则驱动器在下次复位后恢复原数据。

2. 存取保护级

SIEMENS 802D 数控系统具有一套恢复数据区的保护级概念。保护级从 0 到 7，其中 0

是最高级，7 是最低级。一些功能区(如程序编辑)的保护级设置在显示机床数据中(USER_CLASS)。控制系统为保护级 1 到 3 设定了默认密码。必要时授权用户可以更改这些密码，表 3-20 所示为保护级的说明。

表 3-20　保护级的说明

保护级	密码方式	范　围
0	—	西门子保留
1	密码：SUNRISE(默认)	专家模式
2	密码：EVENING(默认)	机床生产厂商
3	密码：CUSTOMER(默认)	授权用户，机床安装人员
4～7	没有密码及用户接口 PLC→NCK	授权操作人员，机床安装人员

保护级 1 到 3 需要输入密码。密码激活后可以修改。例如，如果不知道密码，必须执行重新初始化(带默认机床数据导入)，这将使所有密码恢复到该版软件的出厂设定值。除非使用软键“删除口令”来重新设置，否则密码不会改变。系统重新上电不会重设密码。如果没有设置密码或是接口信号，保护级 7 会自动设定。如果没有密码，可以通过在用户程序的用户接口中设置位来设定保护级 4 到 7 的密码。

3. 机床数据生效方式

修改过的机床数据必须激活才能生效。802D 数控系统会在数据的右边显示激活方式。激活方式的级别是通过它们的优先级来排列的。如果已经改变一个数据项，经过以下操作之后便会起作用：

(1) POWER ON(po)：关闭/启动 SIEMENS 802D，数据激活。

(2) NEW_CONF(cf)：可通过触发“复位信号”即 V3000 0000.7 来激活设定。

(3) 在程序 M2/M30 的末尾使用 RESET 键复位。

(4) IMMEDIATELY(im)：输入值后立即生效。

4. 总线参数配置

SIEMENS 802D 数控系统是通过 PROFIBUS 总线和外设模块(如驱动器和输入/输出模块等)进行通信的，PROFIBUS 总线参数的配置是通过通用参数 MD11240 来确定的。目前可提供的总线配置有：

MD 11240 = 0 – PP72/48 模块：1＋1，驱动器：无(出厂设定)。

MD 11240 = 3 – PP72/48 模块：1＋1，驱动器：双轴＋单轴＋单轴。

MD 11240 = 4 – PP72/48 模块：1＋1，驱动器：双轴＋双轴＋单轴。

MD 11240 = 5 – PP72/48 模块：1＋1，驱动器：单轴＋双轴＋单轴＋单轴。

MD 11240 = 6 – PP72/48 模块：1＋1，驱动器：单轴＋单轴＋单轴＋单轴。

以 MD11240=6 为例，则说明数控系统的 Profibus 总线上带有两个 PPT2/48 I/O 模块，四个驱动器模块。同时要求这些驱动模块都是单轴模块。

该参数生效后，611UE 液晶窗口显示的驱动报警应为“A832(总线无同步)”；611UE 总线接口插件上的指示灯变为绿色。若该指示灯仍为红色，请检查总线的连接。

5. 驱动器模块定位

数控系统与驱动器之间通过总线连接，系统根据下列参数与驱动器建立物理联系，如表 3-21 所示。

表 3-21　驱动器模块定位参数

数 据 号	数 据 名	值	数 据 说 明
30110	CTRLOUT_MODULE_NR[0]	*	定义速度给定端口(轴号)
30220	ENC_MODULE_NR[0]	*	定义位置反馈端口(轴号)

参数的设定请参见表 3-22 所示。

表 3-22　参数设定表

MD11240=3			MD11240=4			MD11240=5			MD11240=6		
611UE	地址	轴号	611UE	地址	轴号	611UE	地址	轴号	611UE	地址	轴号
双轴 A	12	1	双轴 A	12	1	单轴	20	1	单轴	20	1
双轴 B	12	2	双轴 B	12	2	单轴	21	2	单轴	21	2
单轴	10	5	双轴 A	13	3	双轴 A	13	3	单轴	22	3
单轴	11	6	双轴 B	13	4	双轴 B	13	4	单轴	10	5
—	—	—	单轴	10	5	单轴	10	5	—	—	—

6. 位置控制使能

系统出厂设定各轴均为仿真轴，即系统不产生指令输出给驱动器，也不读电动机的位置信号。按表 3-23 所示设定参数可激活该轴的位置控制器，使坐标轴进入正常工作状态。

表 3-23　位置控制使能参数

数 据 号	数 据 名	值	数 据 说 明
30130	CTRLOUT_TYPE	1	控制给定输出类型
30240	ENC_TYPE	1	编码器反馈类型

该参数生效后，611UE 液晶窗口显示“RUN”。这时通过点动可使伺服电动机运动，如果该坐标轴的运动方向与机床定义的运动方向不一致，则可通过参数 32100(AX_MOTION_DIR)进行调整，即设为 1 时电动机正转，设为-1 时电动机反转。

如果电动机不能正常运动，且出现以下报警：25201“轴%1 驱动器故障”，则请检查总线的连接：①总线是否由 PCU 插头的 A1,B1 引出？②各总线插头上终端电阻的位置是否正确？

如果电动机不能正常运动，且出现以下报警：

25030“轴%1 实际速度报警”(“%1”代表某一个轴)；

25040“轴%1 静止监控”；

25050“轴%1 轮廓监控”。

请检查硬件连接：

① 使能信号是否齐备。电源模块的端子 48 和 9，63 和 9，64 和 611UE 的控制端子 663、9，65A 和 9，65B 和 9 是否接通？

② 电动机电缆是否正确。检查电缆的线标 U，V，W 与插头上的标志是否对应？

③ 检查电动机电缆与信号电缆是否对应。功率模块 A1 连接的电动机是否与 611UE 的 X411 连接的是同一台电动机？功率模块 A2 连接的电动机否是与 611UE 的 X412 连接的是同一台电动机？

④ 检查 NC 接口信号。V380x0002.1=1，V380x4001.7=1 是否置位？V32000006.0=0，V380x0004.3=0 是否复位？

如果电动机不能正常运动，且出现以下报警：700016“驱动器未就绪”；3000“急停”；380500“……代码：608”驱动器过载。请检查电动机抱闸是否释放，机械传动系统的装配是否过紧。报警“380500”为驱动器报警。报警文本中的代码为驱动器的报警号。

报警的含义可在 802D 数控系统的屏幕上利用帮助键查询。

7. 机械传动系统配比参数

机械传动系统配比参数是数控系统计算运动位置的依据。由于数控机床的运动是利用滚珠丝杠的螺旋原理将伺服电动机的旋转运动转变为直线运动的，因此对于采用电动机测量系统的位置控制，数控系统检测的是伺服电动机的角位置，将角位置换算成直线位置需要依据机械传动系统配比参数，如表 3-24 所示。

表 3-24 机械传动比参数

数 据 号	数 据 名	单位	值	数 据 说 明
31030	LEADSCREW_PITCH	mm	*	丝杠螺距
31050	DRIVE_AX_RATIO_DENUM[0…5]	—	*	电机端齿轮齿数(减速比分子)
31060	DRIVE_AX_RATIO_NOMERA[0…5]	—	*	丝杠端齿轮齿数(减速比分母)

对于进给轴，丝杠的螺距以及减速比是确定坐标位置的唯一条件。当伺服电动机与丝杠直接连接，伺服电动机和丝杠的减速比为 1∶1。数控系统减速比的默认值正好为 1∶1。当丝杠与伺服电动机之间通过减速机构连接时，需要准确地设定减速比的分子和分母。当减速机构由多级齿轮构成时，最终的减速比等于各级减速比分子的积比各级减速比分母的积，即

$$\frac{\mathrm{MD31050}}{\mathrm{MD31060}}=\frac{n_1}{m_1}\times\frac{n_2}{m_2}\times\cdots\times\frac{n_i}{m_i}$$

参数的序号[0]只对进给轴有效，序号[1]～[5]对应于主轴的五个挡位，也就是说，进给轴只需要设定序号为[0]的分子和分母，主轴则需要设定序号为[1]～[5]的分子和分母。当机械配比参数设定完毕后，数控系统发出的手动或零件程序等移动控制指令应与实际位置相吻合。任何位置精度问题均来自机械系统的误差，如丝杠螺距误差。

8. 速度参数的设定

1) 进给轴速度的设定

数控系统根据数控机床的应用情况，对每个轴设计了相关的速度参数。首先是轴的最高速度，该速度实际上是数控机床坐标轴特性的体现。轴的最高速度与传动系统的机械结

构和伺服电动机的特性有关。理论上，当丝杠螺距为 10mm，伺服电动机与丝杠直连，伺服电动机的最高转速为 3 000 r/min 时，该轴的最高速度为 30 000 mm/min。实际上，由于负载的质量、运动部件的阻尼、伺服电动机的转矩等原因，轴的实际速度可能达不到理论速度。另外，有的轴行程可能很短，要达到很高的速度，需要很高的加速度，在这种情况下需要传动系统机械部件具有很高的刚性，同时在伺服电动机选型时，应选配具有高动态特性、足够输出转矩的伺服电动机。数控机床的轴最高速度不是由一个机床参数决定的，而是取决于诸多条件。

与轴最高速度配套的另一个参数是最高速度限制。设定轴的最高速度限制是十分必要的，其一个原因是数控机床轴由静止到给定速度的过程中会有速度超调。特别在高加速度的情况下，速度超调是不可避免的。因此不能用轴的最高速度作为速度极限。设置最高速度限制的另一个原因是可以保证在电缆连接错误导致速度正反馈超速时，驱动系统可以自动断掉伺服使能，确保数控机床的轴不会因为超速而损坏。

表 3-25 所示的是进给轴相关的速度参数。另外，数控系统还可以通过用户操作界面随时设定速度。

表 3-25　进给轴相关的速度参数

数据号	数据名	单位	值	数据说明
32000	MAX_AX_VELO	mm/min	*	轴最高速度
32010	JOG_VELO_ RAPID	mm/min	*	轴快速点动速度
32020	JOG_VELO	mm/min	*	轴正常点动速度
36200	AX_VELO_LIMIT	mm/min	*	轴速度限制

2) 主轴速度的设定

主轴速度的设定与进给轴速度的设定原理基本相同。只是主轴可能有五挡速度，每个挡位都有该挡的最高速度、最低速度和该挡的速度限制。从图 3.40 所示中可以看出，各挡速度范围允许叠加。

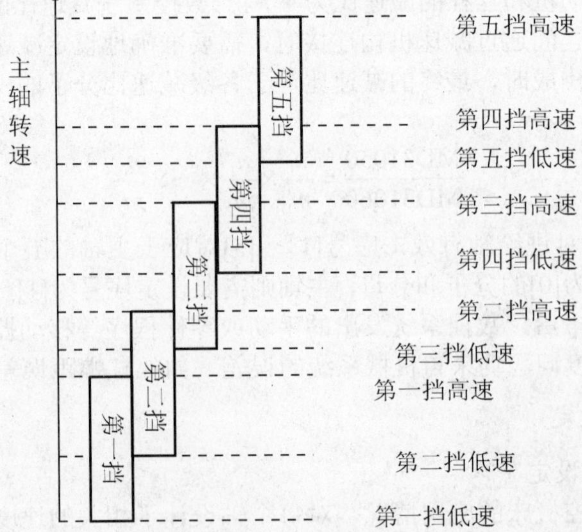

图 3.40　主轴各挡速度设定

9. 回参考点相关机床数据

参考点是确定数控机床坐标原点的基准，而且还是轴的软限位和各种误差补偿生效的条件。如果采用带绝对值编码器的伺服电动机，数控机床的坐标原点是在数控机床调试时设定的。由于成本的原因，大多数数控机床都采用增量型编码器的伺服电动机。采用增量型编码器时，必须进行返回参考点的操作，数控系统才能找到参考点，从而确定数控机床各轴的原点，所以在数控机床上电后的第一个必要执行的操作任务就是返回数控机床各轴的参考点。回参考点的工作原理如图 3.41 所示。

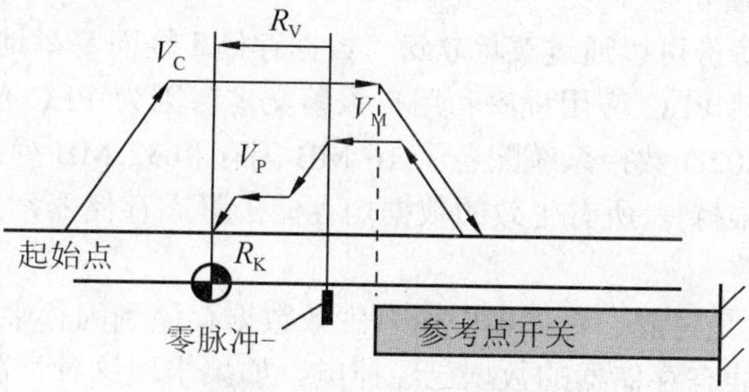

图 3.41　回参考点的工作原理图

V_C——寻找参考点开关的速度(MD34020:REFP_VELO_SEARCH_CAM)
V_M——寻找零脉冲的速度(MD34040:REFP_VELO_SEARCH_MARKER)
V_P——定位速度(MD34070:REFP_VELO_POS)
R_V——参考点偏移(MD34080:REFP_MOVE_DIST+MD34090 REFP_MOVE_DIST_CORR)
R_K——参考点设定位置 (MD34100:REFP_SET_POS[0])

数控机床回参考点时，回归轴以 V_C 速度快速向参考点行程开关的方向运动，当找到参考点行程开关后，开始减速并停止，然后反方向移动，退出参考点行程开关，并以 V_M 速度移动，寻找到第一个零脉冲时，再以 V_P 速度移动 R_V 参考点偏移距离后停止，就把这个点作为该坐标轴的参考点。回参考点相关的参数如表 3-26 所示。

表 3-26　回参考点相关参数

数据号	数据名	单位	值	数据说明
34010	REFP_CAM_DIR_IS_MINUS	—	0/1	返回参考点方向：0表示正方向；1表示负方向
34020	REFP_VELO_SEARCH_CAM	mm/min	*	检测参考点开关的速度
34040	REFP_VELO_SEARCH_MARKER	mm/min	*	检测零脉冲的速度
34050	REFP_SEARCH_MARKER_REVERSE	—	0/1	寻找零脉冲方向：0表示正方向；1表示负方向
34060	REFP_MAX_MARKER_DIST	mm	*	检测参考点开关的最大距离
34070	REFP_VELO_POS	mm/min	*	返回参考点定位速度
34080	REFP_MOVE_DIST	mm	*	参考点移动距离(带符号)
34090	REFP_MOVE_DIST_CORR	mm	*	参考点移动距离修正量
34092	REFP_CAM_SHIFT	mm	*	参考点挡块电子偏移
34100	REFP_SET_POS	mm	*	参考点(相对数控机床坐标系)位置

3.2.5 数控系统的数据备份与恢复

在系统调试完毕后进行数据备份是十分重要的。SIEMENS 802D 数控系统提供了多种数据备份的方法。系统的数据可在系统内部备份，也可在 PC 卡上备份，还可在 PC 的硬盘上备份。

1. 数据备份

1) 数据系统内部备份

数据的系统内部备份可以通过菜单软键“数据存储”轻而易举地实现。需要注意的是：内部备份的数据不包括 PLC 应用程序和用户报警文本，因为 PLC 应用程序和报警文本均直接存储在闪存中。802D 数控系统配备了 16 MB 闪存和 32 MB 静态存储器（静态存储器的数据由高能量电容维持)。所有生效的数据均存储于静态存储器，当电容的能量耗尽后，数据将丢失。

“内部数据备份”是将静态存储器中所有生效数据存储到闪存中。802D 数控系统在上电自检时可以检测到静态存储器的数据已经掉电。如果出现这种情况，系统会自动将闪存内存储的数据复制到静态存储器中，并且会有提示报警：04062(存储数据已经加载)。

2) 数据外部备份

802D 数控系统中的数据(包括 PLC 应用程序，报警文本以及驱动器数据)可以通过 RS-232 串行接口备份到 PC 的硬盘或软盘上，或者将数据备份到 PC 卡上。

(1) 数据备份到计算机。首先利用准备好的“802D 调试电缆”将计算机和 802D 数控系统的 COM1 连接起来。从 Windows 的“开始”中找到通信工具软件 Win PCIN，并启动。根据文件类型设置 Win PCIN“文本”或“二进制”通信方式，然后选择接收数据。在 802D 数控系统上，用光标选择所需的数据，按菜单软键“读出”启动数据输出。

(2) 数据备份到 PC 卡。将 PC 卡插入 802D 数控系统的 PCMCIA 的插槽中(注意：西门子标签向下)；802D 数控系统上电；进入 802D 数控系统“SYSTEM”菜单；选择菜单软键“数据入/出”，然后将光标移动到试车数据 NC 卡，垂直菜单软键上选择“读出”即将数据备份到 PC 卡上。

2. 数据恢复

1) 计算机数据恢复

首先利用准备好的“802D 调试电缆”将计算机和 802D 数控系统的 COM1 连接起来。从 Windows 的“开始”中找到通信工具软件 Win PCIN，并启动。在 802D 数控系统上，用光标选择所需的数据，按菜单软键“读入”启动数据输入。根据文件类型设置 Win PCIN“文本”或“二进制”通信方式，然后选择发送数据。

2) PC 卡数据恢复

将 PC 卡插入 802D 数控系统的 PCMCIA 的插槽中(注意：西门子标签向下)；802D 数控系统上电；进入 802D 数控系统“SYSTEM”菜单；选择菜单软键“数据入/出”，然后将光标移动到试车数据 NC 卡，垂直菜单软键上选择“读入”即将备份到 PC 卡上的数据读入 802D 数控系统。

需要注意的是：不论是数据备份还是数据恢复，通信双方的通信参数(如波特率)应匹配；备份恢复“试车数据”时，波特率应小于等于 19 200；恢复“试车数据”(计算机到 802D)时，不能使用 RS-232 隔离器；通信双方中，接收方首先进入接收数据状态。

3.2.6　数控系统的报警

通常数控系统的报警分为系统报警和用户报警两大类。系统报警是数控系统根据其诊断功能对硬件、功能、参数、用户零件程序的故障、错误等做出的信息提示。用户报警是机床制造厂的设计部门，利用数控系统提供的工具，根据数控机床设计的诊断功能对相关的数控机床电气故障、动作错误等做出的信息提示。

对于数控机床的最终用户，要分清哪些是数控系统的报警，哪些是机床制造厂的报警。从而可以查阅相关的技术资料，或者咨询相关的技术热线。表 3-27 列出了 SIEMENS 802D 数控系统的报警分类，关于报警的详细解释可以参阅西门子的报警诊断说明手册。

表 3-27　报警号范围

NC 报 警		HMI 报警/信息	
000000～009999	一般报警	100000～100999	主系统
010000～019999	通道报警	101000～101999	诊断
020000～029999	坐标轴/主轴报警	102000～102999	维修
030000～099999	功能报警	103000～103999	机床
060000～064999	SIEMENS 循环报警	104000～104999	参数
065000～069999	用户循环报警	105000～105999	编程
PLC 报警/信息		106000～106999	存储
400000～499999	一般报警	107000～107999	OEM
700000～799999	用户范围	110000～110999	保留
—	—	120000～120999	保留

3.3　数控系统的维护与保养

数控系统是数控机床控制系统的核心。数控系统的维护与保养是为了尽可能地延长数控系统的使用寿命，保持数控机床的加工精度，提高数控机床的稳定性和可靠性，防止各种故障，特别是恶性事故的发生。数控系统日常的维护与保养主要包括：数控系统的使用检查和数控系统的日常维护。

3.3.1　数控系统的使用检查

为了避免数控系统在使用过程中发生一些不必要的故障，数控机床的操作人员在操作使用数控系统以前，应当仔细阅读有关操作说明书，详细了解数控系统的所用性能，熟练掌握数控系统和机床操作面板上各个按键、按钮和开关的作用以及使用注意事项。一般来说，数控系统在通电前后要进行检查。

1. 数控系统在通电前的检查

为了确保数控系统正常工作，当数控机床在第一次安装调试或者是在机床搬运后第一次通电运行之前，可以按照下述顺序检查数控系统：

(1) 确认交流电源的规格是否符合 CNC 装置的要求，主要检查交流电源的电压、频率和容量。

(2) 认真检查 CNC 装置与外界之间的全部连接电缆是否按随机提供的连接技术手册的规定，正确而可靠地连接。数控系统的连接是指针对数控装置及其配套的进给和主轴伺服驱动单元而进行的，主要包括外部电缆的连接和数控系统电源的连接。在连接前要认真检查数控系统装置与 MDI/CRT 单元、位置显示单元、电源单元、各印制电路板和伺服单元等，如发现问题应及时采取措施或更换。同时要注意检查连接中的连接件和各个印制电路板是否紧固，是否插入到位，各个插头有无松动，紧固螺钉是否拧紧，因为由于接触不良而引起的故障最为常见。

(3) 确认 CNC 装置内的各种印制电路板上的硬件设定是否符合 CNC 装置的要求。这些硬件设定包括各种短路棒设定和可调电位器设定。

(4) 认真检查数控机床的保护接地线。数控机床要有良好的接地线，以保证设备、人身安全和减少电气干扰。伺服单元、伺服变压器和强电柜之间都要连接保护接地线。只有经过上述各项检查，确认无误后，CNC 装置才能投入通电运行。

2. 数控系统在通电后的检查

数控系统通电后的检查包括以下几项：

(1) 首先要检查数控装置中各个风扇是否正常运行，若运行不正常会影响到数控装置的散热问题。

(2) 确认各个印制电路或模块上的直流电源是否正常，是否在允许的波动范围之内。

(3) 进一步确认 CNC 装置的各种参数；包括系统参数、PLC 参数、伺服装置的数字设定等，这些参数应符合随机提供的说明书要求。

(4) 当数控装置与机床联机通电时，应在接通电源的同时，做好按压紧急停止按钮的准备，以备出现紧急情况时立即切断电源。

(5) 在手动状态下，低速进给移动各个轴，并且注意观察数控机床移动方向和坐标值显示是否正确。

(6) 进行几次返回机床参考点的动作，用来检查数控机床是否有返回参考点的功能，以及每次返回参考点的位置是否完全一致。

(7) CNC 系统的功能测试。按照数控机床数控系统的使用说明书，用手动或者编制数控程序的方法来测试 CNC 系统应具备的功能。例如，快速点定位、直线插补，圆弧插补、半径补偿、长度补偿、固定循环、用户宏程序等功能以及 M、S、T 辅助机能。

只有通过上述各项检查，确认无误后，CNC 装置才能正式运行。

3.3.2 数控装置的日常维护与保养

CNC 系统的日常维护保养主要包括以下几个方面：

(1) 制定并且严格执行 CNC 系统的日常维护规章制度。根据不同数控机床的性能特点，制定其 CNC 系统的日常维护规章制度，并且在使用和操作中要严格执行。

(2) 应尽量少开数控柜门和强电柜门。在机械加工车间的空气中往往含有油雾、尘埃，它们一旦落入数控系统的印制电路板或者电气元件上，容易引起元器件的绝缘电阻下降，甚至导致电路板或者电气元件的损坏。因此，在工作中应尽量少开数控柜门和强电柜门。

(3) 定时清理数控装置的散热通风系统，以防止数控装置过热。散热通风系统是防止数控装置过热的重要装置，为此，应每天检查数控柜上各个冷却风扇运行是否正常，每半年或者一季度检查一次风道过滤器是否有堵塞现象，如果有则应及时清理。

(4) 定期检查和更换直流电机电刷。在 20 世纪 80 年代生产的数控机床，大多数采用直流伺服电动机，这就存在电刷的磨损问题，为此对于直流伺服电动机需要定期检查和更换直流电动机电刷。

(5) 经常监视 CNC 装置用的电网电压。CNC 系统对工作电网电压有严格的要求。例如，FANUC 公司生产的 CNC 系统，允许电网电压在额定值的 85%～110%的范围内波动，否则会造成 CNC 系统不能正常工作，甚至会引起 CNC 系统内部电子元件的损坏。为此要经常检测电网电压，并控制在定额值的-15%～+10%内。

(6) 存储器用电池的定期检查和更换。通常，CNC 系统中部分 CMOS 存储器中的存储内容在断电时靠电池供电保持。一般采用锂电池或者可充电的镍镉电池。当电池电压下降到一定值时，就会造成数据丢失，因此要定期检查电池电压。当电池电压下降到限定值或者出现电池电压报警时，就要及时更换电池。更换电池时一般要在 CNC 系统通电状态下进行，这才不会造成存储参数丢失。一旦数据丢失，在调换电池后，可重新输入参数。

(7) CNC 系统长期不用时的维护。当数控机床长期闲置不用时，也要定期对 CNC 系统进行维护保养。在数控机床未通电时，用备份电池给芯片供电，保持数据不变。数控机床上电池在电压过低时，通常会在显示屏幕上给出报警提示。在长期不使用时，要经常通电检查是否有报警提示，并及时更换备份电池。经常通电可以防止电器元件受潮或印制电路板受潮短路或断路等。长期不用的数控机床，每周至少通电两次以上。具体做法是：首先，应经常给 CNC 系统通电，在数控机床锁住不动的情况下，让机床空运行。其次，在空气湿度较大的梅雨季节，应天天给 CNC 系统通电，这样可利用电器元件本身的发热来驱走数控柜内的潮气，以保证电器元件的性能稳定可靠。生产实践证明，如果长期不用的数控机床，过了梅雨天后则往往一开机就容易发生故障。此外，对于采用直流伺服电动机的数控机床，如果闲置半年以上不用，则应将电动机的电刷取出来，以避免由于化学腐蚀作用而导致换向器表面的腐蚀，确保换向性能。

(8) 备用印制电路板的维护。对于已购置的备用印制电路板应定期装到 CNC 装置上通电运行一段时间，以防损坏。

(9) CNC 系统发生故障时的处理。一旦 CNC 系统发生故障，操作人员应采取急停措施，停止系统运行，保护好现场，并协助维修人员做好维修前期的准备工作。

小　结

数控机床一般由输入/输出设备、数控装置(CNC 装置)、伺服单元、驱动装置(又称执行机构)、可编程控制器(PLC 又称 PMC)及电气控制装置、辅助装置、机床主体及测量装置组成。参数在 NC 系统中非常重要，用来设定 NC 数控机床及辅助设备的规格和内容，及加工操作所必需的一些数据。机床厂家在制造数控机床、最终用户在使用过程中，通过参数的设定，来实现对伺服驱动、加工条件、机床坐标、操作功能、数据传输等方面的设定和调用。

机床厂商、用户在配备、使用 FANUC 数控系统时，根据具体的使用状况，有大量的参数需要调整和设置。在使用和调整这些参数时，有必要搞清楚这些参数的用途和设置方法。FANUC 数控系统中加工程序、参数、螺距误差补偿、宏程序、PMC 程序、PMC 数据，在数控机床不使用时是依靠控制单元上的电池进行保存的。如果发生电池时效或其他意外，会导致这些数据的丢失。因此，有必要做好重要数据的备份工作，一旦发生数据丢失，可以通过恢复这些数据的办法，保证数控机床的正常运行。

FANUC 数控系统数据备份的方法常见的有两种：第一是使用存储卡，在引导系统画面进行数据备份和恢复；第二是通过 RS-232 接口使用 PC 进行数据备份和恢复。本章主要针对 FANUC 0i Mate C 系统详细介绍了这两种备份方法。

本章还介绍了 FANUC 0i Mate C 常见报警及处理方法。

SIEMENS 802D 数控系统内置了 S7-200 PLC，主要包括 SIMODRIVE 611UE 驱动器、输入/输出模块 PP72/48、PCU 单元、机床控制面板 MCP、1FK6 系列伺服电机等组成。802D、611UE 驱动器和输入/输出模块 PP72/48 之间通过 PROFIBUS 总线连接通信。机床控制面板 MCP 通过扁平电缆和输入/输出模块连接。驱动器由电源模块和功率模块组成，功率模块插接了 611UE 插件与 PROFIBUS 模块。

创建一个 802D 数控系统的 PLC 应用程序非常简单，因为 SIEMENS 802D 数控系统的工具盘中提供了 PLC 编程工具 Programming Tool PLC 802 以及两个 PLC 应用程序实例(一个用于数控车床，一个用于数控铣床)，用户可以在此基础上快速修改完成设计工作。利用驱动器调试工具 SimoCom U 软件可以直观方便地进行驱动的调试。SIEMENS 802D 的系统参数分为两大类：机床数据和设定数据。SIEMENS 802D 具有一套恢复数据区的保护级概念。保护级从 0 到 7，其中 0 是最高级，7 是最低级。数控系统的数据备份与恢复可以通过计算机和 PC 卡进行。

思 考 题

1．FANUC 0i Mate C 系统结构中 COP10A 与什么相连？推断里面可能会有哪些信号？

2．举例说明位型和位轴型参数有什么区别。

3．FANUC 0i Mate C 系统将 8131#0 修改为 0，请说明对系统会有什么影响。

4．请说明用 CF 卡进行系统程序备份的过程。

5．试分析 P/S101#报警含义，其出现原因是什么？

6．请简述 SIEMENS 802D 数控系统的硬件结构。

7．SIEMENS 802D 数控系统中机床数据生效方式有哪几种？

8．请描述 SIEMENS 802D 数控系统回参考点的工作原理，并介绍使用的相关参数的作用。

第4章　伺服系统的故障诊断与维护

教学提示

本章主要介绍了伺服系统概况，伺服元件；讲解模拟主轴的特点、主要故障诊断，并以日立变频器为例，详细讲解了数控机床模拟端子功能、参数配置、与数控系统的连接及主要故障报警；讲解了 FANUC 0i Mate C 和 SIEMENS 802D 伺服系统的调试与维护，详细介绍了它们的硬件组成、接口信号，与数控系统连接等，并详细介绍了伺服系统的故障诊断与维护；最后介绍了数控机床中使用的几种检测反馈元件及它们的故障诊断与维护。

引例

主轴速度误差过大报警的检出，是反映实际检测到的主轴电机速度与 M03 或 M04 中给定的速度指令值相差过大。这个报警也是 FANUC 系统常见的报警之一，主要引起原因是主轴速度反馈装置或外围负载的问题。例图所示为主轴电机速度反馈和分离编码器联接结构。请从速度检测角度分析报警产生的原因及其解决方法。

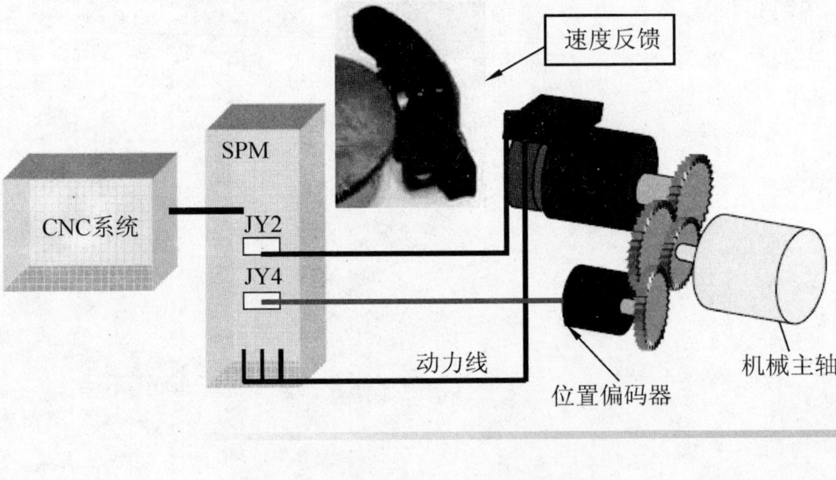

4.1　伺服系统概述

数控机床的伺服系统是机床主体和数控装置(CNC)的联系环节，是数控机床的重要组成部分，是关键部件，故称伺服系统为数控机床的三大组成部分之一。伺服系统包括伺服驱动、伺服控制、检测及反馈等环节，它接受来自数控装置(CNC 系统)的指令信号，经过放大和转换，驱动机床执行件跟随指令脉冲运动，实现预期的运动，并保证动作的快速和准确。

根据应用场合和对控制性能要求的不同，伺服系统具有多种不同的结构形式。按照系统的构造特点，大体上可以将其分为四种基本结构类型，即开环伺服系统、半闭环伺服系统、全闭环伺服系统和混合闭环伺服系统。

1. 开环伺服系统

开环伺服系统是一种没有位置反馈的位置控制系统。它的伺服机构按照指令装置发出来的位置移动指令，驱动机械作相应的运动，但并不对机械的实际位移量或转角进行检测，也无法将其与指令值进行比较。它的位置控制精度只能靠伺服机构本身的传动精度来保证。

早期简易型的数控机床的进给驱动位置伺服系统，常采用步进电动机为主要部件的开环伺服系统，结构如图 4.1 所示。步进电动机实质上是一种同步电动机，每当数控装置向步进电动机发出一个进给脉冲指令的时候，步进电动机的转子就在此脉冲所产生的同步转矩作用下旋转一个固定的角度，通常称为步距角，因此它是一种将电脉冲变为角位移的电磁装置。步进电动机的特点是定位精度高，但转换速度不快，约在 ms 数量级。步进电动机步距角的大小与它的结构和控制方式有关，最常用的一般为 1.5°。步进电动机再经过减速齿轮带动丝杠旋转，通过丝杠、螺母的相对转动，最后形成数控机床工作台的运动。这样，工作台的位移量将与进给指令脉冲的数量成正比，而工作台的移动速度将与进给指令脉冲的频率，即单位时间的脉冲量成正比。显然，这种开环伺服系统的位置控制精度完全依赖于步进电动机的步距角精度和齿轮、丝杠等传动部件的精度。若传动链存在误差，系统是无法随时进行修正的。加上受步进电动机本身力矩频率特性的制约，系统的进给移动速度不能很高，因此这种开环伺服系统仅适用于那些对位置控制精度要求不高、位移速度较低的简易型数控系统。开环伺服系统的位置控制精度一般在 0.01mm 左右。但由于开环伺服系统结构简单、造价低、调试容易，所以仍被广泛用于各种低挡的位置控制系统。开环伺服系统是最早被采用的伺服系统。

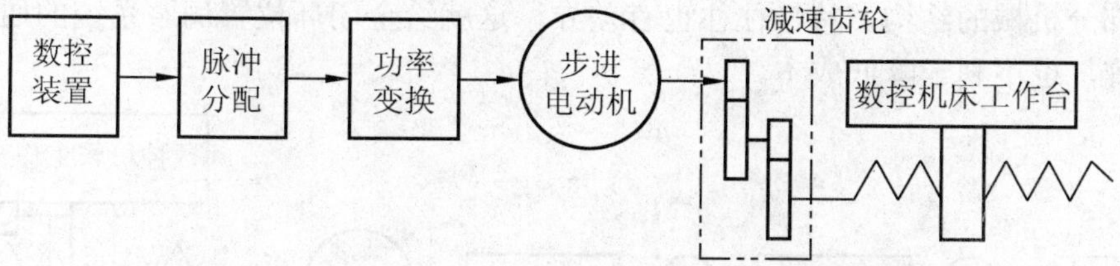

图 4.1　开环伺服系统

2. 半闭环伺服系统

与开环伺服系统不同，半闭环伺服系统是具有位置检测和反馈的闭环控制系统。它的位置检测器与伺服电动机同轴相连，可通过它直接测出电动机轴旋转的角位移，进而推知当前执行机械(如数控机床工作台)的实际位置。因为位置检测器不是直接装在执行机械上，位置闭环只能控制到电动机轴为止，所以被称为半闭环，它只能间接的检知当前的位置信息，且也难以随时修正、消除因电动机轴后传动链误差引起的位置误差。数控机床进给驱动最常用的半闭环伺服系统如图 4.2 所示。半闭环伺服系统中一般常用伺服电动机(交流伺服电动机或直流伺服电动机)作执行电动机。与普通电动机相比，伺服电动机具有调速范围宽和短时输出力矩大的特点。这样，系统设计时不必再为保证低速性能和增大力矩而添置减速齿轮，而可将电动机轴与丝杠(一般采用滚珠丝杠)直接连接，使传动链误差和非线性误差(齿轮间隙)大大减小，在数控机床导轨几何精度和润滑良好时，一般可以达到微米数量级的位置控制精度。

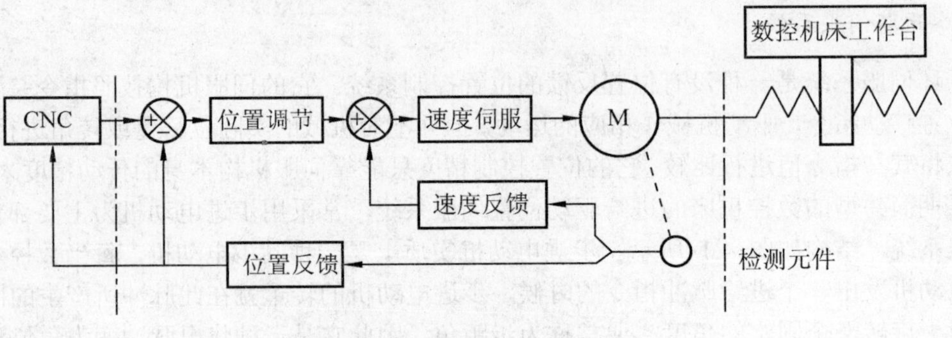

图 4.2 半闭环伺服系统

3. 全闭环伺服系统

全闭环伺服系统典型构成方法如图 4.3 所示，它将位置检测器件直接安装在机床工作台上，从而可以获取工作台实际位置的精确信息，通过反馈闭环实现高精度的位置控制。从理论上说，这是一种最理想的位置伺服控制方案。但是，在实际的数控机床系统中却极少采用全闭环结构方案。这主要是当采用全闭环时，数控机床本身的机械传动链也被包含在位置闭环中，伺服的电气自动控制部分和执行机械不再相对独立，传动的间隙、摩擦特性的非线性、传动链的刚性等，都将会影响控制系统的稳定，使系统容易产生机电共振和低速爬行。同时，数控机床工作台上的负载变化也会对系统的摩擦特性、机械惯量等产生影响，给系统的整定造成困难。此外，由于数控机床的一部分被包含在位置闭环内，位置控制调节器的设计就不得不考虑这部分机械的传输特性。数控机床不同，被包含在位置闭环中的那部分机械的结构、特性往往也有差异，这就给全闭环位置伺服系统的通用性设计带来了困难，也不利于降低成本。

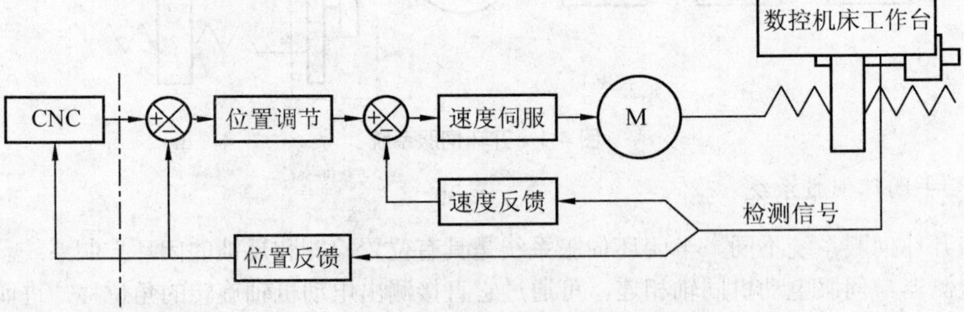

图 4.3 全闭环伺服系统

4. 混合闭环伺服系统

对有的执行机械(如重型数控机床工作台)，位置伺服系统采用半闭环结构虽然容易整定，但很难补偿其机械传动部分引起的位置误差，使位置控制精度不能达到要求的指标；采用全闭环结构系统又很难整定，系统闭环后因环内多种非线性因素诱发的振荡很难消除。

于是，人们提出系统中同时存在半闭环和全闭环，即混合闭环伺服系统，如图 4.4 所示。系统工作时，半闭环起主要控制作用。由于半闭环中电气自动控制部分与执行机械相对独立，可以采用较高的位置增益，使系统易整定、响应快、跟踪误差小。而全闭环只用于稳态误差补偿，位置增益可选的较低以保证系统的稳定性。两者相结合可最后获得较高的位置控制精度和跟踪速度。但由于系统中同时存在两个闭环，使系统的控制复杂程度大大增加，它们之间的配合、增益调整等都必须仔细整定，位置伺服系统也因此不再具有通用性。

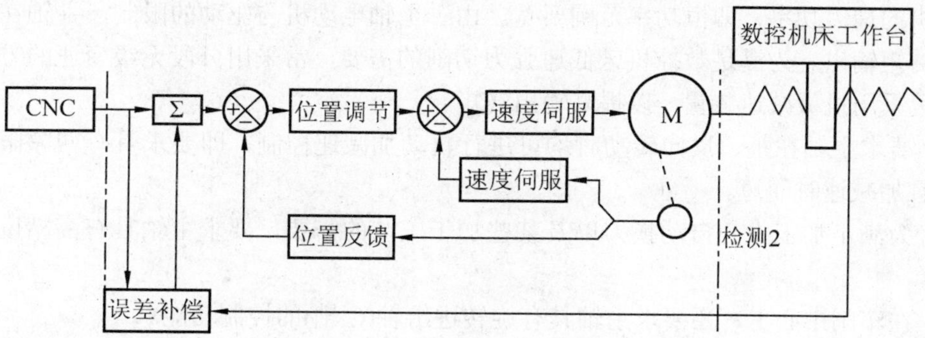

图 4.4 混合闭环伺服系统

在位置伺服系统的上述四种基本结构形式中，半闭环伺服系统是当前应用最为广泛的结构，并且由于它的电气自动控制部分与机械部分相对独立，可以根据机械惯量和负载情况划分为不同的等级，独立的对其电气部分进行通用化设计，因此，从狭义上讲，人们也习惯地把在半闭环机构中位置伺服的电气自动控制部分称为位置伺服系统。

从原理上说，数控机床的伺服系统应包括从位置指令脉冲给定到实际位置输出的全部环节，即包括位置控制、速度控制、驱动电动机、检测元器件等部分。但在很多系统中，为了制造方便，通常将伺服系统的位置控制部分与 CNC 装置制成一体，因此，人们习惯上说的数控机床伺服进给系统，一般是指伺服进给系统的速度控制单元、伺服电动机、检测元器件部分，而不包括位置控制部分。

4.2 主轴驱动系统的故障分析与维护

4.2.1 数控机床对主轴驱动系统的要求

随着数控技术的不断发展，传统的主轴驱动已不能满足要求。现代数控机床对主传动提出了更高的要求，包括以下几方面：

(1) 调速范围。各种不同的数控机床对调速范围的要求不同。多用途、通用性大的数控机床要求主轴的调速范围大，不但有低速大转矩功能，而且还要有较高的速度，如车削加工中心；而对于专用数控机床就不需要较大的调速范围，如数控齿轮加工机床、为汽车工业大批量生产而设计的数控钻镗床；还有些数控机床，不但要求能够加工黑色金属材料，还要能加工铝合金等有色金属材料，这就要求变速范围大，且能超高速切削。

(2) 主轴的旋转精度和运动精度。主轴的旋转精度是指装配后，在无载荷、低速转动条件下测量的主轴前端和距离前端 300mm 处的径向圆跳动和端面圆跳动值。主轴在工作速度旋转时测量的上述的两项精度称为运动精度。数控机床要求有高的旋转精度和运动精度。

(3) 数控机床主轴的变速是依指令自动进行的，要求能在较宽的转速范围内进行无级调速，并减少中间传递环节，简化主轴箱。目前主轴驱动装置的调速范围已达 1∶100，这对中小型数控机床已经够用。对于中型以上的数控机床，如要求调速范围超过 1∶100，则需通过齿轮换挡的方法解决。

(4) 要求主轴在整个范围内均能提供切削所需功率，并尽可能在全速度范围内提供主轴电动机的最大功率，即恒功率范围要宽。由于主轴电动机与驱动的限制，主轴在低速段均为恒转矩输出。为满足数控机床低速强力切削的需要，常采用分段无级变速的方法，即在低速段采用机械减速装置，以提高输出转矩。

(5) 要求主轴在正、反向转动时均可进行自动加减速控制，即要求具有四象限驱动能力，并且加减速时间短。

(6) 为满足加工中心自动换刀以及某些加工工艺的需要，要求主轴具有高精度的准停控制。

(7) 在车削中心上，还要求主轴具有旋转进给轴(C 轴)的控制功能。

为满足上述要求，数控机床常采用直流主轴驱动系统。但由于直流电动机受机械换向的影响，其使用和维护都比较麻烦，并且其恒功率调速范围小。进入 20 世纪 80 年代后，随着微电子技术、交流调速理论和大功率半导体技术的发展，交流驱动进入实用阶段，现在绝大多数数控机床均采用笼型交流电动机配置矢量变换变频调速的主轴驱动系统。这是因为一方面笼型交流电动机不像直流电动机那样有机械换向带来的麻烦和在高速、大功率方面受到的限制；另一方面交流驱动的性能已达到直流驱动的水平，加上交流电动机体积小、质量轻，采用全封闭罩壳，对灰尘和油有较好防护，因此交流电动机将彻底取代直流电动机已肯定无疑。

4.2.2 主轴驱动装置的特点

主轴驱动系统是数控机床的大功率执行机构，其功能是接受数控系统(CNC)的 S 码(速度指令)及 M 码(辅助功能指令)，驱动主轴进行切削加工。主轴驱动系统接受来自 CNC 的驱动指令，经速度与转矩(功率)调节输出驱动信号驱动主电动机转动，同时接受速度反馈实施速度闭环控制。主轴驱动系统还通过 PLC 将主轴的各种现实工作状态通告 CNC 用以完成对主轴的各项功能控制。为满足数控机床对主轴驱动的要求，主轴电动机必须具备下述功能：

(1) 输出功率大。

(2) 在整个调速范围内速度稳定，且恒功率范围宽。

(3) 在断续负载下电动机转速波动小，过载能力强。

(4) 加速时间短。

(5) 电动机温升低。

(6) 振动、噪声小。

(7) 电动机可靠性高，寿命长，易维护。

(8) 体积小、质量轻。

1. 直流主轴驱动装置

直流主轴电动机的结构与永磁式伺服电动机不同，要求能输出大的功率，一般是他磁式。为缩小体积，改善冷却效果，避免电动机过热，直流主轴驱动装置常采用轴向强迫风冷或采用热管冷却技术。

直流驱动装置有闸流晶体管(简称晶闸管)和脉宽调制 PWM 调速两种形式。由于脉宽调制 PWM 调速具有很好的调速性能，因而在数控机床特别是对精度、速度要求较高的数控机床的进给驱动装置上广泛使用。而三相全控晶闸管调速装置则在大功率应用方面具有优势，因而常用于直流主轴驱动装置。

2. 交流主轴驱动装置

主轴伺服提供加工各类工件所需的切削功率，因此，只需完成主轴调速及正反转功能。但当要求机床有螺纹加工、准停和恒线速加工等功能时，对主轴也提出了相应的位置控制要求。因此，要求主轴输出功率大，具有恒转矩段及恒功率段，有准停控制，主轴与进给联动。与进给伺服一样，主轴伺服经历了从普通三相异步电动机传动到直流主轴传动。随着微处理器技术和大功率晶体管技术的进展，现在又进入了交流主轴伺服系统的时代。

1) 交流异步伺服系统

交流异步伺服通过在三相异步电动机的定子绕组中产生幅值、频率可变的正弦电流，及该正弦电流产生的旋转磁场与电动机转子所产生的感应电流相互作用，产生电磁转矩，从而实现电动机的旋转。其中，正弦电流的幅值可分解为给定或可调的励磁电流与等效转子力矩电流的矢量和；正弦电流的频率可分解为转子转速与转差之和，以实现矢量化控制。交流异步伺服通常有模拟式伺服、数字式伺服两种方式。与模拟式伺服相比，数字式伺服加速特性近似直线，时间短，且可提高主轴定位控制时系统的刚性和精度，操作方便，是数控机床主轴驱动主要的采用形式。但是交流异步伺服存在两个主要问题：一是转子发热，效率较低，转矩密度较小，体积较大；二是功率因数较低。因此，要获得较宽的恒功率调速范围，要求较大的逆变器容量。

2) 交流同步伺服系统

近年来，随着高能低价永磁体的开发和性能的不断提高，使得采用永磁同步调速电动机的交流同步伺服系统的性能日益突出，为解决交流异步伺服存在的问题带来了希望。与采用矢量控制的异步伺服相比，永磁同步电动机转子温度低，轴向连接位置精度高，要求的冷却条件不高，对数控机床环境的温度影响小，容易达到极小的低限速度，即使在低限速度下，也可作恒转矩运行，特别适合强力切削加工，同时其转矩密度高，转动惯量小，动态响应特性好，特别适合高生产率运行。较容易达到很高的调速比，允许同一数控机床主轴具有多种加工能力，既可以加工铝等低硬度材料，也可以加工很硬很脆的合金，为数控机床进行最优切削创造了条件。

4.2.3 主轴伺服系统故障诊断

当主轴伺服系统发生故障时，通常有三种表现形式：①CRT 或操作面板上显示报警内容或报警信息；②在主轴驱动装置上用报警灯或数码管显示主轴驱动装置的故障；③主轴工作不正常，但无任何报警信息。主轴伺服系统常见故障有：

(1) 过载。过载原因是切削量过大，频繁正、反转等均可引起过载报警。具体表现为主轴电动机过热主轴驱动装置显示过电流报警等。

(2) 主轴不能转动。主轴不能转动时，需要做以下工作：检查 CNC 系统是否有速度控制信号输出；检查使能信号是否接通；主轴电动机动力线断裂或主轴控制单元连接不良；机床负载过大；主轴驱动装置故障；主轴电动机故障。在机械方面，主轴不转常发生在强力切削下，可能原因有：主轴与电动机连接皮带过松或皮带表面有油造成打滑；主轴中的拉杆未拉紧夹持刀具的拉钉。

(3) 主轴转速异常或转速不稳定。若主轴转速超过技术要求所规定的范围，可能原因：CNC 系统输出的主轴转速模拟量(通常为 0～±10V)没有达到与转速指令对应的值，或速度指令错误；CNC 系统中 D/A 转换器故障；主轴转速模拟量中有干扰噪声；测速装置有故障或速度反馈信号断线；电动机过载或电动机不良(包括励磁丧失)；主轴驱动装置故障。

(4) 主轴振动或噪声太大。首先要区别噪声及振动发生在主轴机械部分还是电气部分。检查方法有：

① 在减速过程中发生，一般是由驱动装置造成的，如交流驱动中的再生回路故障。

② 在恒转速时，可通过观察主轴电动机自由停车过程中是否有噪声和振动来区别，若有噪声则主轴机械部分有问题。

③ 检查振动的周期是否与转速有关，若无关一般是主轴驱动装置未调整好；若有关，则应检查主轴机械部分是否良好，测速装置是否不良。

电气方面的原因：电源缺相或电源电压不正常；控制单元上的电源开关设定(50/60Hz 切换)错误；伺服单元上的增益电路和颤抖电路调整不好(或设置不当)；电流反馈回路未调整好；三相输入的相序不对。

机械方面的原因：主轴箱与床身的连接螺钉松动；轴承预紧力不够或预紧螺钉松动，游隙过大，使之产生轴向窜动，应重新调整；轴承损坏，应更换轴承；主轴部件上动平衡不好，应重新调整动平衡；齿轮有严重损伤，或齿轮啮合间隙过大，应更换齿轮或调整啮合间隙；润滑不良，润滑油不足，应改善润滑条件，使润滑油充足；主轴与主轴电动机的连接皮带过紧，应移动电动机座调整皮带使松紧度合适；连接主轴与电动机的联轴器故障；主轴负载太大。

(5) 主轴加/减速时工作不正常。主轴加/减速时工作不正常常见的情况有：减速极限电路调整不良；电流反馈回路不良；加/减速回路时间常数设定和负载惯量不匹配；驱动器再生制动电路故障；传动带连接不良。

(6) 外界干扰。屏蔽或接地措施不良，主轴转速指令信号或反馈信号受到干扰，使主轴驱动出现随机和无规律性的波动。有无干扰的判断方法是：当主轴转速指令为零时，主轴仍往复摆动，调整零速平衡和漂移补偿也不能消除故障。

(7) 主轴速度指令无效。CNC 模拟量输出(D/A)转换电路故障；CNC 速度输出模拟量与驱动器连接不良或断线；主轴转向控制信号极性与主轴转向输入信号不一致；主轴驱动器参数设定不当。

(8) 主轴不能进行变速。CNC 参数设置不当或编程错误造成主轴转速控制信号输出为某一固定值；D/A 转换电路故障；主轴驱动器速度模拟量输入电路故障。

(9) 主轴只能单向运行或主轴转向不正确。主轴转速控制信号输出错误；主轴驱动器速度模拟量输入电路故障。

(10) 螺纹加工出现“乱牙”故障。数控车床加工螺纹，其实质是主轴的角位移与 Z 轴进给之间进行插补，主轴的角位移是通过主轴编码器进行测量的。在螺纹加工时，系统进行的是主轴每转进给动作，要执行每转进给的指令，主轴必须有每转一个脉冲的反馈信号，“乱牙”往往是由于主轴与 Z 轴进给不能实现同步引起的，此外，还有以下原因：主轴编码器或 Z 轴“零位脉冲”不良或受到干扰；主轴编码器或联轴器松动(断裂)；主轴编码器信号线接地或屏蔽不良，被干扰；主轴转速不稳，有抖动；主轴转速尚未稳定，就执行了螺纹加工指令(G32)，导致了主轴与 Z 轴进给不能实现同步，造成“乱牙”。

(11) 主轴定位点不稳定或主轴不能定位。主轴准停用于刀具交换、精镗进退刀及齿轮换挡等场合，有三种实现方式：

① 机械准停控制。机械准停控制由带 V 形槽的定位盘和定位用的液压缸配合动作。

② 磁性传感器电器准停控制。发磁体安装在主轴后端，磁传感器安装在主轴箱上，其安装位置决定了主轴的准停点，发磁体和磁传感器之间的间隙为(1.5±0.5)mm。

③ 编码器型准停控制。编码器型准停控制通过主轴电动机内置安装或在数控机床主轴上直接安装一个光电编码器来实现准停控制，准停角度可任意设定。

上述准停均要经过减速的过程，若减速或增益等参数设置不当，均可能引起定位抖动。另外，准停方式①中定位液压缸活塞移动的限位开关失灵，或准停方式②中发磁体和磁传感器之间的间隙发生变化或磁传感器失灵均可引起定位抖动。

4.2.4　FANUC 系统模拟量主轴驱动装置与维护

模拟量控制的主轴驱动装置常采用变频器实现控制。数控机床主轴驱动以及普通机床的改造中多采用变频器控制。作为主轴驱动装置用的变频器种类很多，下面以日立变频器为例进行介绍。图 4.5 所示为日立变频器的实物。

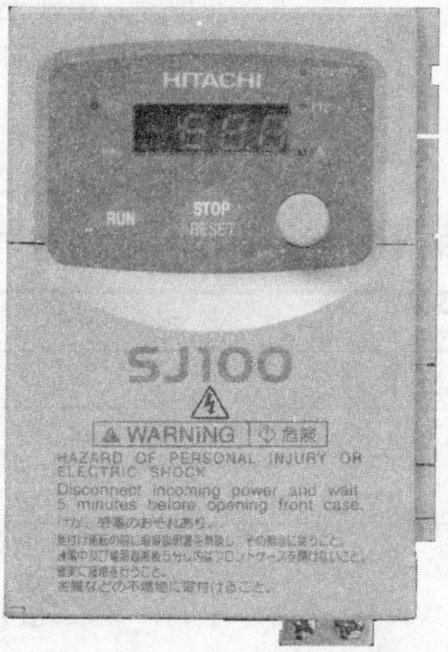

图 4.5　日立变频器的实物

1.　变频器接线端子及连接

(1) 变频器电源及电动机强电接线端子排列如图 4.6(a)所示。主电路控制端子接线说明如表 4-1 所示。

表 4-1　主电路控制端子接线说明

端子符号	端子名称	端子说明	功能
L1、L2、L3	主电源输入端子	接入主电源	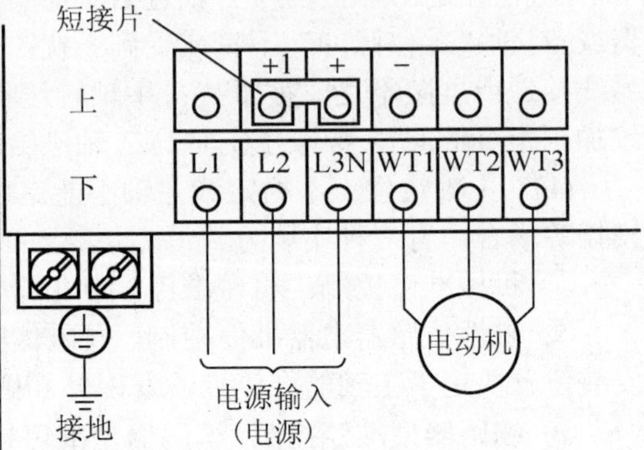
T1、T2、T3	变频器输出端子	连接电动机	
+、+1	直流电抗器连接端子	连接直流电抗器以抑制噪音,提高功率因数	
+、−	外部再生制动单元连接端子	连接再生制动单元(选件)、以获得所需制动力矩	
+、RB	外部制动电阻连接端子	连接再生制动电阻(选件)、以获得所需制动力矩	
G	接地端子	接地(接地以防雷击)抑制噪声	

(2) 变频器控制电路接线端子排列如图 4.6(b)所示。控制电路端子接线说明如表 4-2 所示。

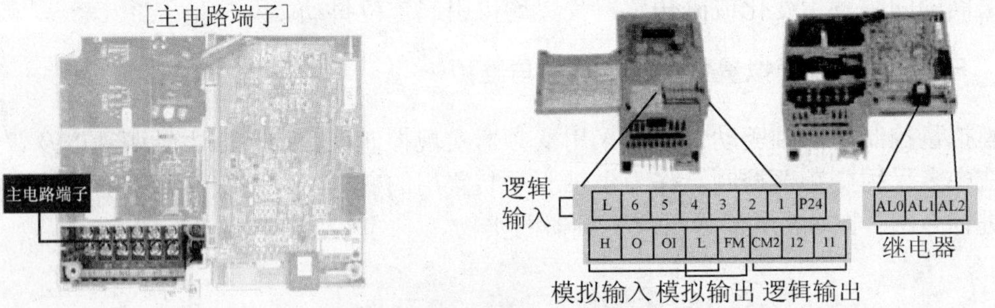

(a) 主电路接线端子　　(b) 控制电路接线端子

图 4.6　接线端子

表 4-2　控制电路端子接线说明

端子符号	信号	端子名称	注释
FM	输入监示信号	监示端子(频率、电流等)	PWM 输出
L		监示及频率命令公共端	—
P24		智能输入端子公共端	DC24V
6		智能输入端子，选择如下： 正传命令(FW)，反转命令(RV)，多段速度命令 1～4(CF1～CF4)，2 级加/减速(2CH)，自由停车(FRS)，外部跳闸(EXT)，USP 功能(USP)，寸动(JG)，模拟量输入选择(AT)，软件锁(SFT)，复位(RS)，初始化设定(STN)，热敏保护(PTC)，外部直流制动命令(DB)，第二设定(SET)，远程控制加/减速(UP/DOWN)	触点输出 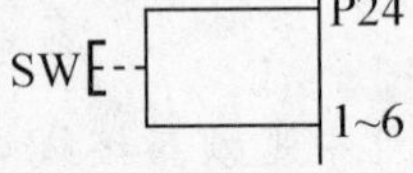 SW(闭合)操作
5			
4			
3			
2			
1			

续表

端子符号	信号	端子名称	注释
H	频率命令	频率命令电源(DC10V)	——
O		频率命令输入端(电压命令)(DC0～10V)	输入阻抗 10kΩ
OI		频率命令输入端(电流命令)(DC4～20mA)	输入阻抗 250kΩ
L		频率命令公共端	
12	输出信号	智能输出端，选择如下： 运转(RUN)，过载信号(OL)，报警(AL)，频率到达(FA)，设定频率到达(FA2)	集电极开路输出动作(ON)时为低电平
11			
CM2			
AL2	报警输出	报警输出端： AL0 AL1 AL2 1C 触点(继电器)输出 <初始设定> 正常：AL0-AL1 闭合 异常、断电： AL0-AL2 闭合	触点额定值： AC250V 2.5A(阻性负载) 0.2A($\cos\theta = 0.4$) DC30V 3.0A(阻性负载) 0.7 A($\cos\theta = 0.4$)
AL1			
AL0			

(3) 变频器接线。变频器接线示意如图 4.7 所示。

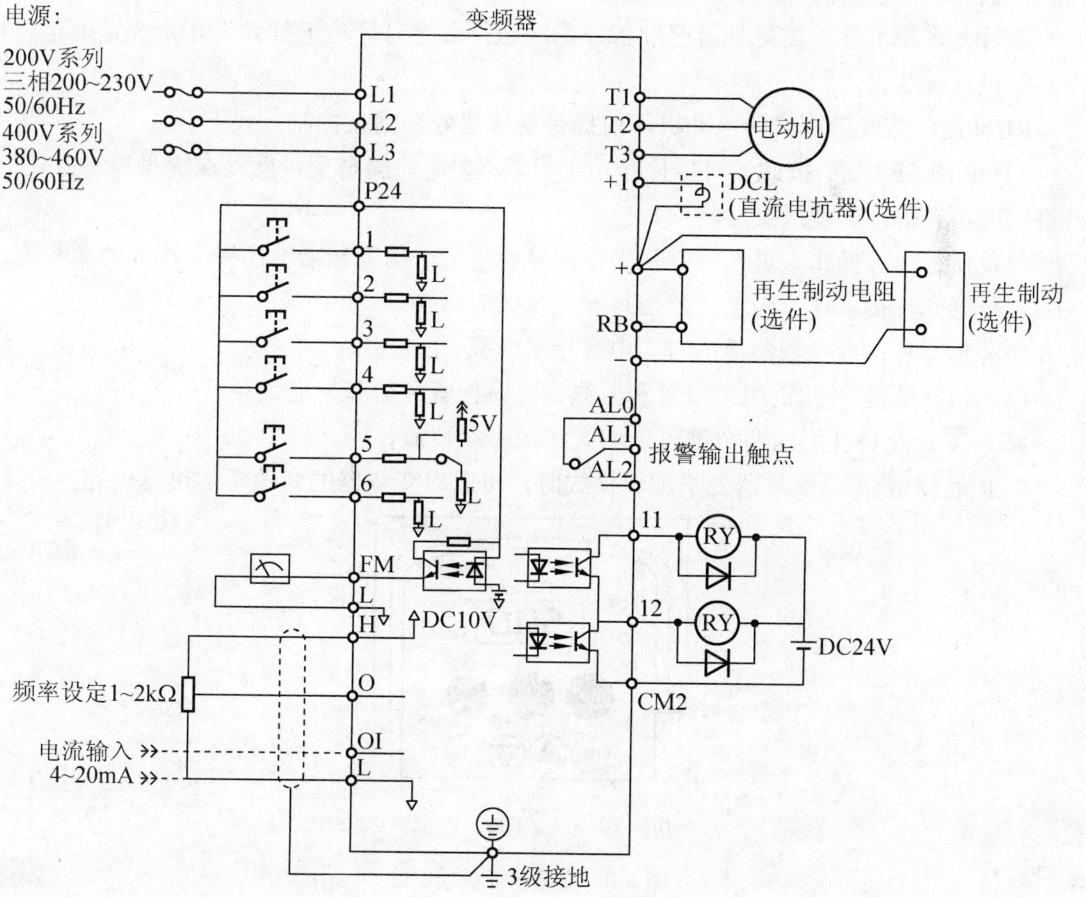

图 4.7　变频器接线示意

2. SJ-100 变频器面板操作

1) 面板定义

图 4.8 所示为 SJ-100 变频器面板的按键定义。

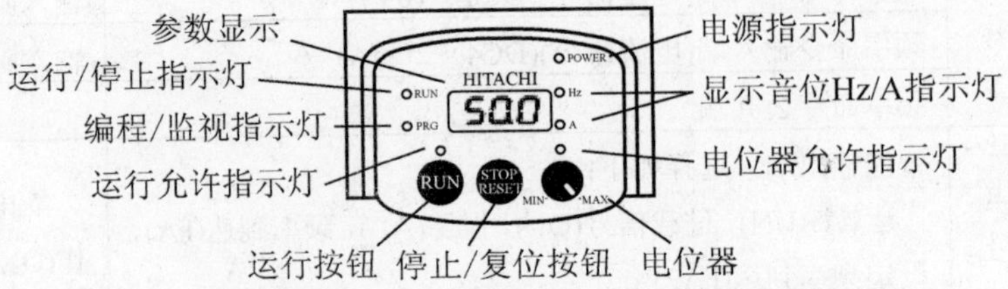

图 4.8　SJ-100 变频器面板的按键定义

如图 4.9 所示，该变频器面板的各个按键的作用说明如下：

运行/停止指示灯：当变频器输出驱动电动机(运行模式)时，运行/停止指示灯亮，而当变频器输出关闭(停止模式)时，运行/停止指示灯灭。

编辑/监视指示灯：当变频器已准备好进行参数编辑(编辑模式)时，编辑/监视指示灯亮，而当参数显示器正在监视数据(监视模式)时，编辑/监视指示灯灭。

运行允许指示灯：当变频器已准备好响应运行命令时灯，运行允许指示亮，而运行指令不能执行时灯灭。

RUN 键：按此键可启动电动机，前提是变频器处在键盘控制方式下。

STOP/RESET 键：按此键可以停止电动机的运转，前提是变频器处在键盘控制方式下。此键同时可在跳闸后使报警器复位。

电位器：运行操作人员在一定范围内选择输入一个与变频器输出频率相应的量程值。

电位器允许指示灯：当电位器运行输入量值时灯亮。

电源指示灯：当变频器通电时，电源指示灯亮。

FUNC(功能键)：此键用于设置和监测参数时搜索参数和功能菜单。

▲、▼：交替使用这两个键可以增大或减小参数值。

STR(存储键)：当变频器处于编辑模式时，可以对变频器的修改参数进行保存。

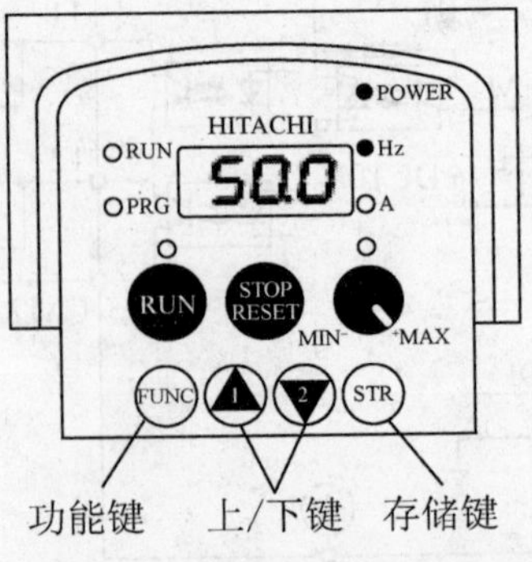

图 4.9　变频器面板功能键

2) 变频器键盘操作

图 4.10 所示为参数和功能最基本的选择方式。

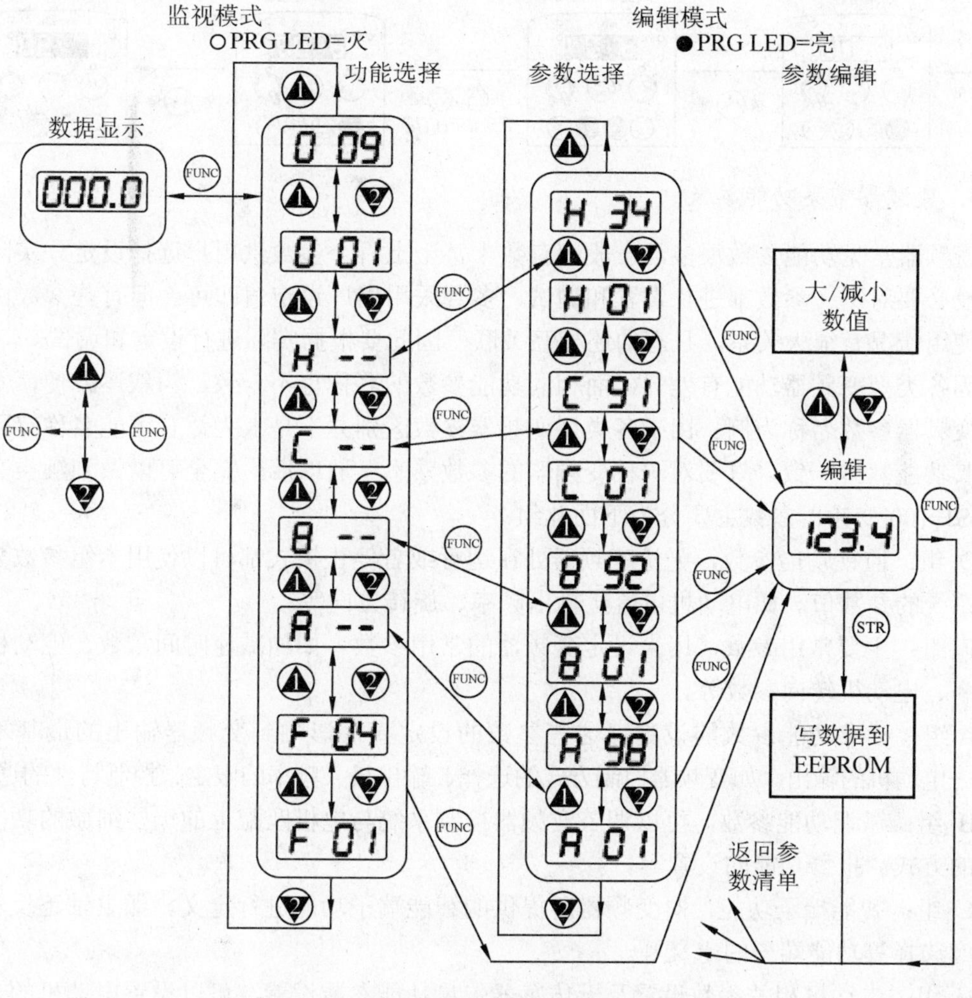

图 4.10　参数和功能最基本的选择方式

例 1：设定最大频率

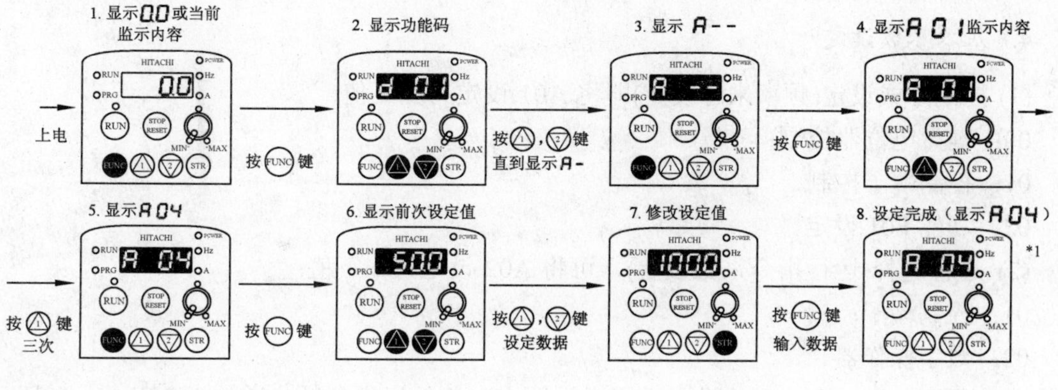

例 2：临示输出电流值

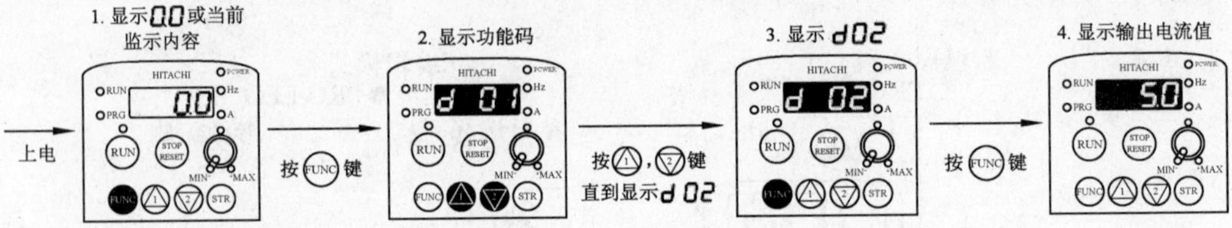

3. 变频器常见功能参数

变频器常见功能参数很多，一般都有数十甚至上百个参数供用户选择设定。实际应用中，没必要对每一参数都进行设置和调试，多数采用出厂设定值即可。但有些参数由于和实际使用情况有很大关系，且有的还相互关联，因此要根据实际进行设定和调试。

因各类型变频器功能有差异，而相同功能参数的名称也不一致，为叙述方便，本文以日立变频器参数名称为例。由于各类型变频器参数区别并不是太大，有可能名称有区别，但是其功能基本一致，只要对一种变频器的参数熟悉精通以后。完全可以做到触类旁通。日立 SJ-100 变频器参数主要分为下面几组：

D 组：监视功能参数，无论变频器处在运行或者停止模式都可以使用本组参数来获取重要系统的参数值。如电动机电流、输出频率、旋转方向等。

F 组：主要常用参数，用来设定变频器的常用参数。如加减速时间常数、电动机的输出频率、电动机转向参数等。

A 组：标准功能参数的设定，这些参数的设定直接影响到变频器输出的最基本的特性——电动机的输出。如变频器控制方式的选择、输出最大频率的限定、控制特性的选择等。

B 组：微调功能参数，可以调节变频器控制系统与电机匹配上的一些细微的功能。如重启的方式、报警功能的设置等。

C 组：智能端子功能，对变频器所提供的智能端子功能进行定义。如主轴正反转、多段速度选择等功能端子的定义等。

H 组：电动机相关参数设置及无传感器矢量功能参数设置，可以设置电动机的一些特征参数及采用无传感器矢量功能所需要的一些参数。

变频器详细参数列表见附录。

4. 基本参数设定

(1) 控制方式设定(频率来源设定)即将 A01 设定为如下值：

00：键盘电位器控制；

01：控制端子控制；

02：功能 F01 设定。

(2) 运行选择(运行指令来源设定)，可将 A02 设定为如下值：

01：控制端子；

02：数字操作器。

(3) 基频设定，即 A03 的设定，用于设置电动机的运行基频，通常为 50Hz 或 60Hz。

(4) 最大频率设定，即 A04 的设定，它是允许变频器输出的最大频率，默认为 50Hz。

(5) 电动机电压等级选择，即 A82 的选择，设置值范围：200～460V。

选择电动机的额定电压，要根据电动机的额定电压进行设置，另外此项功能还具有稳压的功能，可以在变频器电源电压出现较大波动时，保持输出电压不变。

(6) 输出频率设定，即 F01 的设定，确定电机恒定转速的频率。

(7) 加速时间(F02)，减速时间(F03)。加速时间就是输出频率从 0 上升到最大频率所需的时间，减速时间是指从最大频率下降到 0 所需的时间。通常用频率设定信号上升、下降来确定加、减速时间。在电动机加速时须限制频率设定的上升率以防止过电流，减速时则限制下降率以防止过电压。

加速时间设定要求：将加速电流限制在变频器过电流容量以下，不使过流失速而引起变频器跳闸。减速时间设定要求：防止平滑电路电压过大，不使再生过压失速而使变频器跳闸。加、减速时间可根据负载计算出来，但在调试中常采取按负载和经验先设定较长加、减速时间，通过起、停电动机观察有无过电流、过电压报警；然后将加、减速设定时间逐渐缩短，以运转中不发生报警为原则，重复操作几次，便可确定出最佳加、减速时间。

(8) 电动机转向设定，即将 F004 设定为如下值：

00：正转；

01：反转。

(9) 频率上限设定(A061)，频率下限设定(A062)，其值分别如下。

A061：设置小于最大频率(A04)的频率上限，从 0.5～360Hz，0.0 表示设置无效；>0.1 设置生效。

A062：设置大于 0 的频率下限，从 0.5～360Hz，0.0 表示设置无效；>0.1 设置生效。

此设定值即为变频器输出频率的上、下限幅值。频率限制是为防止误操作或外接频率设定信号源出故障，而引起输出频率的过高或过低，以防损坏设备的一种保护功能。在应用中按实际情况设定即可。此功能还可作限速使用，如有的皮带输送机，由于输送物料不太多，为减少机械和皮带的磨损，可采用变频器驱动，并将变频器上限频率设定为某一频率值，这样就可使皮带输送机运行在一个固定、较低的工作速度上。

(10) 电动机极数选择，即 H004 有四种选择：2；4；6；8。

(11) 自整定选择，即 H001 有可以设定整定时电机运转或不运转，其具体值如下：

00：自整定关闭；

01：自整定(旋转电动机)；

02：自整定(不旋转，测量电动机电阻和电感)。

(12) 电机容量选择，即 H003 有九种选择：0.2；0.4；0.75；1.5；2.2；3.7；5.5；7.5；11。

(13) C 参数，智能端子输入/输出的选择。六个输入端子 1，2，3，4，5，6 可以配置成 19 种功能中的任意一个。表 4-3 和 4-4 显示如何配置这六个端子。

表 4-3 所示中的功能代码使操作人员可以把 19 个选项中的任意一个分配给六个逻辑输入之一。功能代码 C01～C06 分别配置端子 1 到端子 6。

例如，要设置功能 C01=00，可以分配选项 00(正向运转)给端子 1。

表 4-3 功能代码 C01～C06 与端子的配置

"C"功能			运行时	编辑默认值	
功能代码	名称	描述		EU/US	单位
C01	端子 1 功能	给端子 1 设定功能	否	00	—
C02	端子 2 功能	给端子 2 设定功能	否	01/01	—
C03	端子 3 功能	给端子 3 设定功能	否	02/16	—
C04	端子 4 功能	给端子 4 设定功能	否	03/13	—
C05	端子 5 功能	给端子 5 设定功能	否	18/09	—
C06	端子 6 功能	给端子 6 设定功能	否	09/18	—

表 4-4 功能代码 C11～C16 与端子的配置

"C"功能				运行时	编辑默认值	
功能代码	名称	描述			EU/US	单位
C11	端子 1 功能	00	通常为高[NO]	否	00	—
		01	通常为低[NC]			
C12	端子 2 功能	00	通常为高[NO]	否	00	—
		01	通常为低[NC]			
C13	端子 3 功能	00	通常为高[NO]	否	00	—
		01	通常为低[NC]			
C14	端子 4 功能	00	通常为高[NO]	否	00	—
		01	通常为低[NC]			
C15	端子 5 功能	00	通常为高[NO]	否	00	—
		01	通常为低[NC]			
C16	端子 6 功能	00	通常为高[NO]	否	00	—
		01	通常为低[NC]			

每一个输入端子的输入逻辑转换是可编程的，大多数输入端子的默认值为：通常为低(即高电平有效)。但也可以设置为：通常为高(即低电平有效)以便进行逻辑转换。

每一个智能输入端子都可以被分配表 4-5 所示中的任意一个选项。选项代码具有符号或缩写，用来表示使用该功能的端子。例如"正向运转"指令为[FWD]。

表 4-5 输入功能

选项代码	端子符号	功能名称	描述	
00	FW	正向运转/停止	ON	变频器处于运行模式，电动机正向运转
			OFF	变频器处于运行模式，电动机停止
01	RV	反向运转/停止	ON	变频器处于运行模式，电动机反向运转
			OFF	变频器处于运行模式，电动机停止
02	CF1	多速度选择，第 0 位(最低位)	ON	二进制编码速度选择，第 0 位为逻辑 1
			OFF	二进制编码速度选择，第 0 位为逻辑 0
03	CF2	多速度选择，第 1 位	ON	二进制编码速度选择，第 1 位为逻辑 1
			OFF	二进制编码速度选择，第 1 位为逻辑 0
04	CF3	多速度选择，第 2 位	ON	二进制编码速度选择，第 2 位为逻辑 1
			OFF	二进制编码速度选择，第 2 位为逻辑 0

续表

选项代码	端子符号	功能名称	描述	
05	CF4	多速度选择，第 3 位(最高位)	ON	二进制编码速度选择，第 3 位为逻辑 1
			OFF	二进制编码速度选择，第 3 位为逻辑 0
06	JG	寸动	ON	变频器处于运行模式，电动机在寸动参数频率下运行
			OFF	变频器处于停止模式
07	DB	外部直流制动	ON	减速时使用直流制动
			OFF	减速时不使用直流制动
08	SET	设定第 2 台电动机	ON	变频器使用第 2 电动机参数向电动机输出
			OFF	变频器使用第 1(主)电动机参数向电动机输出
09	2CH	两级加速和减速	ON	使用第 2 级加速和减速进行频率输出
			OFF	使用标准加速和减速进行频率输出
11	FRS	自由运行停止	ON	关闭输出，允许电动机自由运转直到停止
			OFF	正常运转，控制电动机减速到停止

(14) 输出频率监视即 D01，表示实时显示向电动机输出的频率，从 0.0 至 360.0Hz。

(15) 输出电流监视即 D02，表示对向电动机输出电流进行滤波后显示(内部滤波器时间常数为 100ms)。

(16) 电机转向监视即 D03，表示三种不同的指示：“F”为正转，“Ⅱ”为停车，“R”为反转。

5. SJ-100 变频器与 FANUC 0i Mate C 数控系统连接

图 4.11 所示为某数控车床主轴驱动装置的接线图，以该图为例具体说明 FANUC 0i Mate C 系统，数控机床与变频器的信号流程与功能。QF6 为主电路空气开关断路器，KM3 为主回路接触器。

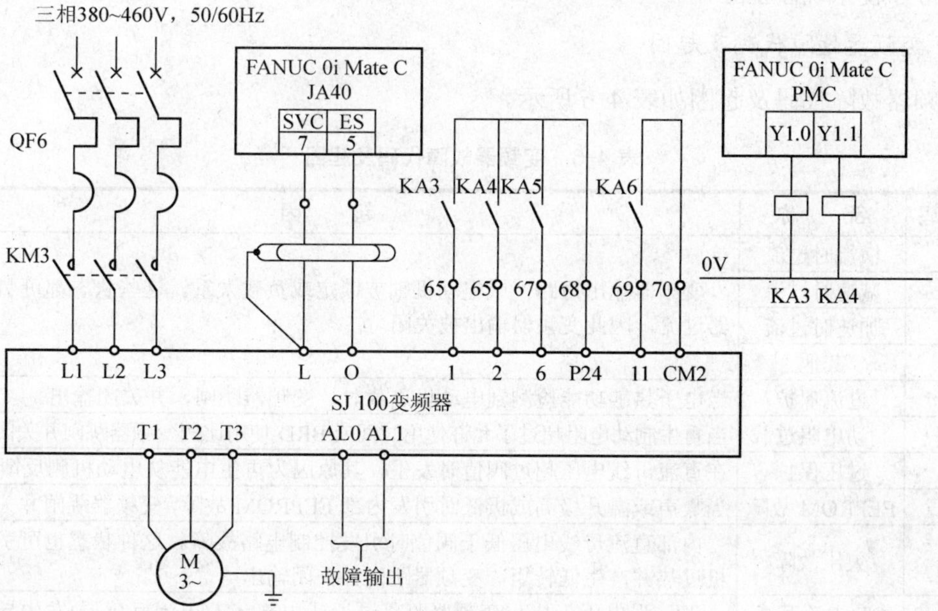

图 4.11　某数控车床主轴驱动装置的接线图

1) CNC 到变频器的信号

(1) 主轴正转信号(1-P24)、主轴反转信号(2-P24)。用于手动操作(JOG 状态)和自动状态(自动加工 M03、M04、M05)中，实现主轴的正转、反转及停止控制。系统在点动状态时，利用机床操作面板上的主轴正转和反转按钮发出主轴正转或反转信号，通过系统 PMC 控制 KA3、KA4 的线圈通断，然后相应的常开触点闭合，变频器得到正、反转信号，实现主轴的正反转控制，此时主轴的速度是由系统存储的 S 值与机床主轴的倍率开关决定的。系统在自动加工时，通过对程序辅助功能代码 M03、M04、M05 的译码，利用系统的 PMC 实现继电器 KA3 和 KA4 的通断控制，从而达到主轴的正反转及停止控制，此时的主轴速度是由系统程序中的 S 指令值与数控机床的倍率开关决定的。

(2) 系统故障输入(11-CM2)。当数控机床系统出现故障时，通过系统 PMC 发出信号控制 KAl3 上电动作，使变频器停止输出，实现主轴自动停止控制，并发出相应的报警信息。如数控机床自动加工时，进给驱动系统突然出现故障，主轴也能自动停止旋转，从而防止打刀事故的发生。

(3) 系统复位信号(6-P24)。当系统复位时，通过系统 PMC 控制 KA14 上电动作，进行变频器的复位控制。如变频器受到干扰出现报警时，可以通过系统 MDI 键盘操作面板的复位键(RESET)进行复位，而不用切断系统电源再重新上电进行复位。

(4) 主轴电动机速度模拟量信号(L-O)。用来接收系统发出的主轴速度信号(模拟量电压信号)，实现主轴电动机的速度控制。在 FANUC 0i Mate C 数控系统中，系统把程序中的 S 指令值与主轴倍率的乘积转换成相应的模拟量电压(0～10V)，通过 JA40 的 7-5，输送到变频器 L-O 的模拟量电压频率给定端，从而实现主轴电动机的速度控制。

2) 变频器到 CNC 的信号(通过系统的 PMC)

变频器故障输入信号(AL0-AL1)。当变频器出现任何故障时，数控系统都要停止工作并发出相应的报警(数控机床报警灯亮并发出相应的报警信息)。主轴故障信号是通过变频器的输出端 AL0-AL1(正常时为“通”，故障时为“断”)发出，再通过 PMC 向系统发出急停信号，使系统停止工作。

6. 变频器故障代码及起因

变频器故障代码及起因如表 4-6 所示。

表 4-6 变频器故障代码及起因

故障代码	名 称	起 因
E01	横流时过流	变频器输出短路，或电动机轴被锁定或负载太重。这些状态都可引起变频器过流，因此变频器输出被关闭
E02	减速时过流	
E03	加速时过流	
E04	其他	
E05	过流保护	当电子热敏功能检测到电动机过载时，变频器跳闸，并关闭输出
E06	制动电阻过载	当再生制动电阻超过了允许使用时间或 BRD 使用比例变频器跳闸并关闭输出
E07	过压保护	在直流母线电压超过阀值时发生，其原因为再生电能从电动机侧反馈回来
E08	EEPROM 故障	当噪声或温升极高或极低时引发内部 EEPROM 故障，变频器跳闸并关闭输出
E09	欠压故障	内部直流母线电压低于阀值时引发控制电路故障。这种状态也可引起电动机过热并产生低转矩，变频器跳闸并关闭输出
E10	CT(电流互感器)故障	当一强电压干扰与变频器距离过近或内部 CT(电流互感器)发生异常操作时，变频器跳闸并关闭输出

续表

故障代码	名　称	起　因
E11 E22	CPU 故障	内部 CPU 故障，变频器跳闸并关闭输出
E12	外部跳闸	与 EXT 类似，当有一个信号并加在智能输入端子时，变频器跳闸并关闭输出
E13	USP	当 USP 功能使能时，若在 RUN 信号有效时上电，变频器将跳闸，只有将错误消除才能进入运行模式
E14	接地故障	在加电测试时，如检测到变频器输出与电动机之间发生接地故障，变频器被保护。该特点可保护变频器，但不能保护人身安全
E15	输入过电压	当输入电压高于设定值时，该现象可在加电 100 秒后被检测到，变频器跳闸并关闭输出
E21	变频器热敏跳闸	当变频器内部温度高于设定值时，变频器模块内部的热敏传感器检测到用电设备的温度过高，引发变频器跳闸并关闭输出
E35	PTC 故障	当智能端子 5 被设定为 PTC(保护性热敏电阻)功能并且变频器探测到电阻过高时(线圈断开或温度过高)，变频器跳闸并断开输出

4.3 进给伺服系统的故障分析与维护

4.3.1 进给伺服驱动系统简介

1. 步进驱动系统

步进驱动系统简单来说，包括步进电动机和步进驱动器。

步进电动机流行于 20 世纪 70 年代，该系统结构简单、控制容易、维修方便，且控制为全数字化。步进电动机是一种能将数字脉冲转化成一个步距角增量的电磁执行元件，能很方便地将电脉冲转换为角位移，具有较好的定位精度，无漂移和无积累定位误差的优点，能跟踪一定频率范围的脉冲列，可作同步电动机使用。随着计算机技术的发展，除功率驱动电路之外，其他部分均可由软件实现，从而进一步简化结构。因此，至今国内外对这种系统仍在进一步开发。

步进电动机是一种用电脉冲信号进行控制，并将电脉冲信号转换成相应的角位移的执行器。其角位移量与电脉冲数成正比，其转速与电脉冲频率成正比，通过改变脉冲频率就可以调节电动机的转速。如果停机后某些相的绕组仍保持通电状态，则还具有自锁能力。步进电动机每转一周都有固定的步数，从理论上说其步距误差不会积累。

步进电动机的最大缺点在于其容易失步，特别是在大负载和速度较高的情况下，失步更容易发生。但是，近年来发展起来的恒流斩波驱动、PWM 驱动、微步驱动、超微步驱动及其它们的综合运用，使得步进电机的高频出力得到很大提高，低频振荡得到显著改善，特别是在随着智能超微步驱动技术的发展，必将把步进电动机性能提高到一个新的水平。步进电动机将以极佳的性能价格比，获得更为广泛的应用，在许多领域将取代直流伺服电动机及其相应伺服系统。

目前，步进电动机主要用于经济型数控机床的进给驱动，一般采用开环的控制结构。用于数控机床驱动的步进电动机主要有两类：反应式步进电动机和混合式步进电动机，反应式步进电动机又称磁阻式步进电动机。

2. 直流伺服电动机

直流伺服控制系统常用的伺服电动机有小惯量直流伺服电动机和永磁直流伺服电动机(又称大惯量宽调速直流伺服电动机)。小惯量伺服电动机最大限度地减少了电枢的转动惯量，从而能获得最好的快速性。在早期的数控机床上应用较多，现在也有应用。小惯量伺服电动机一般都设计成有高的额定转速和低的惯量，在应用时，要经过中间机械传动(如齿轮副)才能与丝杠相连接。

永磁直流伺服电动机能在较大过载转矩下长时间工作但电动机的转子惯量较大，能直接与丝杠相连接而不需中间传动装置。此外，永磁直流伺服电动机还有一个特点是可在低速下运转，如能在 1r/min 甚至在 0.1r/min 下平稳地运转。因此，这种直流伺服控制系统在数控机床上获得了广泛的应用。自 20 世纪 70 年代至 80 年代中期，在数控机床上应用占绝对统治地位，现在许多数控机床上仍使用这种电动机的直流伺服系统。永磁直流伺服电动机的缺点是电刷，它限制了转速的提高，一般额定转速为 1 000～1 500r/min，而且结构复杂，价格较贵。

3. 交流伺服驱动系统

由于直流伺服电动机存在着一些固有的缺点，而使其应用环境受到限制。交流伺服电动机没有这些缺点，且转子惯量较直流电动机小，使得动态响应好。另外在同样体积条件下，交流电动机的输出功率可比直流电动机提高 10%～70%。还有交流电动机的容量可以比直流电动机造成得大，达到更高的电压和转速。因此，交流伺服系统得到了迅速发展，已经形成潮流。从 20 世纪 80 年代后期开始，大量使用交流伺服控制系统，到今天，有些国家的厂家，已全部使用交流伺服控制系统。

交流伺服电动机可依据电动机运行原理的不同，分为感应式(又称异步)交流伺服电动机、永磁式同步伺服电动机、永磁式无刷直流伺服电动机和磁阻同步交流伺服电动机。这些电动机具有相同的三相绕组的定子结构。

(1) 感应式交流伺服电动机，其转子电流由滑差电势产生，并与磁场相互作用产生转矩，其主要优点是无刷，结构坚固、造价低、免维护，对环境要求低，其主磁通用励磁电流产生，很容易实现弱磁控制，高转速可以达到额定转速的 4～5 倍；其缺点是需要励磁电流，内功率因数低，效率较低，转子散热困难，要求较大的伺服驱动器容量，电动机的电磁关系复杂，要实现电动机的磁通与转矩的控制比较困难，电动机非线性参数的变化影响控制精度，必须进行参数在线辨识才能达到较好的控制效果。

(2) 永磁式同步交流伺服电动机，气隙磁场由稀土永磁体产生，转矩控制由调节电枢的电流实现，转矩的控制较感应电动机简单，并且能达到较高的控制精度；转子无铜、铁损耗，效率高、内功率因数高，也具有无刷免维护的特点，体积和惯量小，快速性好；在控制上需要轴位置传感器，以便识别气隙磁场的位置；价格较感应式电动机贵。

(3) 永磁式无刷直流伺服电动机，其结构与永磁式同步伺服电动机相同，借助较简单的位置传感器(如霍尔磁敏开关)的信号，控制电枢绕组的换向，控制最为简单；由于每个绕组的换向都需要一套功率开关电路，电枢绕组的数目通常只采用三相，相当于只有三个换向片的直流电动机，因此运行时电动机的脉动转矩大，造成速度的脉动，需要采用速度闭环才能运行于较低转速，该电动机的气隙磁通为方波分布，可降低电动机制造成本。有时将永磁式无刷直流伺服系统与同步交流伺服混为一谈，外表上很难区分，实际上两者的控制性能是有较大差别的。

(4) 磁阻同步交流伺服电动机，转子磁路具有不对称的磁阻特性，无永磁体或绕组，也不产生损耗；其气隙磁场由定子电流的激磁分量产生，定子电流的转矩分量则产生电磁转矩；内功率因数较低，要求较大的伺服驱动器容量，也具有无刷、免维护的特点；并克服了永磁式同步电动机弱磁控制效果差的缺点，可实现弱磁控制，速度控制范围可达到 0.1～10 000r/min，也兼有永磁式同步电动机控制简单的优点，但需要轴位置传感器，价格较永磁式同步电动机便宜，但体积较大些。

目前市场上的交流伺服电动机产品主要是永磁同步伺服电动机及无刷直流伺服电动机。

4.3.2 FANUC 进给伺服系统

FANUC 公司从 1982 年开始开发 PWM 交流伺服控制系统，1983 年形成系列产品，先后经过模拟量交流伺服、数字交流伺服 S 系列和全数字交流伺服系统 α 系列。21 世纪初，FANUC 公司又成功地开发出高速串行总线(FSSB)控制的全数字交流伺服系统 α i 系列和 β i 系列，实现了数控机床的高精度、高速度、高可靠性及高效节能的控制。

FANUC 0i Mate C 系列数控系统最多可控制三轴，其中 FANUC 0i Mate MC 可控制三轴，主要用于加工中心、铣床，配置 β i 系列的放大器和 β i(或 β is)系列伺服电动机。FANUC 0i Mate TC 控制两轴，主要用于车床，配置 β i 系列的放大器和 β i(或 β is)系列伺服电动机。而且对于 FANUC 0i Mate-C 系统，如果没有主轴电动机，伺服放大器是单轴型(SVU)，其实物图如图 4.14 所示，如果包括主轴电机，放大器是一体型(SVPM)，其实物图如图 4.13、图 4.15 所示。图 4.12 所示为带主轴放大器的伺服系统连接图。

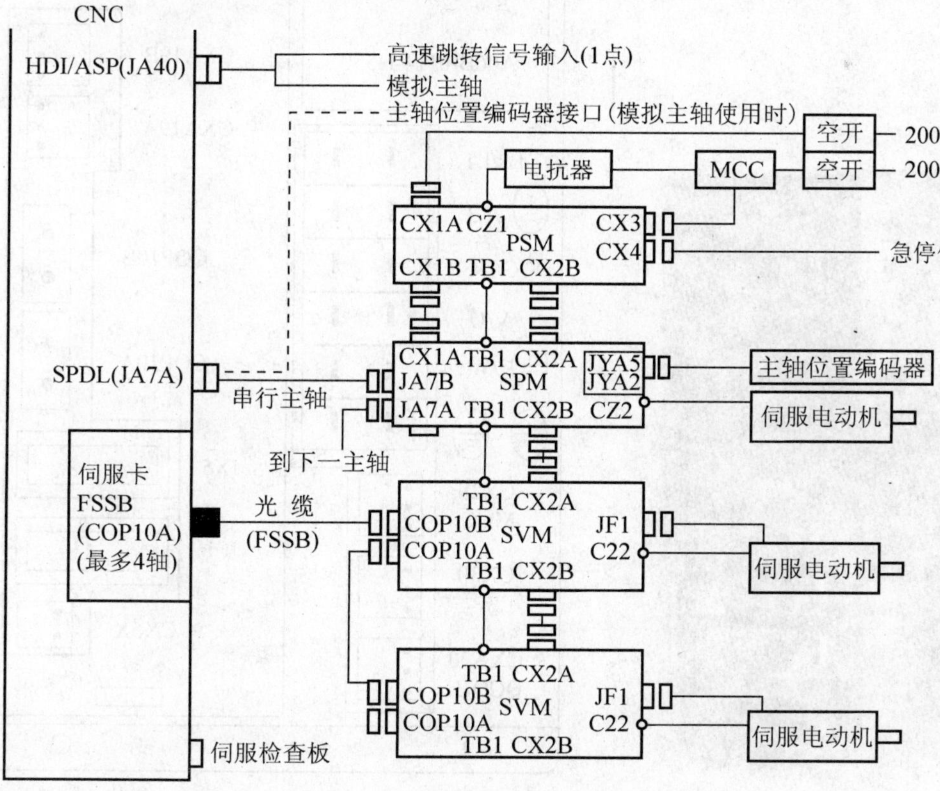

图 4.12　伺服连接图

图 4.13 βi-SVPM(一体型)

图 4.14 βi-SVU 实体图

(1) βi 系列伺服单元的端子功能。βi 系列伺服单元结构如图 4.16 所示。其中各接口说明如下：

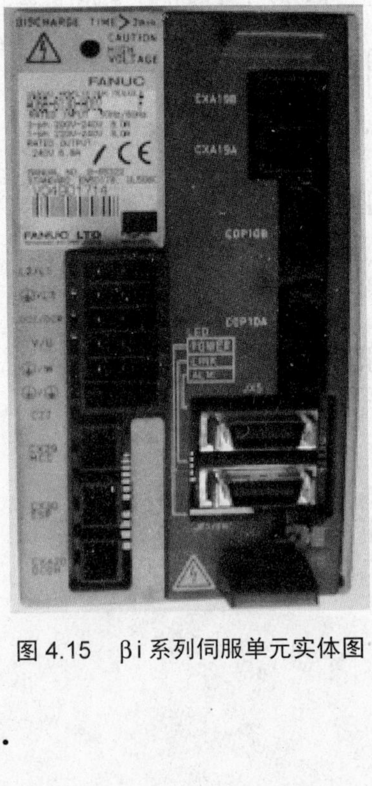

图 4.15 βi 系列伺服单元实体图

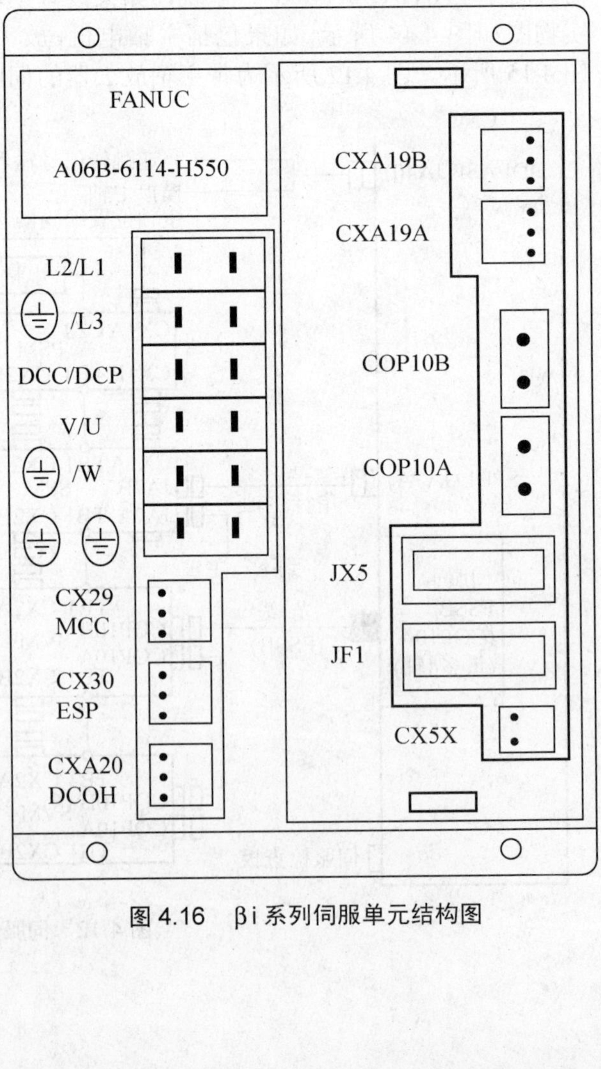

图 4.16 βi 系列伺服单元结构图

L1、L2、L3：主电源输入端接口，三相交流电源 200V、50/60Hz。

U、V、W：伺服电动机的动力线接口。

DCC、DCP：外接 DC 制动电阻接口。

CX29：主电源 MCC 控制信号接口。

CX30：急停信号(*ESP)接口。

CX A 20：DC 制动电阻过热信号接口。

CX19A：DC 24V 控制电路电源输入接口，连接外部 24V 稳压电源。

CX19B：DC 24V 控制电路电源输出接口，连接下一个伺服单元的 CX19A。

COP10A：伺服高速串行总线(HSSB)接口，与下一个伺服单元的 COP10B 连接(光缆)。

COP10B：伺服高速串行总线(HSSB)接口，与 CNC 系统的 COP10A 连接(光缆)。

JX5：伺服检测板信号接口。

JF1：伺服电动机内装编码器信号接口。

CX5X：伺服电动机编码器为绝对编码器的电池接口。

(2) FANUC 0i Mate C 系统与βi 系列伺服单元连接图。FANUC 0i Mate C 系统与βi 系列伺服单元连接图如图 4.17 所示。380V 动力电源经伺服变压器变为 200～230V，分别连接到伺服单元的 L1、L2、L3 端子，作为伺服单元的主电路的输入电源。外部 24V 稳压电源连接到 X 轴伺服单元 CX19A，X 轴伺服单元的 CX19B 连接到 Z 轴伺服单元的 CX19A，作为伺服单元的控制电路的输入电源。JF1 连接到相应的伺服电动机内装编码器接口上，作为 X 轴、Z 轴的速度和位置反馈信号控制。

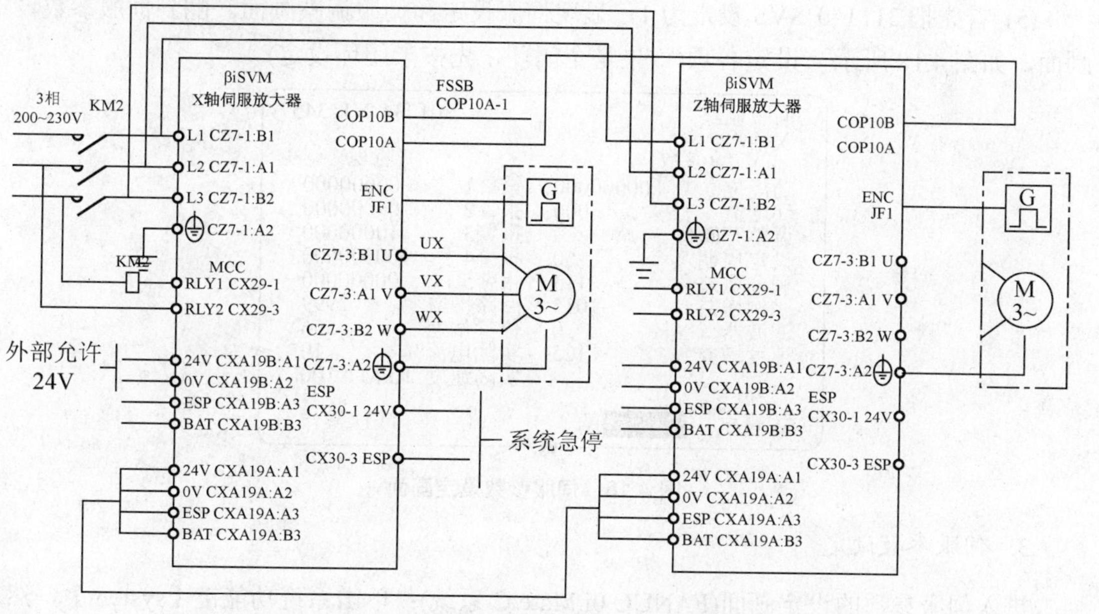

图 4.17　FANUC 0i Mate C 系统与βi 系列伺服单元连接图

4.3.3　FANUC 伺服系统参数的设定及初始化

1. 上电全清

当系统第一次通电时，最好首先做个全清(上电时，同时按 MDI 面板上 RESET+DEL)。

全清后一般会出现如下报警：

100 表示参数可输入，参数写保护打开(设定画面第一项 PWE=1)。

506/507 表示硬超程报警梯形图中没有处理硬件限位信号，设定 3004#5OTH 可消除。

417 表示伺服参数设定不正确，重新进行设定伺服参数，进行伺服参数初始化。

5136 表示 FSSB 电动机号码太小，FSSB 设定没有完成或根本没有设定(如果需要系统不带电动机调试时，把 1023 设定为-1，屏蔽伺服电动机，可消除 5136 报警)。

手动输入功能参数(9900～9999)，根据 FANUC 提供的出厂参数表正确输入。然后关断系统电源，再重新打开。检查参数 8130, 1010 的设定是否正确(一般车床为 2，铣床 3/4)。

2. 伺服 FSSB 设定和伺服参数初始化

参数 1023 设定为 1，2，3 等。

参数 1902 设定为位 0＝0。

伺服 FSSB 设定和伺服参数初始化的具体步骤如下：

(1) 在放大器设定画面，指定各放大器连接的被控轴的轴号(1，2，3 等)。

(2) 单击软键【SETING】(若显示警告信息，请重新设定)。

(3) 在轴设定画面上，指定关于轴的信息，如分离型检测器接口单元的连接器号。

(4) 单击软键【SETING】，若显示警告信息，重复上述步骤。此时，应关闭电源，然后开机，如果没有出现 5138 报警，则设定完成。

(5) 首先把 3111#0 SVS 设定为 1，显现伺服设定和伺服调整画面。翻到伺服参数设定画面，如图 4.18 所示，设定各项(如果是全闭环，先按半闭环设定)。

伺服调整　　　　　　　　　01234 N12345
X轴

(参数)			(监视)
功能位	00000000	报警1	00000000
环增益	3000	报警2	00000000
调整开始位	0	报警3	10000000
设定周期	50	报警4	00000000
积分增益	113	报警5	00000000
比例增益	−1015	回路增益	2999
滤波器	0	位置偏差	556
速度增益	125	实际电流%	10
		实际速度 RPM	100

〔SV设定〕〔SV调整〕〔　　　〕〔　　　〕〔(操作)〕

图 4.18　伺服参数设定画面

3. 伺服参数设定

进入伺服参数的设定画面(FANUC 0i Mate C 系统)：单击系统功能键【system】，然后单击系统扩展软键，再单击系统软键【SV-PAM】即可进入伺服参数的设定画面。

(1) 设定电动机 ID 号。FANUC 0i Mate C 系统参数为 2020，设定为各轴的电动机的类型号。常用电动机的类型号如表 4-7 所示：

表 4-7　FANUC 0i Mate C 系统常用的伺服电动机的 ID 代码

ID 代码	伺服电动机	ID 代码	伺服电动机
7	α C3/2000	176	α C8/200 0i
8	α C6/2000	191	α C12/200 0i
9	α C12/2000	196	α C22/200 0i
10	α C22/1500	201	α C30/150 0i
15	α 3/2000	177	α 8/300 0i
16	α 6/2000	193	α 12/300 0i
17	α 6/3000	197	α 22/300 0i
18	α 12/2000	203	α 30/300 0i
19	α 12/3000	207	α 40/300 0i
20	α 22/2000	36	β 2/3000
22	α 22/3000	33	β 3/3000
28	α 30/1200	34	β 6/2000
30	α 40/2000	—	—

(2) 设定伺服系统的 CMR 指令倍乘比。FANUC 0i Mate C 系统参数为 1820，设定各轴最小指令增量与检测单位的指令倍乘比。参数设定值：①指令倍乘比为 1/2～1/27 时，设定值=1/指令倍乘比+100，有效数据范围为 102～107；②指令倍乘比为 1～48 时，设定值=2×指令倍乘比，有效数据范围为 2～96。

(3) 设定伺服系统的 AMR 电枢倍增比。FANUC 0i Mate C 系统参数为 2001，设定为 00000000，与电动机类型无关。

(4) 设定伺服系统的柔性进给齿轮比 *N/M*。FANUC 0i Mate C 系统参数为 2084、2085。对不同丝杠的螺距或数控机床运动有减速齿轮时，为了使位置反馈脉冲数与指令脉冲数相同而设定进给齿轮比，由于是通过系统参数可以修改，所以又称柔性进给齿轮比。

半闭环控制伺服系统：*N/M*=(伺服电动机一转所需的位置反馈脉冲数/100 万)的约分数；

全闭环控制伺服系统：*N/M*=(伺服电动机一转所需的位置反馈脉冲数/电动机一转分离型检测装置位置反馈的脉冲数)的约分数。

(5) 设定电动机移动方向。FANUC 0i Mate C 系统参数为 2022，111 为正方向(从脉冲编码器端看为顺时针方向旋转)；−111 为负方向(从脉冲编码器端看为逆时针方向旋转)。

(6) 设定速度脉冲数。FANUC 0i Mate C 系统参数为 2023，串行编码器设定为 8192。

(7) 设定位置脉冲数。FANUC 0i Mate C 系统参数为 2024，半闭环控制系统中，设定为 12500，全闭环控制系统中，按电动机一转来自分离型检测装置的位置脉冲数设定。

(8) 设定参考计数器。FANUC 0i Mate C 系统参数为 1821，参考计数器用于在栅格方式下返回参考点的控制。必须按电动机一转所需的位置脉冲数或按该数能被整数整除的数来设定。

4. 伺服参数初始化

伺服参数初始化就是将系统的参数按设定条件恢复到系统出厂时的标准设定。当数控系统的伺服驱动更换，或因为更换电池等原因，使伺服参数出现错误时，必须对伺服系统进行初始化处理与重新调整。

(1) 伺服初始化参数设定。伺服初始化参数设定包括以下两个方面：

① 分离型检测装置是否有效的系统参数。FANUC 0i Mate C 系统参数为 1815#1(OPTx)，如果采用分离型检测装置作为位置检测装置，则把该参数设定为 1，否则为 0。

② 绝对位置检测是否使用参数。FANUC 0i Mate C 系统参数为 1815#5(APCx)，如果采用绝对编码器作为位置检测装置，则把该参数设定为 1，否则为 0。

(2) 伺服参数初始化操作。伺服参数初始化操作具体步骤为：

① 在紧急停止状态，接通电源。

② 显示伺服参数的设定画面。

③ 使用光标，翻页键，将伺服初始化设定参数 2000#1 的 1 设定为 0，然后系统断电再重新上电，从而完成了数字伺服参数的初始化操作。当伺服参数初始化结束后，初始化定位#1 自动变为 1。

初始化设定为如下：

#7	#6	#5	#4	#3	#2	#1	#0
				PRMCAL		DGPRM	PLC01

#0(PLC01)：设定为 0 时，检测单位为 1 μm，FANUC 0i Mate TC 系统使用参数 2023(速度脉冲数)、2024(位置脉冲数)。设定为 1 时，检测单位为 0.1 μm，相应的系统参数为上述提到的系统使用参数的值乘 10 倍。

#1(DGPRM)：设定为 0 时，系统进行数字伺服参数初始化的设定，当伺服参数初始化后，该参数自动变化 1。

#3(PRMCAL)：进行伺服初始化设定时，该参数自动变成 1。根据编码器的脉冲数自动计算下列参数：2043、2044、2047、2053、2054、2056、2057、2059、2074、2076。

4.3.4 FANUC 进给伺服系统的常见故障分析

1. SV400#，SV402#(过载报警)

故障原因：400#为第一、二轴中有过载；402#为第三、第四轴中有过载。

当伺服电动机的过热开关和伺服放大器的过热开关动作时发出此报警。

处理方法：当发生报警时，要首先确认是伺服放大器或是电动机过热，因为该信号是常闭信号，当电缆断线和插头接触不良也会发生报警，请确认电缆、插头接触良好。如果确认是伺服/变压器/放电单元，伺服电动机有过热报警，那么检查以下几点：

(1) 过热引起(测量 IS，IR 侧联负载电流，确认超过额定电流)：检查是否由于机械负载过大加减速的频率过高切削条件引起的过载。

(2) 连接引起：检查图 4.19 所示的过热信号的连接。

(3) 有关硬件故障：检查各过热开关是否正常，各信号的接口是否正常。

2. SV401，SV403(伺服准备完成信号断开报警)

故障原因：401 为提示第一、二轴报警；403 为提示第三、四轴报警。

系统检查原理：系统开机自检后，如果没有急停和报警，则发出*MCON 信号给所有轴伺服单元，伺服单元接收到该信号后，接通主接触器，电源单元吸合，LED 由两横杠(--)变为 00，将准备好信号送给伺服单元，伺服单元再接通继电器，继电器吸合后，将*DRDY 信号送回系统，如果系统在规定时间内没有接收到*DRDY 信号，则发出此报警，同时断开各轴的*MCON 信号，因此，上述所有通路都是故障点。伺服准备信号如图 4.20 所示。

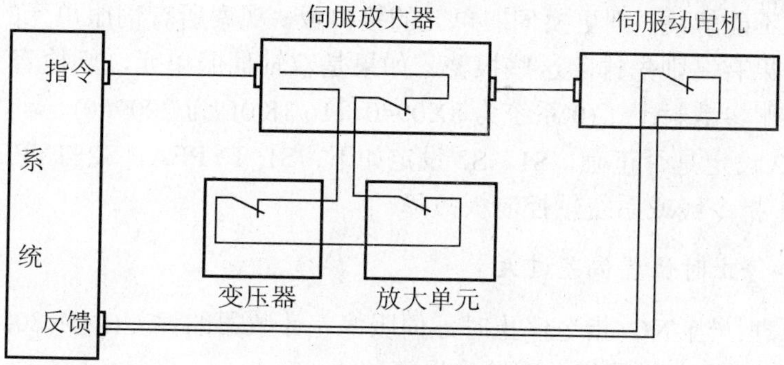

图 4.19　过热信号示意

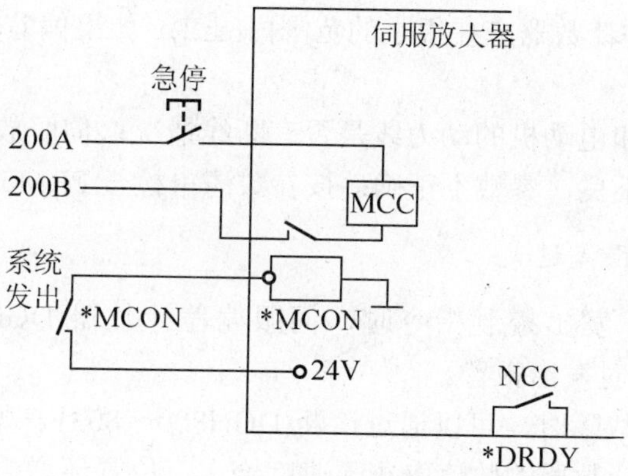

图 4.20　伺服准备信号示意

处理方法：当发生报警时首先确认急停按钮是否处于释放状态。

检查各个插头是否接触不良，包括控制板与主回路的连接以及电源单元与伺服单元、主轴单元的连接。

检查 LED 是否有显示，如果没有显示，则是控制板上不能通电或电源回路坏。检查电源单元输出到该单元的 24V 是否正常，检查控制板上的电源回路是否烧坏。如果自己不能修好，将该单元送 FANUC 修理。

检查外部交流电压是否都正常，包括电源单元三相 200V 输入(端子 R，S，T)，单相 200V 输入。

检查控制板上各直流电压是否正常，如果有异常，检查控制板上的保护器件及控制板上的电源回路有无烧坏的地方，如果不能自己修好，可送 FANUC 修理。仔细观察电源单元 LED 是否变 00 后(吸合)再断开(变为两横杠--)，还是根本就没有吸合(一直是两横杠不变)。如果是吸合后再断开，则可能是电源单元故障。如果根本就没有吸合，则可能是接线问题或接线有断线或电源单元有问题，仔细检查各单元之间的连线。检查电源单元的急停*ESP 和*MCC 回路(如果这两回路有问题也是两横杆不变)，*ESP 应为短路，*MCC 应与接触器的线圈串联接到交流电源上。

仔细观察单元的LED在变00后(吸合)所有伺服单元的一个横杠是否变为0，还是根本就没有吸合(一直是一横杠不变)。如果是双轴或三轴，则只要有一轴不好就不吸合。如果有一个轴一直没有吸合，则可判断为该伺服单元的故障，检查该单元的继电器并更换，如果更换继电器还不能解决，则更换伺服单元的接口板。观察所有伺服单元的LED上是否有其他报警号，如果有，则先排除这些报警。如果是双轴伺服单元，则检查另一轴是否未接或接触不好或伺服参数封上了(0系统为8X09#0，16/18/0I为2009#0)。

检查S1，S2设定是否正确，S1，S2设定如下：S1-TYPEA，S2-TYPEB。如果以上都正常，则为CN1指令线或系统轴控制板故障。

3. SV4n0: 停止时位置偏差过大

系统检查原理：当NC指令停止时，伺服偏差计数器的偏差(DGN800～803)超过了参数PRM593～596所设定的数值，则发生报警。

处理方法：当发生故障时通过诊断信号(DGN800～803)的偏差计数器观察，一般在无位置指令情况下，该偏差计数器应在很小的范围内(±2)。如果偏差较大说明：有位置指令，无反馈位置信号。

检查：伺服放大器和电动机的动力线是否有断线情况；伺服放大器的控制不良，更换电路板实验；轴控制板不良；参数不正确：按参数清单检查PRM593～596，517。

4. SV4n1: 运动中误差过大

系统检查：当NC发出控制指令时，伺服偏差计数器(DGN800～803)的偏差超过PRM504～507设定的值时发出报警。

处理方法：当发生故障时，可以通过诊断(DGN800～803)来观察偏差情况，一般在给定指令的情况下，偏差计数器的数值取决于速度给定、位置环增益、检测单位。

原因：观察在发生报警时，机械侧是否发生了位置移动，当系统发出位置指令，机械很小的位置变化，可能是机械的负载引起；当没有发生移动时，检查放大器。

当发生报警前有位置变化时，有可能是机械负载过大或参数设定不正常引起的，请检查机械负载和相关参数(位置偏差极限，伺服环增益，加减速时间常数PRM504～507，518～521)。

当发生报警前机械位置没有发生任何变化时，请检查伺服放大器电路，轴卡，通过PMC检查伺服是否断开；检查伺服放大器和电动机之间的动力线是否断开。

5. SV4n4#(数字伺服报警)

SV4n4#是伺服放大器和伺服电动机有关的各种报警的总和，这些报警可能是伺服放大器及伺服电动机本身引起的，也可能是系统的参数设定不正确引起的。

诊断方法：当发生此报警时，我们首先通过系统的诊断数据来确定是哪一类报警，如下对应的位为1是说明发生了对应的报警。

DGN72	OV	LV	OV	HCA	HVA	DCA	FBA	OFA

各报警信号的说明如下：

OVL：伺服过载报警

LV：低电压报警

OVC：过电流报警

HC：高电流报警

HV：高电压报警

DC：放电报警

6. SV4n6 报警：反馈断线报警

不管是使用 A/B 向的通用反馈信号还是使用串行编码信号，当反馈信号发生断线时，发出此报警。

检查原理：对 α 系列伺服电动机，当使用半闭环，并使用的是串行编码器时，由于电缆断开或编码器损坏引起数据中断，则发出报警。

普通的脉冲编码器，该信号用硬件检查电路直接检查反馈信号，当反馈信号异常时，则发出报警。

软件断线报警，当使用全闭环反馈时，利用分离型编码器的反馈信号和伺服电动机的反馈信号，软件进行判别检查，当出现较大偏差时，则发出报警。

4.4　SIEMENS 802D 伺服驱动系统

SIEMENS 802D 数控系统的伺服驱动单元采用的是 SIMODRIVE 611UE 交流数字式伺服驱动系统，采用模块化安装方式，主轴与各伺服单元共用电源，用于进给驱动的伺服驱动模块有单轴与双轴两种结构形式，带有 PROFIBUS 总线接口。

驱动器内部带有 FEPROM，用于存储系统软件与用户数据，驱动器的调整、动态优化可以在 Windows 环境下，通过 Simo ComU 软件自动进行，安装调整十分方便。

驱动器由整流电抗器、电源模块、功率模块、控制模块等组成。电源模块自成单元，功率模块、控制模块、PROFIBUS DP 总线接口模块组成轴驱动单元。各驱动单元间共用 611 直流母线、控制总线，并通过 PROFIBUS DP 总线，与 SIEMENS 802D 数控系统相连接，组成数控机床的伺服驱动系统。

4.4.1　驱动器的连接

驱动器的连接如图 4.21 所示。电源模块将三相交流电源转换成 600V 直流电，直流电通过直流母线为功率模块供电，伺服控制模块根据数控系统发出的速度指令，控制伺服电动机运动。伺服驱动系统完成电流和速度的闭环控制。数控单元通过现场总线发出位置控制指令，获得实际位置信息，形成位置的闭环控制。

驱动器的电源模块没有制动电阻，而采用向电网馈电方式制动。在电动机和主轴制动时，驱动器将制动时产生的能量以电流形式馈回电网。对于此类采用馈能制动的驱动器，对其上电和断电必须严格按照驱动器所要求的控制时序进行控制，必须在直流母线开始放电后，才能切断电源模块的三相线电源。

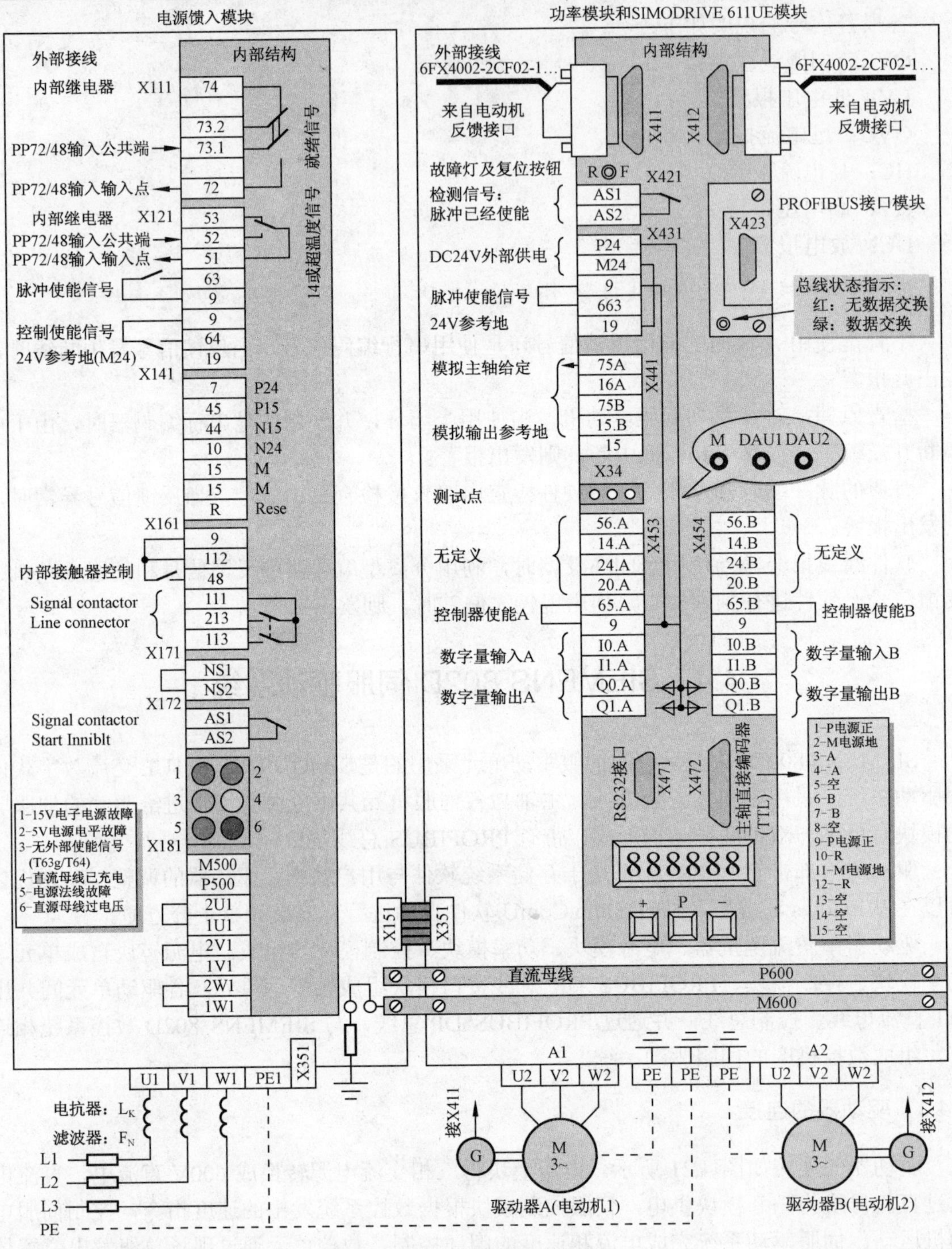

图 4.21　驱动器的连接

在电源模块上配备了三个控制信号：

(1) 端子 48(控制接触器)：控制接触器的接通，可使直流母线充电；

(2) 端子 63(脉冲使能)：激活驱动器的脉冲控制逻辑；

(3) 端子 64(控制器使能)：驱动器进入工作状态。

在驱动器电源模块上还有两个状态信号：

(1) 端子 72(就绪状态)：表示所有驱动器模块均进入就绪状态；

(2) 端子 52(故障状态)：表示驱动器过热或过载状态。

驱动器控制端子上电的控制时序如图 4.22 所示。从图中可以看出，伺服驱动器有三种不同的工作状态，即自由状态、工作状态和制动状态。上电过程中，首先接通驱动器的端子 48，这时驱动器的直流母线开始充电，经过延时后可以接通驱动器端子 63，使驱动器的脉冲控制使能；再经过延时后，或由操作人员通过机床控制面板上的伺服使能按钮，或由 PLC 延时后自动接通驱动器控制使能端子 64。通常机床的操作面板上设有伺服使能按钮，用来接通控制器的控制使能。控制使能接通后，驱动器进入工作状态。断电时，首先断开端子 64，使驱动器进入制动状态，与之连接的主轴和进给轴会迅速制动。通常通过急停按钮直接控制端子 64，使各个轴可以在紧急情况下快速制动。当检测到所有轴均已停止运动进入静止状态后，断开端子 63，关断脉冲控制。延时后，断开端子 48，使直流母线进入放电状态。直流母线完全放电需要大约 4min。因此，在安装和断开直流母线的导流条时，一定要确认直流母线完全放电。否则可能有高压触电的危险。需要注意的是，如果在主轴没有完全进入静止状态时，就断开端子 63 或电子 48，主轴就会进入自由状态，影响制动效果。

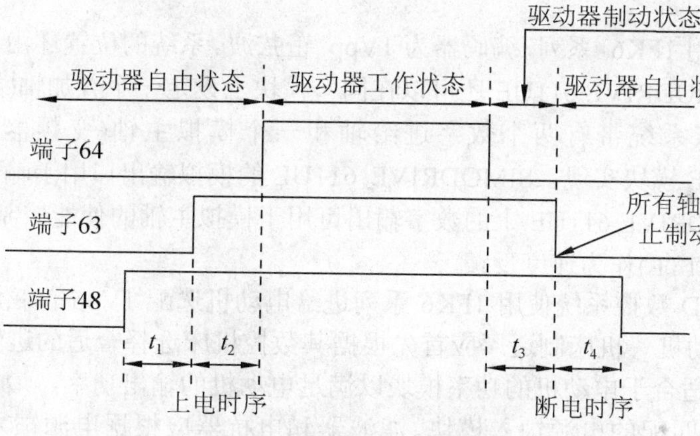

图 4.22　驱动器上电和断电时序

4.4.2　611UE 数字式交流伺服驱动器参数的优化

在完成驱动器的设定后，需要对驱动器的速度环动态特性进行调试，然后才能进行位置环调试。

611UE 驱动器的速度环动态特性优化，可以通过 Simo ComU 软件自动进行。优化驱动器的速度给定，由 PC 以数字量给出，无须 CNC 控制。

驱动器速度环动态特性优化的操作步骤如下：

(1) 利用“驱动器调试电缆”，将调试计算机与 611UE 的 X471 接口连接。

(2) 如果需要对带制动的电动机进行优化，应设定对应的 NC 通用参数，如 MD14512[18]的第 2 位为“1”(优化完毕后恢复“1”)。

(3) 接通驱动器的使能信号(电源模块端子 48、63 和 64 都与 9 接通)，并将坐标轴移动到工作台的中间位置，因为驱动器优化时，电动机将自动旋转大约两转。

(4) 运行工具软件 Simo ComU。

(5) 选择联机方式。

(6) 选择“PC”控制方式，并通过单击“OK”按钮确认。

(7) 选择控制器子目录(Controller)命令。

(8) 选择“None Of these”命令。

(9) 选择自动速度控制器优化：“Execute automatic speed controller setting”命令。

(10) 进入优化后，选择“Execute stepsl-4”命令后(1～4 步)，自动执行如下优化过程：

① 分析机械特性一(电动机正转，带制动电动机的制动器应松开)。

② 分析机械特性二(电动机反转，带制动电动机的制动器应松开)。

③ 电流环测试(电动机静止，带制动电动机的制动器应夹紧)。

④ 参数优化计算。

当执行完第②步后，Simo ComU 会出现提示：“电流环优化，垂直轴的电动机制动器一定要夹紧，以防止坐标轴下滑”，此时对于带制动电动机必须夹紧制动器，以防止坐标轴的下滑。

通过以上调整，在驱动器无硬件故障时，即可进行正常工作。

4.4.3 伺服电动机

伺服电动机采用 1FK6 系列，编码器为 1Vpp 正弦波。系统的位置环由 SIEMENS 802D 数控系统控制。SIMODRIVE 611UE 还可以在同一模块上设定一个叠加轴(如模拟主轴)。例如，一个数控车床系统带有两个数字进给轴和一个模拟主轴(变频器)，正好由一个 SIMODRIVE 611UE 模块实现。SIMODRIVE 611UE 的模拟输出口用于输出主轴速度给定(±10V)，而 SIMODRIVE 611UE 上的数字输出可用于模拟主轴的使能控制。WSG 接口用于连接主轴编码器(TTL)作为速度反馈。

SIEMENS 802D 数控系统使用 1FK6 系列进给电动机选配 1Vpp 正弦波编码器，使用 1PH7 系列主轴电动机。机床制造厂应首先根据其数控机床选择合适的进给电动机和主轴电动机，然后选择适合于电动机的功率模块以满足电动机的输出功率，最后根据各个电动机的功率模块选出匹配的电源馈入模块。滤波器和电抗器应根据电源馈入模块的功率来选择。

4.4.4 驱动器状态显示

SIMODRIVE 611UE 系列数字伺服驱动器电源模块设有六个状态指示灯(LED)，其含义如下。

V1：DC 15V 控制电源故障。

V2：DC 5V 控制电源故障。

V3：电源模块未“使能”。

V4：电源模块已“使能”，直流母线已充电。

V5：进线电源故障。

V6：直流母线电压过高。

SIMODRIVE 611UE 系列数字伺服驱动单元的状态显示，可以通过驱动控制板上的六只数码管进行，它可以详细显示驱动器的状态与报警号。六只数码管显示的基本作用如下：

1：显示“E”，表示驱动器报警

2：显示“－”，表示驱动器有一个报警；显示“≡”，表示驱动器有多个报警，通过按键“P”可以显示其余报警号。

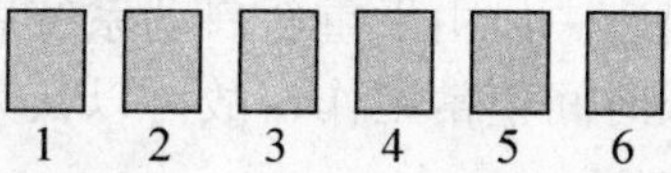

3：显示“A”，表示驱动器 A 报警；显示“B”，表示驱动器 B 报警。4/5/6：报警号显示。

以上显示的报警内容，可以参见 611 驱动器使用说明书。但部分报警，不能通过数码管进行显示，这些报警主要有：

(1) 六只数码管无任何显示，可能的原因如下：

① 电源两相以上缺相。

② 两相以上电源熔断器的熔体熔断。

③ 电源模块的辅助电源故障。

④ 电源模块与轴控制单元间的设备总线未连接。

⑤ 轴控制板不良。

(2) 六只数码管显示“——————”，可能的原因如下：

① 驱动器系统软件未安装。

② 存储器模块中未带驱动器系统软件。

(3) 驱动器“使能”后，电动机立即开始高速旋转，可能的原因如下：

① 编码器脉冲数设定错误。

② 选择了开环转矩控制方式。

③ 编码器不良。

(4) 驱动器“使能”后，电动机即开始旋转，可能的原因如下：

① 驱动器参数设定错误。

② 数控系统参数设定错误。

(5) 电动机转速太低(小于 50r/min)，可能的原因如下：

① 编码器脉冲数设定错误。

② 电动机相序错误。

③ 轴控制模块故障。

(6) 驱动器“使能”后，电动机出现短时旋转，可能的原因如下：

① 电源模块不良。

② 电动机编码器连接错误。

③ 编码器不良。

4.4.5　驱动器故障维修实例

【例 4-1】 SIMODRIVE 611UE 偶尔出现 B507、B508 报警的维修。

故障现象：某配套 SIEMENS 802D 的数控机床，开机时不定期地出现伺服驱动器(SIMODRIVE 611UE)报警 B507、B508 等，数控机床停机后重新启动，通常可以恢复工作。

分析与处理过程：SIMODRIVE 611UE 伺服驱动报警 B507、B508 的含义如下。

B507：电动机转子位置检测错误。

B508：脉冲编码器“零位”信号出错。

以上两个报警都与编码器检测信号有关，一般情况下是属于编码器不良，通常应更换编码器解决。但是，在本数控机床中，由于重新启动系统后，伺服故障能自动清除，而且只要启动完成，数控机床可以长时间正常工作，故可以认为故障的真正原因并非编码器存在故障，而是由其他原因引起的。

仔细观察发现，该数控机床的伺服驱动器在开机通电后，状态可以自动进入 RUN 状态，表明驱动器可以通过硬件的自检，进一步证明编码器无故障。

检查伺服驱动器的故障发生过程，发现故障每次都是在驱动系统“驱动使能”信号加入的瞬间发生，若此时无故障，则数控机床就可以正常启动并工作。因此，分析原因可能是由于伺服系统电动机励磁加入的瞬间干扰引起的。

进一步检查发现，该数控机床的第四轴(数控转台)电动机是使用中间插头连接的，电动机的电枢屏蔽线在插头处未连接；经重新连接后故障现象消失，数控机床恢复正常。

【例 4-2】 SIMODRIVE 611UE 偶尔出现 B504 报警的维修。

故障现象：某配套 SIEMENS 802D 数控系统的数控机床，开机时出现 ALM380500 报警，驱动器显示报警号 B504。

分析与处理过程：SIMODRIVE 611UE 伺服驱动器出现 B504 报警的含义是“编码器的电压太低，编码器反馈监控生效”。

经检查，开机时伺服驱动器可以显示“RUN”，表明伺服驱动系统可以通过自诊断，驱动器的硬件应无故障。经观察发现，故障过程与上例相同，即每次报警都是在伺服驱动系统“驱动使能”信号加入的瞬间出现，因此，分析原因可能是由于伺服系统电动机励磁加入的瞬间干扰引起的。重新连接伺服驱动的电动机编码器反馈线，进行正确的接地连接后，故障清除，该数控机床恢复正常。

【例 4-3】 SIEMENS 系统 PROFIBUS 总线报警的故障维修。

故障现象：一台配套 SIEMENS 802D 数控系统的四轴四联动的数控机床，开机后有时会出现 380500 PROFIBUS-DP：驱动 A1(有时是 X、Y 或 Z)出错。但关机片刻后重新开机，该数控机床又可以正常工作。

分析及处理过程：因为该报警时有时无，维修时经过数次开关机试验数控机床无异常，于是检查总线、总线插头，确认连接牢固、正确，接地可靠。但数日后，故障重新出现。仔细检查 SIMODRIVE 611UE 驱动报警显示为“E-B280”，故障原因为电流检测错误，测量驱动器的输入电压，发现实际输入电压为 406V。重新调节变压器的输出电压，数控机床恢复正常，报警从此不再出现。

4.5 位置检测系统的故障分析与维护

4.5.1 数控机床对检测元件及位置检测装置的要求

1. 数控机床对检测元件要求

检测元件是检测装置的重要部件，其主要作用是检测位移和速度，发送反馈信号。位移检测系统能够测量的最小位移量称为分辨率。分辨率不仅取决于检测元件本身，而且也取决于测量电路。

数控机床对检测元件的主要要求是：

(1) 寿命长，可靠性高，抗干扰能力强；

(2) 满足精度和速度要求；

(3) 使用维护方便，适合数控机床运行环境；

(4) 成本低；

(5) 便于与计算机连接。

不同类型的数控机床对检测系统的精度与速度的要求不同。通常大型数控机床以满足速度要求为主，而中、小型和高精度数控机床以满足精度要求为主。选择测量系统的分辨率和脉冲当量时，一般要求比加工精度高一个数量级。

2. 数控机床对位置检测装置的要求

位置检测装置是数控机床伺服系统的重要组成部分。位置检测装置的作用是检测位移和速度，发送反馈信号，构成闭环或半闭环控制。数控机床的加工精度主要由检测系统的精度决定。不同类型的数控机床，对位置检测元件，检测系统的精度要求和被测部件的最高移动速度各不相同。现在检测元件与系统的最高水平是：被测部件的最高移动速度高至 240m/min 时，其检测位移的分辨力(能检测的最小位移量)可达 1 μm，即 24m/min 时可达 0.1 μm。最高分辨力可达到 0.01 μm。

数控机床对位置检测装置的要求是：

(1) 受温度、湿度的影响小，工作可靠，能长期保持精度，抗干扰能力强。

(2) 在数控机床执行部件移动范围内，能满足精度和速度的要求。

(3) 使用维护方便，适应数控机床工作环境。

(4) 成本低。

4.5.2　位置检测装置的分类

对于不同类型的数控机床，因工作条件和检测要求不同，可以采用以下不同的检测方式。

1. 增量式和绝对式检测方式

增量式检测方式只测量位移增量，并用数字脉冲的个数来表示单位位移(即最小设定单位)的数量，每移动一个测量单位就发出一个测量信号。其优点是检测装置比较简单，任何一个对中点都可以作为测量起点。但在此系统中，移距是靠对测量信号累积后读出的，一旦累计有误，此后的测量结果将全错。另外在发生故障时(如断电)，不能找到事故前的正确位置，事故排除后，必须将工作台移至起点重新计数才能找到事故前的正确位置。脉冲编码器、旋转变压器、感应同步器、光栅、磁栅、激光干涉仪等都是增量检测装置。

绝对式检测方式测出的是被测部件在某一绝对坐标系中的绝对坐标位置值，并且以二进制或十进制数码信号表示出来，一般都要经过转换成脉冲数字信号，才能送去进行比较和显示。采用此方式，分辨率要求愈高，结构也愈复杂。绝对式脉冲编码盘、三速式绝对编码盘(又称多圈式绝对编码盘)等都具有绝对式检测装置。

2. 数字式和模拟式检测方式

数字式检测方式是将被测量单位量化以后以数字形式表示，其测量信号一般为电脉冲，可以直接把它送到数控系统进行比较、处理。这样的检测装置有脉冲编码器、光栅。数字式检测有以下三个特点。

(1) 被测量转换成脉冲个数，便于显示和处理；

(2) 测量精度取决于测量单位，与量程基本无关，但存在累计误码差；

(3) 检测装置比较简单，脉冲信号抗干扰能力强。

模拟式检测方式是将被测量用连续变量来表示，如电压的幅值变化、相位变化等。在大量程内做精确的模拟式检测时，对技术有较高要求，数控机床中模拟式检测主要用于小量程测量。模拟式检测装置有测速发电机、旋转变压器、感应同步器和磁尺等。模拟式检测的主要特点有以下几个。

(1) 直接对被测量进行检测，无须量化；

(2) 在小量程内可实现高精度测量；

(3) 能进行直接检测和间接检测。

3. 直接测量和间接测量

1) 直接测量

直接测量是将检测装置直接安装在执行部件上，如光栅、感应同步器等用来直接测量工作台的直线位移，位置检测装置安装在执行部件(即末端件)上直接测量执行部件末端件的直线位移或角位移，可以构成闭环进给伺服系统，测量方式有直线光栅、直线感应同步器、磁栅、激光干涉仪等测量执行部件的直线位移；由于此种检测方式是采用直线型检测装置对机床的直线位移进行的测量，因此，其优点是直接反映工作台的直线位移量，缺点是要求检测装置与行程等长，对大型的数控机床来说，这是一个很大的限制。

2) 间接测量

间接测量装置是将检测装置安装在滚珠丝杠或驱动电动机轴上，通过检测转动件的角位移来间接测量执行部件的直线位移。

位置检测装置安装在执行部件前面的传动元件或驱动电动机轴上，测量其角位移，经过传动比变换以后才能得到执行部件的直线位移量，这样可以构成半闭环伺服进给系统。如将脉冲编码器装在电动机轴上。间接测量使用可靠方便，无长度限制；其缺点是在检测信号中加入了直线转变为旋转运动的传动链误差，从而影响测量精度。一般需对数控机床的传动误差进行补偿，才能提高定位精度。

除了以上位置检测装置，伺服系统中往往还包括检测速度的元件，用以检测和调节发动机的转速。常用的测速元件是测速发动机。

常见的数控机床位置检测装置如表 4-8 所示。

表 4-8　常见的位置检测装置

类　型	增　量　式	绝　对　式
回转型	脉冲编码器、旋转变压器、圆磁栅、圆感应同步器、圆光栅	多速旋转变压器、绝对脉冲编码器、三速圆感应同步器
直线型	直线感应同步器、计量光栅、磁尺激光干涉仪	三速感应同步器、绝对值式磁尺

4.6　常用位置检测元件

1. 光栅尺

光栅利用光的透射、衍射原理，通过光敏元件测量莫尔条纹移动的数量来测量数控机床工作台的位移量。一般用于数控机床的数控系统的闭环控制。光栅主要由标尺光栅和光栅读数头两部分组成。通常，标尺光栅固定在数控机床运动部件上(如工作台或丝杠上)，光栅读数头产生相对移动。如图 4.23 所示为直线光栅。

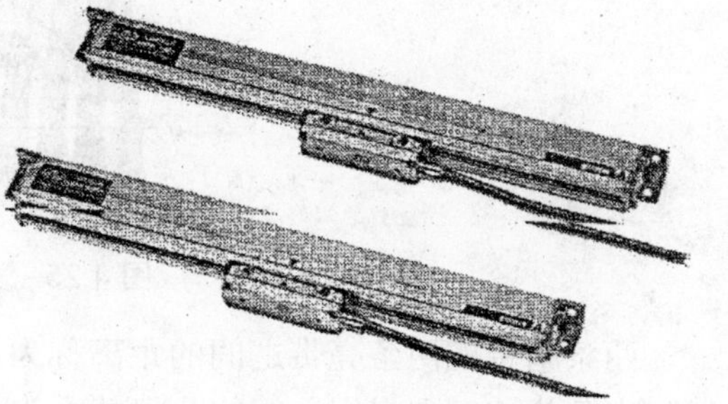

图 4.23　直线光栅

光栅安装在数控机床上，容易受到油雾、冷却液污染，造成信号丢失，影响位置控制精度，所以对光栅要经常维护，保持光栅的清洁。特别是对于玻璃透射光栅要防止振动和敲击，以免损坏光栅。下面以透射光栅为例介绍光栅的工作原理。

透射光栅测量系统工作原理如图 4.24 所示，它由光源、透镜、标尺光栅、指示光栅、光敏元件和信号处理电路组成。信号处理电路又包括放大、整型和鉴向倍频等。通常情况下，标尺光栅与工作台装在一起随工作台移动外，光源、透镜、指示光栅、光敏元件和信号处理电路均装在一个壳体内，做成一个单独部件固定在机床上，这个部件称为光栅读数头，其作用是将光信号转换成所需的电脉冲信号。光栅读数是利用莫尔条纹的形成原理进行的。图 4.25 所示是莫尔条纹形成原理图。将指示光栅和标尺光栅叠合在一起，中间保持 0.01～0.1mm 的间隙，并且指示光栅和标尺光栅的线纹相互交叉保持一个很小的夹角 θ 。当光源照射光栅时，在 a—a 线上，两块光栅的线纹彼此重合，形成一条横向透光亮带；在 b—b 线上，两块光栅的线纹彼此错开，形成一条不透光的暗带。这些横向明暗相间出现的亮带和暗带就是莫尔条纹。

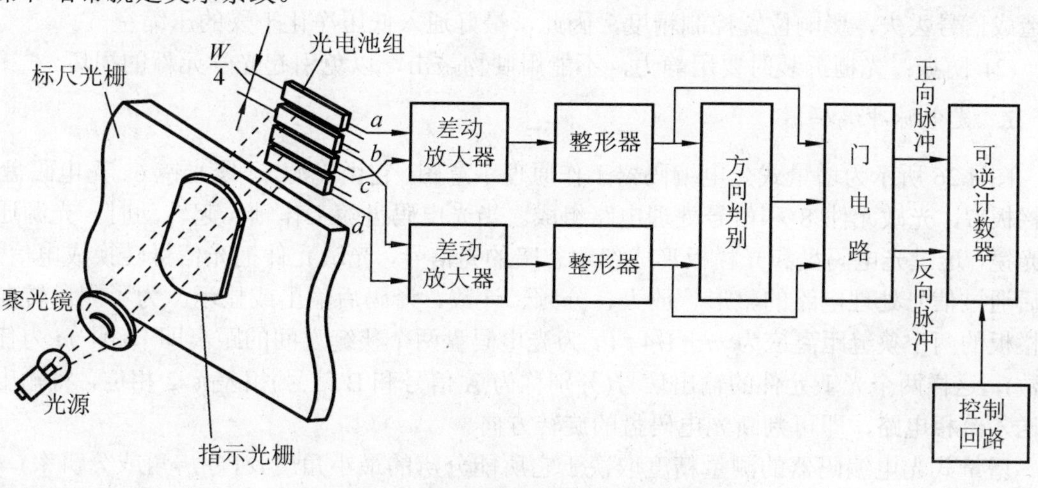

图 4.24　透射光栅测量系统工作原理示意

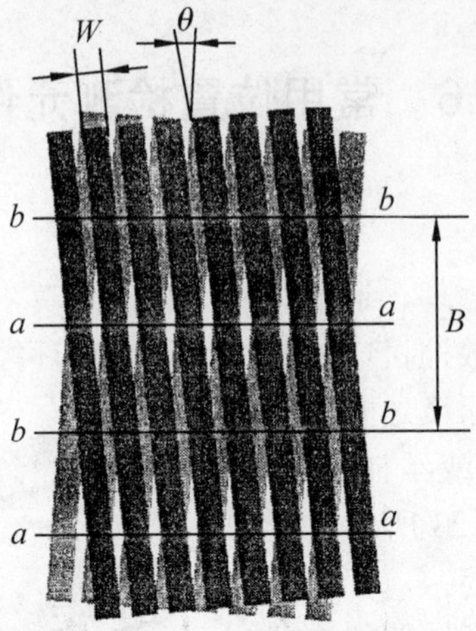

图 4.25　莫尔条纹形成原理

两条暗带或两条亮带之间的距离称为莫尔条纹的间距 B，设光栅的栅距为 W，两光栅线纹夹角为 θ，则它们之间的几何关系为

$$B = \frac{W}{2\sin(\theta/2)}$$

因为夹角 θ 很小，所以可取 $\sin(\theta/2)\approx\theta/2$，故上式可改写成

$$B = \frac{W}{\theta}$$

由上式可见，θ 越小，则 B 越大，相当于把栅距 W 扩大了 $1/\theta$ 倍后，转化为莫尔条纹。例如，栅距 W=0.01mm，夹角 θ=0.001rad，则莫尔条纹的间距 B=10mm，扩大了 1 000 倍。

两块光栅每相对移动一个栅距，则光栅某一固定点的光强就按明—暗—明规律变化一个周期，即莫尔条纹移动一个莫尔条纹的间距。因此，光电元件只要读出移动的莫尔条纹数目，就可以知道光栅移动了多少栅距，也就知道了运动部件的准确位移量。

光栅尺的维护要注意以下两点：

(1) 防污：光栅尺直接安装于工作台和数控机床床身上，极易受到冷却液的污染，从而造成信号丢失，影响位置控制精度，因此，最好通入低压净化干燥的压缩空气。

(2) 防振：光栅拆装时要用静力，不能用硬物敲击，以免引起光学元件的损坏。

2. 光电脉冲编码器

图 4.26 所示为增量式光电编码器工作原理示意图，它由光源 5、聚光镜 6、光电码盘 4、光栏板 7、光敏元件 8 和信号处理电路组成。当光电码盘随工作轴一起转动时，光源通过聚光镜，透过光电码盘和光栏板形成忽明忽暗的光信号，光敏元件把光信号转换成电信号，然后通过信号处理电路的整形、放大、分频、计数、译码后输出或显示。为了测量转向，光栏板的两个狭缝距离应为 $m\pm1/4\tau$（τ 为光电码盘两个狭缝之间的距离即节距，m 为任意整数)，这样两个光敏元件的输出信号(分别称为 A 信号和 B 信号)相差 $\pi/2$ 相位，将输出信号送入鉴相电路，即可判断光电码盘的旋转方向。

增量式光电编码器的测量精度取决于它所能分辨的最小角度 α（分辨角或分辨率)，而这与光电码盘圆周内所分狭缝的条数有关，可表示为

$$\alpha = 360°/缝数$$

由于光电编码器每转过一个分辨角就发出一个脉冲信号，因此根据脉冲数目可得出工作轴的回转角度，由传动比可换算出直线位移距离。根据脉冲频率可得工作轴的转速。根据光栏板上两个狭缝中信号的相位先后，可判断光电码盘的正、反转。

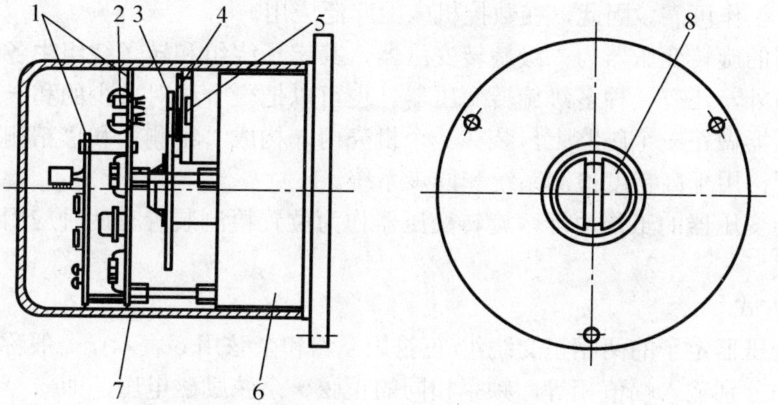

图 4.26　增量式光电编码器结构示意图

1—印刷电路板；2—光源；3—圆光栅；4—指示光栅；5—光电池组；6—底座；7—护罩；8—轴

此外，在光电编码器的内圈还增加一条透光条纹 Z，每转产生一个零位脉冲，在进给电动机所用的光电编码器上，零位脉冲用于精确确定数控机床的参考点，而在主轴电动机上，则可用于主轴准停以及螺纹加工等。

数控装置的接口电路通常会对接收到的增量式光电编码器差动信号作四倍频处理，从而提高检测精度，方法是从 A 和 B 的上升沿和下降沿各取一个脉冲，则每转所检测的脉冲数为原来的四倍频。

进给电动机常用增量式光电编码器的分辨力有 2000 p/r、2024 p/r、2500 p/r 等。目前，光电编码器每转可发出数万至数百万个方波信号，因此可满足高精度位置检测的需要。

光电编码器的安装有两种形式，一种是安装在伺服电动机的非输出轴端，称为内装式编码器，用于半闭环控制；另一种是安装在传动链末端，称为外置式编码器，用于闭环控制。光电编码器安装要保证连接部位可靠、不松动，否则会影响位置检测精度，引起进给运动不稳定，数控机床产生振动。

光电脉冲编码器的维护主要注意两个问题：

(1) 防振和防污：编码器是精密光学测量元件，污染容易造成信号丢失，振动容易使编码器内的紧固件松动脱落，损坏精密光学元件，且造成内部电源短路。

(2) 连接松动：脉冲编码器有两种安装形式。在有些交流伺服电动机中，内装式编码器除了位置检测外，同时还具有测速检测作用，编码器连接松动还会引起进给运动的不稳定，影响交流伺服电动机的换向控制，从而引起数控机床的振动。

3. 旋转变压器

旋转变压器又称分解器，是一种控制用的微电机，将机械转角变换成与该转角呈某一函数关系的电信号的一种间接测量装置。

在结构上与二相线绕式异步电动机相似，旋转变压器由定子和转子组成。定子绕组为变压器的一次侧，转子绕组为变压器的二次侧。励磁电压接到转子绕组上，感应电动势由定子绕组输出。常用的励磁频率为400Hz，500Hz，1 000Hz和5 000Hz。

旋转变压器结构简单，动作灵敏，对环境无特殊要求，维护方便，输出信号幅度大，抗干扰性强，工作可靠。因此，在数控机床上广泛应用。

通常应用的旋转变压器为二级旋转变压器，其定子绕组和转子绕组中各有互相垂直的两个绕组。另外，还有一种多级旋转变压器。也可以把一个级对数少的和一个级对数多的两种旋转变压器做在一个磁路上，装在一个机壳内，构成“粗测”和“精测”电气变速双通道检测装置，用于高精度检测系统和同步系统。

根据旋转变压器的工作原理，旋转变压器作为位置检测装置有两种应用方式：鉴相方式和鉴幅方式。

1) 鉴相方式

在旋转变压器定子的两相正交绕组(正弦用s和和余弦用c表示)，一般称为正弦绕组和余弦绕组上，分别输入幅值相等，频率相同的正弦、余弦励磁电压，即

$$U_s = U_m \sin\omega t, \quad U_c = U_m \cos\omega t$$

两相励磁电压在转子绕组中会产生感应电动势。根据线性叠加原理，在转子绕组中感应电压为

$$U = kU_s \sin\theta_{机} + kU_c \cos\theta_{机} = kU_m \cos(\omega t - \theta_{机})$$

式中，k为变压比。由上式可知，感应电压的相位角等于转子的机械转角$\theta_{机}$。因此只要检测出转子输出电压的相位角，就知道了转子的转角，而且旋转变压器的转子是和伺服电动机或传动轴连接在一起的，从而可以求得执行部件的直线位移或角位移。

2) 鉴幅方式

给定子的两个绕组分别通频率、相位相同但幅值不同，即调幅的励磁电压，用公式表示如下

$$U_s = U_m \sin\theta_{电} \sin\omega t, \quad U_c = U_m \cos\theta_{电} \sin\omega t$$

则在转子绕组上得到感应电压为

$$\begin{aligned} U &= kU_s \sin\theta_{机} + kU_c \cos\theta_{机} \\ &= kU_m \sin\omega t(\sin\theta_{电} \sin\theta_{机} + \cos\theta_{电} U_c \cos\theta_{机}) \\ &= kU_m \cos(\theta_{电} - \theta_{机}) \sin\omega t \end{aligned}$$

在实际应用中，是不断修改激磁调幅电压值的电气角$\theta_{电}$，使之跟踪$\theta_{机}$的变化，并测量感应电压幅值即可求得机械角位移$\theta_{机}$。

4. 感应同步器

感应同步器与旋转变压器一样，是利用电磁耦合原理，将位移或转角转化成电信号的位置检测装置。实质上，感应同步器是多级旋转变压器的展开形式。感应同步器按其运动形式和结构形式的不同，可分为旋转式(又称圆盘式)和直线式两种。前者用来检测转角位移，用于精密转台，各种回转伺服系统；后者用来检测直线位移，用于大型和精密数控机床的自动定位，位移数字显示和数控系统中，两者工作原理和工作方式相同。

1) 感应同步器的结构

直线式感应同步器的结构如图4.27所示。感应同步器由定子和滑尺两部分组成。定尺和滑尺通常以优质碳素钢作为基体，一般选用导磁材料，其膨胀系数尽量与所安装的主基体相近。定尺与滑尺平行安装，且保持一定间隙。定尺表面制有连续平面绕组(在基体上用绝缘的粘接剂贴上铜箔，用光刻或化学腐蚀方法制成方形开口平面绕组)；滑尺的绕组周围常贴一层铝箔，防止静电干扰，滑尺上制有两组分段绕组，分别称为正弦绕组和余弦绕组，这两段绕组相对于定尺绕组在空间错开1/4的节距，节距用2τ表示，安装时定尺组件与滑尺组件安装在数控机床的不动和移动部件上，例如工作台和床身，滑尺安装在数控机床上，并自然接地。工作时，当在滑尺两个绕组中的任一绕组加上励磁电压时，由于电磁感应，在定尺绕组中会感应出相同频率的感应电压，通过对感应电压的测量，可以精确地测量出位移量。感应同步器就是利用感应电压的变化进行位置检测的。

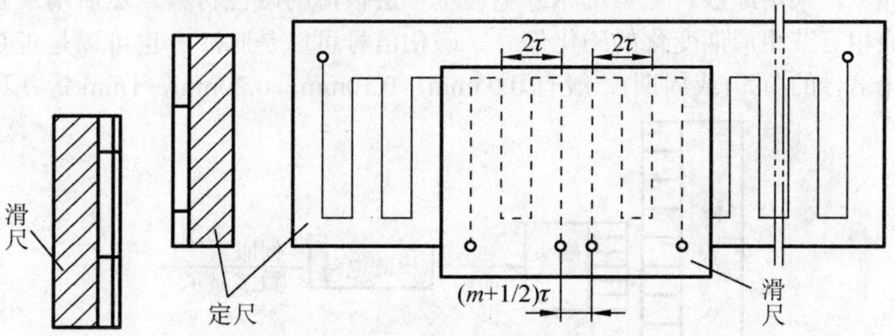

图4.27 直线式感应同步器的结构原理

2) 感应同步器的应用

与旋转变压器一样，感应同步器有鉴相式和鉴幅式两种应用方式，原理亦相同。

3) 感应同步器的特点

(1) 精度高。因为定尺的节距误差有平均自补偿作用，所以尺子本身的精度能做得较高。直线感应同步器对数控机床位移的测量是直接测量，不经过任何机械传动装置，测量精度主要取决于尺子的精度。感应同步器的灵敏度(又称分辨率)，取决于一个周期进行电气细分的程度，灵敏度的提高受到电子细分电路中信噪比的限制，只要对线路进行精心设计和采取严密的抗干扰措施，可以把电噪声减到很低，并获得很高的稳定性。

(2) 测量长度不受限制。当测量长度大于250mm时，可以采用多块定尺接长，相邻定尺间隔可用块规或激光测长仪进行调整，使总长度上的累积误差不大于单块定尺的最大偏差。行程为几米到几十米的中型或大型数控机床中，工作台位移的直线测量，大多数采用直线式感应同步器来实现。

(3) 对环境的适应较高。因为感应同步器金属基板和床身铸铁的热胀系数相近，当温度变化时，还能获得较高的重复精度，另外，感应同步器是非接触式的空间耦合器件，所以对尺面防护要求低，而且可选择耐温性能良好的非导磁性涂料作保护层，加强感应同步器的抗温防湿能力。

(4) 维护简单，寿命长。感应同步器的定尺和滑尺互不接触，因此无任何摩擦、磨损，使用寿命长，且无须担心元件老化等问题。

另外，感应同步器的抗干扰能力强，工艺性好，成本较低，便于复制和成批生产。

对感应同步器的维护应注意：

(1) 安装时，必须保持定尺和滑尺相对平行，调整间隙在 0.09～0.15mm 为宜。

(2) 防止铁屑进入定尺和滑尺之间，以免损坏定尺表面。

(3) 连接线固定好，数控机床移动时不能让检测信号线受力，以免引起断线。

5. *磁尺*

磁尺又称磁栅，是一种计算磁波数目的位置检测元件。可用于直线和转角的测量，其优点是精度高、复制简单及安装方便等，且具有较好的稳定性，常用在油污、粉尘较多的场合。因此，在数控机床、精密机床和各种测量机床上得到了广泛使用。

磁尺由磁性标尺、磁头和检测电路组成，其结构如图 4.28 所示。磁性标尺是在非导磁材料的基体上，采用涂敷、化学沉积或电镀上一层很薄的磁性材料，然后用录磁的方法使敷层磁化成相等节距周期变化的磁化信号。磁化信号可以是脉冲，也可以是正弦波或饱和磁波。磁化信号的节距(或周期)一般有 0.05mm，0.10mm，0.20mm，1mm 等几种。

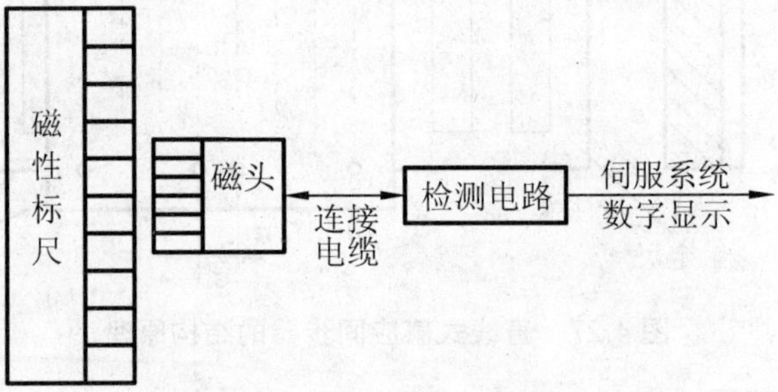

图 4.28　磁尺结构与工作原理

磁头是进行磁—电转换的器件，它把反映位置的磁信号检测出来，并转换成电信号输送给检测电路。

磁尺是利用录磁原理工作的。先用录磁磁头将按一定周期变化的方波、正弦波或电脉冲信号录制在磁性标尺上，作为测量基准。检测时，用磁头将磁性标尺上的磁信号转化成电信号，再送到检测电路中去，把磁头相对于磁性标尺的位移量用数字显示出来，并传输给数控系统。

4.7 检测器件的常见故障及维修

当数控机床出现如下故障现象时，首先要考虑到是否是由检测器件的故障引起的，并正确分析查找故障部位。

1. *机械振荡(加/减速时)*

引发此类故障的常见原因有：

(1) 脉冲编码器出现故障，此时应重点检查速度检测单元上的反馈线端子上的电压是否在某几点电压下降，如有下降表明脉冲编码器不良，更换编码器。

(2) 脉冲编码器十字联轴节可能损坏，导致轴转速与检测到的速度不同步，更换联轴节。

(3) 测速发电机出现故障，修复或更换测速发电机。维修实践中，测速发电机电刷磨损、卡阻故障较多。应拆开测速发电机，小心将电刷拆下，在细砂纸上打磨几下，同时清扫换向器的污垢，再重新装好。

2. 机械运动异常快速(飞车)

检修此类故障，应在检查位置控制单元和速度控制单元工作情况的同时，还应重点检查：

(1) 脉冲编码器接线是否错误，检查编码器接线是否为正反馈，A 相和 B 相是否接反。

(2) 脉冲编码器联轴节是否损坏，如损坏更换联轴节。

(3) 检查测速发电机端子是否接反和励磁信号线是否接错。

3. 主轴不能定向移动或定向移动不到位

检修此类故障，应在检查定向控制电路的设置调整，检查定向板，主轴控制印刷电路板调整的同时，应检查位置检测器(编码器)是否不良，此时一般要测编码器的输出波形，通过判断输出波形是否正常来判断编码器的好坏。维修人员应注意在设备正常时测录编码器的正常输出波形，以便故障时查对。

4. 坐标轴进给时振动

检修此类故障，应在检查电动机线圈是否短路，机械进给丝杠同电动机的连接是否良好，检查整个伺服系统是否稳定的情况下，检查脉冲编码是否良好，联轴节连接是否平稳可靠，测速发电机是否可靠。

5. 出现 NC 错误报警

NC 报警是因程序错误，操作错误引起的报警，如 FANUC 6ME 系统的 NC 报警 090.091。出现 NC 报警，有可能是主电路故障和进给速度太低引起。同时，还有可能是以下情况引起的：

(1) 脉冲编码器不良。

(2) 脉冲编码器电源电压太低，此时，调整电源电压的 15V，使主电路板的＋5V 端子上的电压值在 4.95～5.10V 内。

(3) 没有输入脉冲编码器的一转信号而不能正常执行参考点返回。

6. 出现伺服系统报警

伺服系统故障时常出现如下的报警号：①在 FANUC 6ME 系统的伺服报警为 416、426、436、446、456。②在 SIEMENS 880 系统的伺服报警为 1364。③在 SIEMENS 8 系统的伺服报警为 114、104 等。此时要注意检查：

(1) 轴脉冲编码器反馈信号断线，短路和信号丢失，用示波器测 A 相、B 相一转信号，看其是否正常。

(2) 编码器内部故障，造成信号无法正确接收，检查其受到污染、变形等。

4.8 检测器件常见故障维修实例分析

【例 4-4】 脉冲编码器感应光电盘损伤导致工件加工尺寸误差较大。

故障现象：CNC 862 数控 20 车床 X 向切削零件时尺寸出现较大误差，达到 0.32mm/

250mm，CRT 无报警显示。

故障分析：本机床的 X、Z 轴为伺服单元控制直流伺服电动机驱动，用光电脉冲编码器作为位置检测，据分析造成加工尺寸误差的原因一般为：①X 向滚珠丝杠与螺母副存在比较大的间隙或电动机与丝杠相连接的轴承受损，导致实行行程与检测到的尺寸出现误差；②测量电路不良。

故障解决：根据上述分析，经检查发现丝杠与螺母间隙正常，轴承也无不良现象，测量电路的电缆连线和接头良好，最后我们用示波器检查编码器的检测信号，波形不正常。拆下编码器，发现光电盘不透光部分出现三个透明点，致使检测信号出现误差，更换编码器，问题解决。因为 CNC 862 系统的自诊断功能不是特别强，因此出现这样的故障时，数控机床不停机，也无 NC 报警显示。

【例 4-5】 脉冲编码器 A 相信号错误导致轴运动产生振动。

故障现象：FANUC 6ME 系统双面加工中心 X 向在运动的过程中产生振动，并且在 CRT 上出现 NC 416 报警。

故障分析：根据故障现象，分析引起故障的原因可能有以下几种。

(1) 速度控制单元出现故障；

(2) 位置检测电路不良；

(3) 脉冲编码器反馈电缆的连线和连接不良；

(4) 脉冲编码器不良；

(5) 伺服电动机及测速发电机故障；

(6) 数控机床数据是否正确。

故障解决：针对上述分析出的原因，对速度控制单元、主电路板、脉冲编码器反馈电缆的连接和连线进行检查，发现一切正常，数控机床数据正常，然后将电动机与机械部分脱开，用手转动电动机，观察 713 号诊断状态，713 诊断内容为：713.3 为 X 轴脉冲编码器反馈信号，如果断线，此位为 1；713.2 为 X 轴编码器反馈一转信号；713.1 为 X 轴脉冲编码器 B 相反馈信号；713.0 为 X 轴脉冲编码器 A 相反馈信号。713.2、713.1、713.0 正常时电动机转动应为“0”、“1”不断变化，在转动电动机时，发现 713.0 信号只为“0”不变“1”，我们又用示波器检测脉冲编码器的 A 相、B 相和一转信号，发现 A 相信号不正常，因此通过上述检查可判定调轴脉冲编码器不良，经更换新编码器，故障解决。

【例 4-6】 脉冲编码器受油污染，导致轴定位故障。

故障现象：一台 SIEMENS 880 系统卧式加工中心工作台在旋转定位过程中出现故障，运行中断，CRT 出现报警号。1364 报警内容为 1364 ORD 4B2 measuring System Dirty，即测量系统受污染。

故障解决：根据故障报警内容，我们先拆下检测线路板和反馈电缆接头，用酒精清洗其灰尘和油污。启动工作台，故障没消除。随后又拆下检测工作台位置的脉冲编码器，发现里面充满大量机械油。原来有一通入编码器的压缩空气气路，压缩空气能把进入编码器的灰尘吹出，起到清洁编码器的作用。因压缩空气不洁净，这些机械油由压缩空气带进来的，用汽油把这些油污洗干净，并提高压缩空气质量，重新安装好编码器后，启动工作台，故障消除。

【例 4-7】 闭环电路检测信号线折断，导致控制轴运行故障。

故障现象：SIEMENS 8 系统卧式加工中心有一次正在工作过程中，数控机床突然停止运行，CRT 出现 NC 报警 104，关断电源重新启动，报警消除，机床恢复正常，然而工作不久，又出现上述故障，如此反复。

故障分析：查询 NC 104 报警，其内容为 X 轴测量闭环电缆折断短路，信号丢失，不正确的门槛信号，不正确的频率信号。本机床的 X、Y、Z 三轴采用光栅尺对数控机床位移进行位置检测，进行反馈控制形成一个闭环系统。

故障解决：根据故障现象和报警，我们先检查读数头和光栅尺，光栅尺密封良好，里面洁净，读数头和光栅尺没有受到油污和灰尘污染，并且读数头和光栅尺正常，随后又检查差动放大器和测量线路板，经检查未发现不良现象。经过这些工作后，把重点放在反馈电缆上，测量反馈端子，发现 13 号线电压不稳，停电后测量 13 号线，发现有较大电阻，经仔细检查，发现此线在 X 向随导轨运动的一段有一处将要折断，似接非接，造成反馈值不稳定，偏离其实际值，导致电动机失步，经对断线重新接线，启动机床，故障消除。

4.9　检测器件日常维护保养

检测器件是一种极其精密和容易受损的器件，日常一定要及时对其进行正确的使用和维护保养，进行维护时应注意以下几个方面问题。

(1) 额定电源电压一定要为额定值，工作环境温度不能超标，以便于系统各集成电路、电子元件的正常工作。

(2) 避免受到强烈振动和摩擦以防损伤代码板，同时避免受到灰尘油污的污染，以免影响正常信号的输出。

(3) 避免外部电源、噪声干扰，要保证屏蔽良好，以免影响反馈信号。

(4) 要保证反馈连接线的阻容正常，以保证正常信号的传输。

(5) 各元件安装方式要正确，如编码器连接轴要同心对正，防止轴超出允许的载重量，以保证其性能的正常。

小　结

伺服系统是机床主体和数控装置(CNC)的联系的关键部件，按照系统的构造特点，大体上可以将其分为四种基本结构类型，即开环伺服系统、半闭环伺服系统、全闭环伺服系统和混合闭环伺服系统。现在绝大多数数控机床均采用笼型交流电动机配置矢量变换变频调速的主轴驱动系统，当主轴伺服系统发生故障时，通常有三种表现形式：CRT 或操作面板上显示报警内容或报警信息；在主轴驱动装置上用报警灯或数码管显示主轴驱动装置的故障；主轴工作不正常，但无任何报警信息。

步进驱动系统包括有步进电动机和步进驱动器，简单来说，它是一种用电脉冲信号进行控制，并将电脉冲信号转换成相应的角位移的执行器。目前，步进电动机主要用于经济型数控机床的进给驱动，一般采用开环的控制结构。用于数控机床驱动的步进电动机主要有两类：反应式步进电动机和混合式步进电动机，反应式步进电动机又称磁阻式步进电动机。

由于直流伺服电动机存在着一些固有的缺点，使其应用环境受到限制。交流伺服电动机没有这些缺点，且转子惯量较直流伺服电动机小，使得动态响应好。因此，交流伺服系统得到了迅速发展，已经形成潮流。交流伺服电动机可依据电动机运行原理的不同，分为感应式(又称异步)交流伺服电动机、永磁式同步电动机、永磁式无刷直流伺服电动机和磁阻同步交流伺服电动机。这些电动机具有相同的三相绕组的定子结构。

FANUC 0i Mate C 系列数控系统最多可控制三轴，其中 FANUC 0i Mate MC 可控制三轴，主要用于加工中心、铣床，配置 β i 系列的放大器和 β i(或 β is)系列伺服电动机。FANUC 0i Mate TC 控制两轴，主要用于车床，配置 β i 系列的放大器 β i(或 β is)系列伺服电动机。

SIEMENS 802D 数控系统的伺服驱动单元采用的是 SIMODRIVE 611UE 交流数字式伺服驱动系统，采用模块化安装方式，主轴与各伺服单元共用电源，用于进给驱动的伺服驱动模块有单轴与双轴两种结构形式，带有 PROFIBUS 总线接口。本章以该系统为例对伺服驱动单元结构、连接、故障分析也进行了详细的论述。

检测元件是检测装置的重要部件，其主要作用是检测位移和速度，发送反馈信号。位移检测系统能够测量的最小位移量称为分辨率。分辨率不仅取决于检测元件本身，而且也取决于测量电路。

位置检测装置是数控机床伺服系统的重要组成部分。位置检测装置的作用是检测位移和速度，发送反馈信号，构成闭环或半闭环控制。数控机床的加工精度主要由检测系统的精度决定。不同类型的数控机床，对位置检测元件，检测系统的精度要求和被测部件的最高移动速度各不相同。当数控机床出现某些故障现象时，首先要考虑到是否是由检测器件的故障引起的，并正确分析查找故障部位。

思 考 题

1．按照系统的构造特点，伺服系统可分成哪几类？

2．主轴振动是由哪些因素造成的？

3．变频器有几种控制方式？用什么方法进行控制方式的转换？

4．某台数控车床主轴驱动单元采取的是日立变频器控制，发现其转向与数控系统给定相反，如何处理？

5．如何设置参数实线用智能端子 1-2 来实现控制主轴电动机正反转的目的？

6．变频器出现 E21 报警，如何处理？

7．如何实现 FANUC 数控伺服系统的初始化？

8．除本书中说明的几种伺服反馈元件，请再找两种并说明其工作原理。

9．CNC 系统上电后出现“伺服没准备好”报警，请分析可能的原因。应怎样处理来消除报警？

10．请简述 SIEMENS 802D 数控系统的上电和下电顺序。

11．试利用 Simo ComU 软件对速度环进行优化。

12．请简述增量式光电编码器和绝对式光电编码器的区别。

13．系统通电出现“飞车”故障，请分析原因。

第 5 章　数控机床机械结构的故障诊断与维护

教学提示

数控机床由于采用了电气自动控制，其机械结构大为简化，数控机床加工高精度合格产品，不仅取决于电气控制的可靠性，还取决于机械结构的平稳性和可靠性、机械零件与装配的精度。机械故障不仅影响加工零件的误差和表面质量，还可能引起停机和电气元件的损坏。经验表明，数控机床 30%以上的故障与机械结构有关，因此，数控机床机械结构的维护、保养、维修和调整，应给以足够的重视。

引例

滚动导轨的安装、预紧：

例图(a)所示直线滚动导轨副是数控机床上常用的机构，安装固定方式主要有螺钉固定、压板固定、定位销固定和斜楔块固定。在实际使用中，通常是两根导轨成队使用，其中一条为基准导轨，通过对基准导轨的正确安装，以保证运动部件相对于支承元件的正确导向。

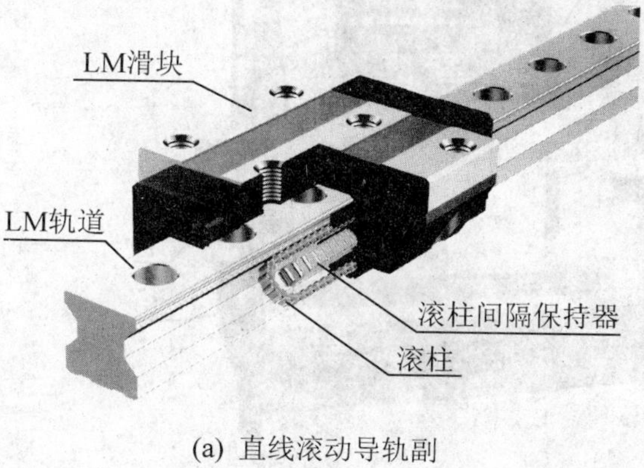

(a) 直线滚动导轨副

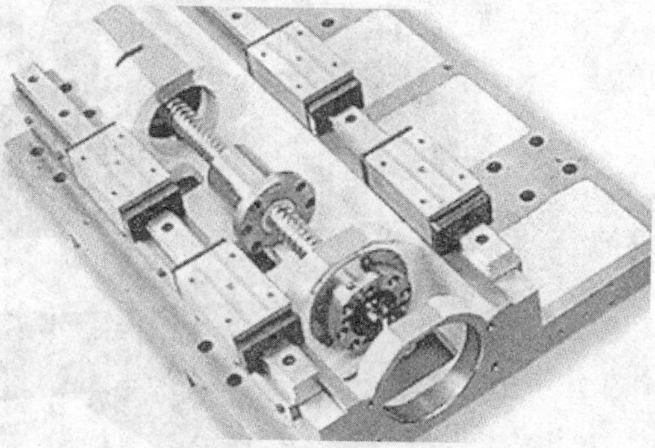

(b) 滚动导轨的安装

安装前必须检查导轨是否有合格证，有否碰伤或锈蚀，用防锈油清洗干净，清除装配表面的毛刺、撞击突起物及污物等；检查装配联接部位的螺栓孔是否吻合，如果发生错位而强行旋入螺栓，将会降低运行精度。

导轨安装步骤如下：

(1) 将导轨基准面紧靠机床装配表面的侧基面，对准螺孔，将导轨轻轻地用螺栓予以固定。

(2) 上紧导轨侧面的顶紧装置，使导轨基准侧面紧靠贴床身的侧面。

(3) 用力矩扳手按参考值拧紧导轨的安装螺钉；从中间开始按交叉顺序向两端拧紧。

5.1　数控机床机械结构概述

5.1.1　数控机床机械结构的主要组成

由于进给伺服驱动、主轴驱动和 CNC 技术的发展，以及为适应高生产效率的需要，数控机床的机械结构已从初期对普通机床局部结构的改进，逐步发展为数控机床的独特机械结构。图 5.1 所示为 CK6136 型数控车床。

数控机床的机械结构，除机床基础部件外，还有下列几部分：

(1) 主传动系统。

(2) 进给传动系统。

(3) 实现工件回转、定位的装置和附件。

(4) 实现某些部件动作、辅助功能的系统和装置，如液压、气动、润滑、冷却等系统和排屑、防护等装置。

(5) 刀架或自动换刀装置(ATC)。

(6) 自动拖盘交换装置(APC)。

(7) 特殊功能装置，如刀具破损监控、精度检测和监控装置。

(8) 为完全自动化控制功能的各种反馈信号及元器件。

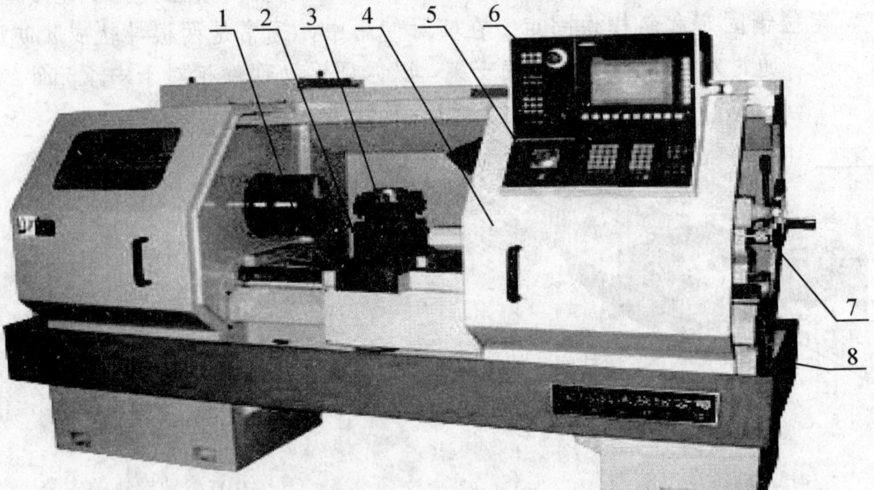

图 5.1　CK6136 型数控车床

1—主轴；2—溜板箱；3—刀架；4—防护罩；5—数控系统；6—机床控制操作面板；7—尾座；8—床身

机床基础件又称机床大件，通常是指床身、底座、立柱、横梁、滑座、工作台等，它是整台机床的基础和框架。机床的其他零部件，或固定在机床基础件上，或工作时在它的导轨上运动。其他机械结构的组成则按机床的功能需要选用，如一般的数控机床除机床基础件外，还有主传动系统、进给系统以及液压、润滑、冷却等其他辅助装置，这是数控机床机械结构的基本构成部分；加工中心则至少配有 ATC，有的还有双工位 APC 等；柔性制造单元(FMC)除配有 ATC 外，还带有工位数较多的 APC，有的配有用于上、下料的工业机器人。

数控机床可根据自动化程度、可靠性要求和特殊功能需要，选用各类破损监控、机床与工件精度检测、补偿装置和附件等。有些特殊加工数控机床，如电火花加工数控机床和激光切割机，其主轴部件不同于一般数控金属切削机床，但进给伺服系统的要求则是一样的。

数控机床用的刀具，虽不是数控机床本体的组成部分，但它是数控机床实现切削功能不可分割的部分，对提高数控机床的生产效率有重大影响。

5.1.2　数控机床机械结构的主要特点

数控机床与普通机床加工零件的区别在于数控机床是按照程序自动加工零件，而普通机床主要由工人手工操作来加工零件。在数控机床上加工零件只要改变控制机床动作的程序，就可以达到加工不同零件的目的。因此，数控机床特别适用于加工小批量且形状复杂、要求精度高的零件。

由于数控加工是一种程序控制过程，使其相应形成了以下几个特点：

(1) 自动化程度高，可以减轻工人的劳动强度。数控机床对零件的加工是按事先编好的程序自动完成的，操作人员除了操作键盘、装卸零件、安装刀具、完成关键工序的中间测量以及观察数控机床的运行之外，不需要进行繁重的重复性手工操作(有的数控机床可自动装卸零件、安装刀具等)；劳动强度与紧张程度均可大为减轻，劳动条件也得到相应的改善。

(2) 加工精度高、加工质量稳定可靠、重复性好。加工误差一般能控制在 0.01mm 左右。数控机床进给传动链的反向间隙与丝杠螺距误差等均可由数控装置进行补偿，因此，数控机床能达到比较高的加工精度。此外数控机床的传动系统与机床结构都具有很高的刚度和热稳定性，从而提高了它的制造精度和重复性，特别是数控机床的自动加工方式避免了生产者的人为操作误差，同一批加工零件的尺寸一致性好，产品合格率高，加工质量十分稳定。

(3) 加工生产率高。零件加工所需要的时间包括机动时间与辅助时间两部分。数控机床能够有效地减少这两部分时间，因而加工生产率比普通机床高得多。数控机床主轴转速和进给量的范围比普通机床的范围大，每一道工序都能选用最合理的切削用量；良好的结构刚性允许数控机床进行大切削用量的强力切削，有效地节省了机动时间。数控机床移动部件的快速移动和定位的时间要比一般机床少得多。数控机床在更换被加工零件时，几乎不需要重新调整机床，而零件又都装夹在简单的定位夹紧装置中，用于停机进行零件装夹、调整的时间可以节省很多。

(4) 对零件加工的适应性强、灵活性好、能加工形状复杂的零件。

(5) 有利于生产管理的现代化。用数控机床加工零件，能准确地计算零件的加工工时，并有效地简化检验和管理工装夹具、半成品的工作。这些特点有利于使生产管理现代化，便于实现计算机辅助制造。数控机床及其加工技术是计算机辅助制造系统的基础。

随着市场经济的发展，产品更新周期变短，中小批量的生产所占比例越来越大，对机械产品的精度和质量要求也在不断地提高，普通机床越来越难以满足加工的要求。同时，由于技术水平的提高，数控机床的价格在不断下降，因此，数控机床在机械行业中的使用将越来越普遍。

5.2 数控机床机械故障诊断方法

5.2.1 机械故障及其分类

数控机床是机、电、液、气、计算机自动控制等为一体的自动化机床，经各部分的执行功能最后共同完成机械执行机构的移动、转动、夹紧、松开、变速和换刀等各种动作，实现切削加工任务。在数控机床工作时，它们的各项功能相互结合，发生故障时也混在一起，故障现象与故障原因并非简单的一一对应关系，往往可能出现一种故障现象是由几种不同原因引起的，或一种原因引起几种故障，即大部分故障是以综合故障形式出现的，这就给故障诊断及其排除带来了很大困难。

一般来说，数控机床的机械故障可分为以下几种类型。

(1) 功能性故障：主要指工件加工精度方面的故障，表现在加工精度不稳定、加工误差大、运动方向误差大、工件表面粗糙。

(2) 动作型故障：主要指机床各执行部件动作故障，如主轴不转动、液压变速不灵活、工件或刀具夹不紧或松不开、刀架或刀库转位、定位不太准等。

(3) 结构型故障：主要指主轴发热、主轴箱噪声大、切削时产生振动等。

(4) 使用型故障：主要指因使用和操作不当引起的故障，如由过载引起的机件损坏、撞车等。

在机械故障出现以前，可以通过精心维护保养来延长数控机床的寿命。当机械故障发生后，一般轻微的故障，可以通过精心调整来解决，如采取调整配合间隙、供油量、液(气)压力、流量、轴承及滚珠丝杠的预紧力、堵漏等措施。对于已磨损、损坏或丧失功能的零部件，则通过修复或更换的办法来排除故障。

5.2.2 数控机床机械故障诊断方法

数控机床在运行过程中，机械零部件受到力、热、摩擦以及磨损等多种因素的作用，运行状态不断变化，一旦发生故障，往往会导致不良后果。因此，必须在数控机床运行过程中，对数控机床的运行状态进行检测，及时作出判断并采取相应的措施。运行状态异常时，必须停机检修或停止使用，这样可大大提高数控机床运行的可靠性，进一步提高数控机床的利用率。数控机床机械故障诊断包括对数控机床运行状态的识别、预测和监视三个方面的内容。通过对数控机床机械装置的某些特征参数(如振动、噪声和温度等)进行测定，将测定值与规定的正常值进行比较，可以判断机械装置的工作状态是否正常。若对机械装置进行定期或连续检测，便可获得机械装置变化的趋势性规律，从而对机械装置的运行状态进行预测和预报。当然，要做到这一点，需要具备丰富的经验和必要的测试设备。

数控机床机械系统故障的诊断方法可以分为实用诊断技术、常用诊断技术、现代诊断技术三种。数控机床机械系统故障的诊断方法如表 5-1 所示。

表 5-1　数控机床机械系统故障的诊断方法

诊断方法分类	机械设备故障诊断方法	原理及特征信息
实用诊断技术	听、触、看、问、嗅	借用简单工具、仪器(如百分表、水准仪、光学议等)检测。通过人的感官，根据形貌、声音、温度、颜色和气味的变化来诊断。但是这需要检测人员有丰富的实践经验，目前这种方法被广泛采用与现场诊断
常用诊断技术	查阅技术档案资料	找规律、查原因、作判断
现代诊断技术	油液光谱分析	通过使用原子吸收光谱仪，对进入润滑油或液压油中磨损的各种金属微粒和外来沙粒，尘埃等残余物进行形状、大小、化学成分和浓度分析，判断零件的磨损状态、激励和严重程度，从而有效掌握零件磨损情况
	振动监测	通过安装在数控机床某些特征点上的传感器，利用振动计巡回检测，测量机床上某些特征点的总振级大小，如位移、速度、加速度和幅频特征等，在数控机床运行过程中获取信号，对信号作各种处理和分析，通过某些特征量的变化来判别有无故障，根据以往诊断经验形成的一些判据来进一步确定故障的部位，或对故障进行预测和监测。但是要注意首先应进行强度测定，确认有异常时，再作定量分析
	噪声谱分析	用噪声测量计、声波计对机床齿轮、轴承运行中噪声信号频谱的变化规律进行深入分析，识别和判断齿轮、轴承磨损时的故障状态，可做到非接触式测量，但要减少环境噪声干扰，要注意首先应进行强度测定，确认有异常时，再作定量分析
	故障诊断专家系统	将诊断所必需的指示、经验和规则等信息编成计算机可以利用的知识库，建立具有一定智能的专家系统。这种系统能对机器状态作常规诊断，解决常见的问题，并可自行修正和扩展已有的指示，不断提高诊断水平
	温度监测	用于数控机床运行中发热异常的检测，利用各种测温热电偶探头，测量轴承、轴瓦、电动机和齿轮箱等装置的表面温度，具有快速、正确、方便的特点。或采用温度计、热电偶、测量贴片、热敏涂料直接接触轴承、电动机、齿轮箱等装置的表面进行测量
	裂纹监测	通过磁性探伤法、超声波、电阻法、声发射法等观察零件内部机体的裂纹缺陷。测量不同性质材料的裂纹应采用不同办法
	非破坏性监测	通过磁性探伤法、超声波法、电阻法、声发射法等观察零件内部集体的裂纹缺陷。测量不同性质材料的裂纹应采用不同的方法

1. 实用诊断技术

这种方法又称机械检测法，是由维修人员使用一般的检查工具或凭感觉器官对机床进行问、看、听、触、嗅等诊断。实用诊断技术能快速测定故障部位，监测劣化趋势，以选择有疑难问题的故障进行精密诊断。

2. 常用诊断技术

常用诊断技术事先要查阅技术档案资料，从以前发生的故障中分析规律、查原因、作判别，罗列造成故障的可能原因，再逐一进行分析、从而缩短了分析诊断的时间，使数控机床尽可能快地投入使用。

3. 现代诊断技术

现代诊断技术是根据实用诊断技术选择出的疑难故障，由专职人员利用先进测试手段进行精确的定量检测与分析，根据故障位置、原因和数据，确定应采取的最合适的修理方法和时间的诊断法。

一般情况都采用实用诊断技术来诊断数控机床的现时状态，只有对那些在实用诊断技术中提出疑难问题的数控机床才进行下一步的诊断，综合应用三种诊断技术才最经济有效。

下面对实用诊断技术中的问、看、听、触、嗅进行具体的讲解。

1) 问

问就是询问数控机床故障发生的经过，弄清故障是突发的，还是渐发的。一般操作人员熟知数控机床性能，故障发生时又在现场耳闻目睹，所提供的情况对故障的分析是很有帮助的。通常应询问下列情况：

(1) 机床开动时有哪些异常现象。

(2) 对比故障前后工件的精度和表面粗糙度，以便分析故障产生的原因。

(3) 传动系统是否正常，出力是否均匀，背吃刀量和走刀量是否减小等。

(4) 润滑油品牌号是否符合规定，用量是否适当。

(5) 数控机床何时进行过保养检修等。

2) 看

(1) 看转速。观察主传动速度的变化，如带传动的线速度变慢，可能是传动带过松或负载太大。对主传动系统中的齿轮，主要看它是否跳动、摆动；对传动轴主要看它是否弯曲或跳动。

(2) 看颜色。如果数控机床转动部位，特别是主轴和轴承运转不正常，就会发热。长时间升温会使数控机床外表颜色发生变化，大多呈黄色。油箱里的油也会因温升过高而变稀，颜色变样，有时也会因久不换油、杂质过多或油变质而变成深墨色。

(3) 看伤痕。数控机床零部件碰伤损坏部位很容易发现，若发现裂纹时，应作记号，隔一段时间后再比较它的变化情况，以便进行综合分析。

(4) 看工件。从工件来判断机床的好坏。若车削后的工件表面粗糙度 *Ra* 数值大，主要是由于主轴与轴承之间的间隙过大，溜板、刀架等压板楔铁有松动以及滚珠丝杠预紧松动等原因所致。若是磨削后的表面粗糙度 *Ra* 数值大，主要是由于主轴或砂轮动平衡差、数控机床出现共振以及工作台爬行等原因所致。若工件表面出现波纹，则看波纹数是否与机床传动齿轮的啮合频率相等，如果相等，则表明齿轮啮合不良是故障的主要原因。

(5) 看变形。主要观察机床的传动轴、滚珠丝杠是否变形；直径大的带轮和齿轮的端面是否跳动。

(6) 看油箱与冷却箱。主要观察油或切削液是否变质，确定其是否能继续使用。

3) 听

听用以判断数控机床运转是否正常。一般运行正常的数控机床，其声音具有一定的音律和节奏，并保持持续的稳定。机械运动发出的正常声响大致可归纳为以下三种：

(1) 一般做旋转运动的机件，在运转区间较小或处于封闭系统时，多发出平静的声音；若处于非封闭的系统或运行区较大时，多发出较大的蜂鸣声。各种大型机床则产生低沉而振动声浪很大的声音。

(2) 正常运行的齿轮副，一般在低速下无明显的声响；链轮和齿条传动副一般发出平稳的声音；直线往复运动的机件一般发出周期性的“咚咯”声；常见的凸轮顶杆机构、曲柄连杆机构和樱动摇杆机构等，通常都发生周期性的“嘀嗒”声；多数轴承副一般无明显的声响，借助传感器(通常用金属杆或螺钉旋具)可听到较为清晰的“嘤嘤”声。

(3) 各种介质的传输设备产生的输送声，一般均随传输介质的特性而异，如气体介质多为“呼呼”声；流体介质为“哗哗”声；固体介质发出“沙沙”声或“呵罗呵罗”声响。

4) 触

触是用手感来判断数控机床的故障，通常有以下几方面：

(1) 温升。人的手指触觉很灵敏，能相当可靠地判断各种异常的温升，其误差可准确到 3～5℃。根据经验，可得出表 5-2 所示的结论。

表 5-2　手触摸机床感受温度的结论

机床的温度/℃	手触摸时的感觉
0 左右	手指感觉冰凉，长时间触摸会产生刺骨的痛觉
10 左右	手感较凉，但可忍受
20 左右	手感到稍凉，随着接触时间延长，手感弱温
30 左右	手感微温，有舒适感
40 左右	手感如触摸高烧病人
50 左右	手感较烫，如果掌心扪的时间较长可有汗感
60 左右	手感很烫，但可忍受 10s 左右
70 左右	手有灼痛感，且手的接触部位很快出现红色
80 左右	瞬时接触手感“麻辣火烧”，时间过长，可出现烫伤

应当注意的是，为了防止手指烫伤，一般先用右手并拢的食指、中指和无名指指背中节部位轻轻触及机件表面，断定对皮肤无损害后，才可用手指肚或手掌触摸。

(2) 振动。轻微振动可用手感鉴别，至于振动的大小可找一个固定基点，用一只手去触摸便可以比较出振动的大小。

(3) 伤痕和波纹。肉眼看不清的伤痕和波纹，若用手指去摸则可很容易地感觉出来。正确的方法是：对圆形零件要沿切向和轴向分别去摸；对平面零件则要左、右、前、后均匀去摸。摸时不能用力太大，只轻轻把手指放在被检查面上接触便可。

(4) 爬行。用手摸可直观的感觉出来。造成爬行的原因很多，常见的是润滑油不足或选择不当；活塞密封过紧或磨损造成机械摩擦阻力加大；液压系统进入空气或压力不足等。

(5) 松或紧。用手转动主轴或摇动手轮，即可感到接触部位的松紧是否均匀适当，从而可判断出这些部位是否完好可用。

5) 嗅

由于剧烈摩擦或电器元件绝缘破损短路，使附着的油脂或其他可燃物质发生氧化蒸发燃烧产生油烟气、焦糊气等异味，应用嗅觉诊断的方法可收到较好的效果。

5.3 主传动系统与主轴部件的诊断与维修

5.3.1 主轴部件

主轴部件是数控机床的一个关键部件，它包括主轴的支承、安装在主轴上的传动零件等。主轴部件质量的好坏直接影响加工质量。无论哪种数控机床的主轴部件都应满足下述几个方面的要求：主轴的回转精度、部件的结构刚度和抗振性、运转温度和热稳定性以及部件的耐磨性和精度保持能力等。对于数控机床尤其是自动换刀数控机床，为了实现刀具在主轴上的自动装卸与夹持，还必须有刀具的自动夹紧装置、主轴准停装置和主轴孔的清理装置等结构。

1. 主轴端部的结构形状

主轴端部用于安装刀具或夹持工件的夹具，在设计要求上，应能保证定位准确、安装可靠、连接牢固、装卸方便，并能传递足够的转矩。主轴端部的结构形状都已标准化，如图 5.2 所示的普通机床和数控机床所通用的几种结构形式。

图 5.2(a)所示为车床主轴端部，卡盘靠前端的短圆锥面和凸缘端面定位，用拨销传递转矩，卡盘装有双头螺栓，卡盘装于主轴端部时，螺栓从凸缘上的孔中穿过，转动快卸卡盘将数个螺栓同时固定住，再拧紧螺母将卡盘固牢在主轴端部。主轴为空心，前端有莫氏锥度孔，用以安装顶尖或心轴。

图 5.2(b)所示为铣、镗类机床主轴端部，铣刀或刀杆在前端 7∶24 的锥孔内定位，由于不能自锁要用拉杆从主轴后端拉紧，而且由前端的端面键传递转矩。

图 5.2(c)所示为外圆磨床砂轮主轴端部；图 5.2(d)所示为内圆磨床砂轮主轴端部；图 5.2(e)所示为钻床与普通镗杆端部，刀杆或刀具由莫氏锥孔定位，用锥孔后端第一扁孔传递转矩，第二个扁孔用以拆卸刀具。但在数控镗床上要使用图 5.2(b)所示的形式，图为 7∶24 的锥孔没有自锁作用，便于自动换刀时拔出刀具；图 5.2(f)所示为快换钻套。

2. 主轴部件的支承

机床主轴带着刀具或夹具在支承中作回转运动，应能传递切削转矩承受切削抗力，并保证必要的旋转精度。机床主轴多采用滚动轴承作为支承，对于精度要求高的主轴则采用动压或静压滑动轴承作为支承。下面着重介绍主轴部件所用的滚动轴承。

1) 主轴部件常用滚动轴承的类型

图 5.3(a)所示为锥孔双列圆柱滚子轴承，内圈为 1∶12 的锥孔，当内圈沿锥形轴颈轴向

移动时，内圈胀大以调整滚道的间隙。滚子数目多，两列滚子交错排列，因而承载能力大，刚性好，允许转速高。它的内、外圈均较薄，因此，要求主轴轴颈与箱体孔均有较高的制造精度，避免轴颈与箱体孔的形状误差使轴承滚道发生畸变而影响主轴的旋转精度。该轴承只能承受径向载荷。

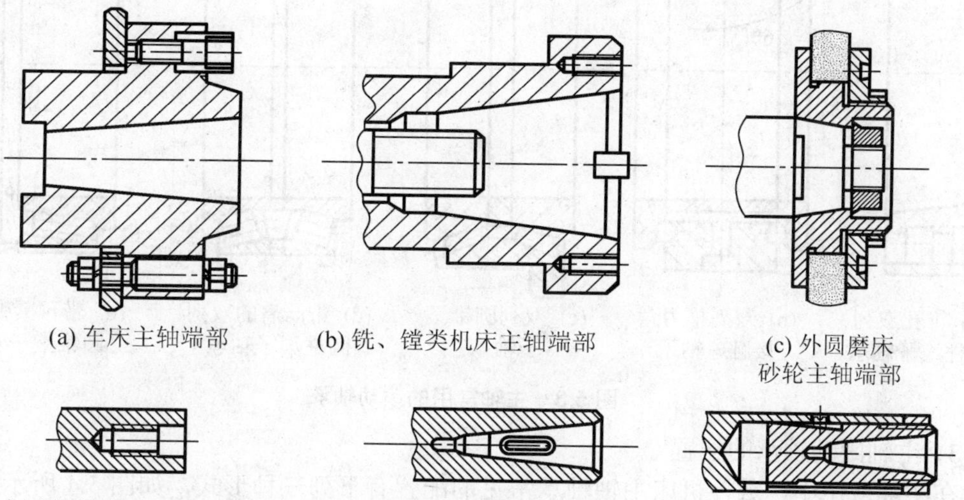

(a) 车床主轴端部　(b) 铣、镗类机床主轴端部　(c) 外圆磨床砂轮主轴端部

(d) 内圆磨床砂轮主轴端部　(e) 钻床与普遍镗杆端部　(f) 快换钻套

图 5.2　主轴端部的结构形式

图 5.3(b)所示为双列推力角接触球轴承，接触角为 60°，球径小，数目多，能承受双向轴向载荷，磨薄中间隔套，可以调整间隙或预紧，轴向刚度较高，允许转速高。该轴承一般与双列圆柱滚子轴承配套用作主轴的前支承，并将其外圈外径做成负偏差，保证只承受轴向载荷。

图 5.3(c)所示为双列圆锥滚子轴承，它有一个公用外圈和两个内圈，由外圈的凸肩在箱体上轴向定位，箱体孔可以镗成通孔。磨薄中间隔套可以调整间隙或预紧，两列滚子的数目相差一个，能使振动频率不一致，明显改善了轴承的动态性。这种轴承能同时承受径向和轴向载荷，通常用作主轴的前支承。

图 5.3(d)所示为带凸肩的双列圆柱滚子轴承，结构上与图 5.3(c)所示相似，可用做主轴前支承；滚子做成空心的，保持架为整体结构，充满滚子之间的间隙，润滑油由空心滚子端面流向挡边摩擦处，可有效地进行润滑和冷却。空心滚子承受冲击载荷时可产生微小变形，能增大接触面积并有吸振和缓冲作用。

图 5.3(e)所示为带预紧弹簧的圆锥滚子轴承，弹簧数目为 16～20 根，均匀增减弹簧可以改变预加载荷的大小。

2) 滚动轴承的精度图

主轴部件所用滚动轴承的精度有高级 6(E)、精密级 5(D)、特精级 4(C)和超精级 2(B)。主轴的前支承的精度一般比后支承的精度高一级，也可以用相同的精度等级。普通精度的数控机床通常前支承取 4(C)、5(D)级，后支承用 5(D)、6(E)级。特高精度的数控机床前后支承均用级 2(B)级精度。

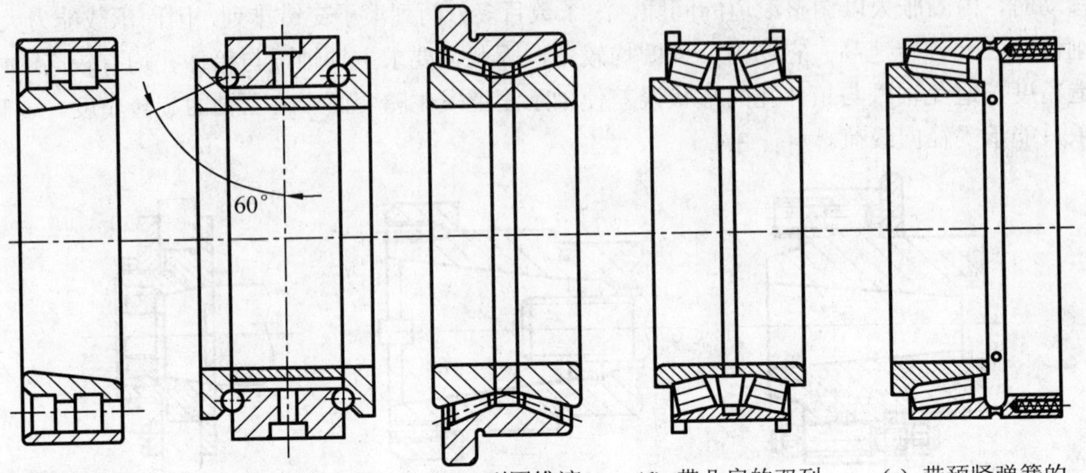

(a) 锥孔双列圆柱滚子轴承　(b) 双列推力角接触球轴承　(c) 双列圆锥滚子轴承　(d) 带凸肩的双列圆柱滚子轴承　(e) 带预紧弹簧的圆锥滚子轴承

图 5.3　主轴常用的滚动轴承

3) 主轴滚动轴承的配置

在实际应用中，数控机床主轴轴承常见的配置有下列三种形式，如图 5.4 所示。

图 5.4(a)所示的配置形式能使主轴获得较大的径向和轴向刚度，可以满足数控机床强力切削的要求，普遍应用于各类数控机床的主轴，如数控车床、数控铣床、加工中心等。这种配置的后支承也可用圆柱滚子轴承，进一步提高后支承径向刚度。

图 5.4(b)所示的配置形式没有图 5.4(a)所示的主轴刚度大，但这种配置形式提高了主轴的转速，适合主轴要求在较高转速下工作的数控机床。目前，这种配置形式在立式、卧式加工中心机床上得到广泛应用，满足了这类机床转速范围大、最高转速高的要求。为提高这种形式配置的主轴刚度，前支承可以用四个或更多个的轴承相组配，后支承用两个轴承相组配。

图 5.4(c)所示的配置形式能使主轴承受较重载荷(尤其是承受较强的动载荷)，径向和轴向刚度高，安装和调整性好。但这种配置相对限制了主轴最高转速和精度，适用于中等精度、低速与重载的数控机床主轴。

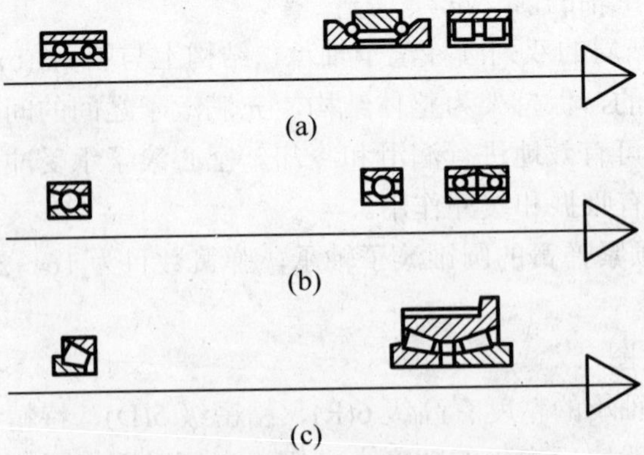

图 5.4　数控机床主轴轴承配置形式

为提高主轴组件刚度，数控机床还常采用三支承主轴组件。尤其是前后轴承间跨距较大的数控机床，采用辅助支承可以有效地减少主轴弯曲变形。三支承主轴结构中，一个支承为辅助支承，辅助支承可以选为中间支承，也可以选为后支承。辅助支承在径向要保留必要的游隙，避免由于主轴安装轴承处轴径和箱体安装轴承处孔的制造误差(主要是同轴度误差)造成的干涉。辅助支承常采用深沟球轴承。

液体静压轴承和动压轴承主要应用在主轴高转速、高回转精度的场合，如应用于精密、超精密数控机床主轴，数控磨床主轴。对于要求更高转速的主轴，可以采用空气静压轴承，这种轴承可达每分钟几万转的转速，并有非常高的回转精度。

4) 主轴滚动轴承的预紧

轴承预紧，就是使轴承滚道预先承受一定的载荷，不仅能消除间隙而且还使滚动体与滚道之间发生一定的变形，从而使接触面积增大，轴承受力时变形减少，抵抗变形的能力增大。因此，对主轴滚动轴承进行预紧和合理选择预紧量，可以提高主轴部件的旋转精度、刚度和抗振性。数控机床主轴部件在装配时要对轴承进行预紧，使用一段时间后，间隙或过盈有了变化，还得重新调整，所以要求预紧结构便于进行调整。滚动轴承间隙的调整或预紧，通常是使轴承内、外圈相对轴向移动来实现的，常用的方法有以下几种。

(1) 轴承内圈移动。如图 5.5 所示，这种方法适用于锥孔双列圆柱滚子轴承。用螺母通过套筒推动内圈在锥形轴颈上做轴向移动，使内圈变形胀大，在滚道上产生过盈，从而达到预紧的目的。图 5.5(a)所示的结构简单，但预紧量不易控制，常用于轻载机床主轴部件。图 5.5(b)所示用右端螺母限制内圈的移动量，易于控制预紧量。图 5.5(c)所示是在主轴凸缘上均布数个螺钉以调整内圈的移动量，调整方便，但是用几个螺钉调整，易使垫圈歪斜。图 5.5(d)所示是将紧靠轴承右端的垫圈做成两个半环，可以径向取出，修磨其厚度可控制预紧量的大小，调整精度较高，调整螺母一般采用细牙螺纹，便于微量调整，而且在调好后能锁紧防松。

(2) 修磨座圈或隔套。图 5.6(a)所示为轴承外圈宽边相对(背对背)安装，这时修磨轴承内圈的内侧可调节预紧量；图 5.6(b)所示为外圈窄边相对(面对面)安装，这时修磨轴承外圈的窄边可调节预紧量。在安装时按图示的相对关系装配，并用螺母或法兰盖将两个轴承轴向压拢，使两个修磨过的端面贴紧，从而在两个轴承的滚道之间产生预紧。另一种方法是将两个厚度不同的隔套放在两轴承内、外圈之间，同样将两个轴承轴向相对压紧，使滚道之间产生预紧，如图 5.7(a)、(b)所示。

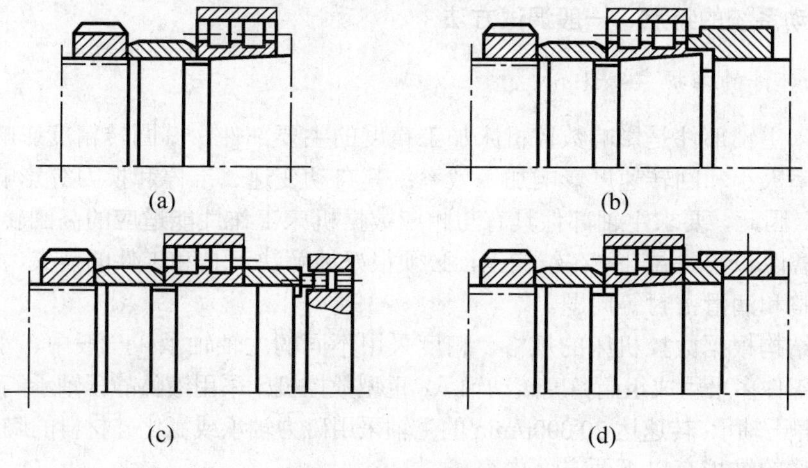

图 5.5　轴承内圈移动

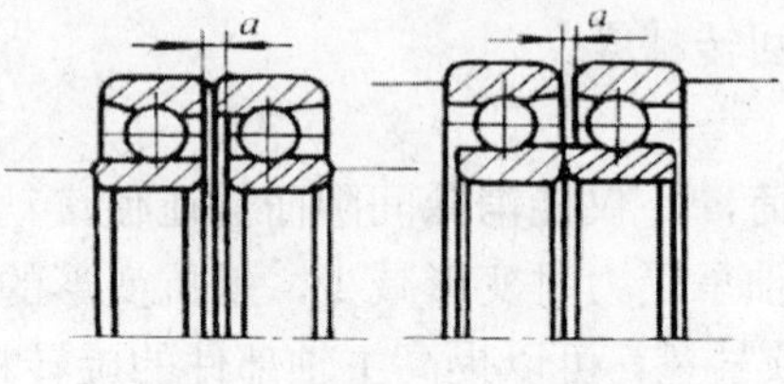

图 5.6　修磨座圈

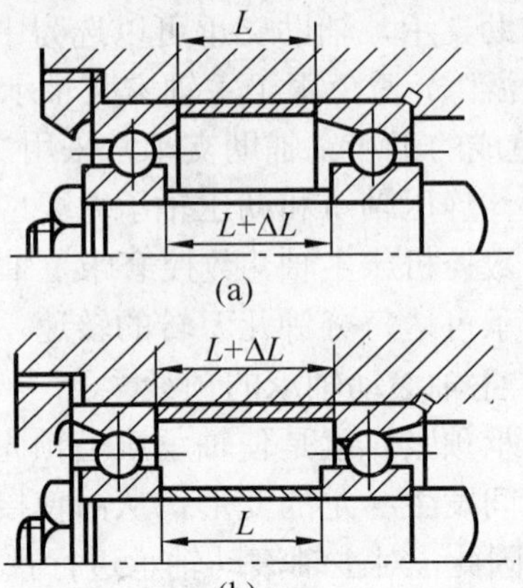

图 5.7　隔套的应用

3. 主轴的材料和热处理

主轴材料可根据强度、刚度、耐磨性、载荷特点和热处理变形大小等因素来选择。主轴刚度与材质的弹性模量 E 有关。无论是普通钢还是合金钢，其 E 值基本相同。因此，对于一般要求的数控机床，其主轴可用价格便宜的中碳钢、45 钢，进行调质处理后硬度为 22～28HRC；当载荷较大或存在较大的冲击，或者精密数控机床的主轴为减少热处理后的变形，或者需要做轴向移动的主轴为了减少它的磨损时，则可选用合金钢。常用的合金钢有：40Cr 进行淬硬处理使硬度达到 40～50HRC，20Cr 进行渗碳淬硬处理使硬度达到 56～62HRC。某些高精度数控机床的主轴材料则选用 38CrMoAl 进行氮化处理，使硬度达到 850～1000HV。

4. 主轴的润滑与冷却

主轴轴承润滑与冷却是保证主轴正常工作的必要手段。为了尽可能减少主轴部件温升引起的热变形对数控机床工作精度的影响，通常利用润滑油循环系统把主轴部件的热量带走，使主轴部件与箱体保持恒定的温度。在某些数控机床上，还采用专用的冷却装置，控制主轴箱温升。有些主轴轴承用高级油脂润滑，每加一次油脂可以使用 7～10 年。有些主轴要采用油气润滑、喷注润滑和突入滚道润滑等措施，以保证在高速时正常冷却润滑效果。

5.3.2　主传动系统的特点、一般调试方法

1. 主轴部件的维护

数控机床主轴部件是影响数控机床加工精度的主要部件，其回转精度影响工件的加工精度；其功率大小和回转速度影响加工效率；其自动变速、准停和换刀等影响数控机床的自动化程度。因此，要求主轴部件具有与相应数据机床工作性能适应的高回转精度、刚度、抗振性、耐磨性和低的温升。在结构上，必须很好地解决刀具和工件的装夹、轴承的配置、轴承间隙调整和润滑密封等问题。

主轴的结构根据数控机床的规格、精度采用不同的主轴轴承。一般中、小规格的数控机床的主轴部件多采用成组高精度滚动轴承；重型数控机床采用液体静压轴承，高精度数控机床采用气体静压轴承；转速达 20 000r/min 的主轴采用磁力轴承或氮化硅材料的陶瓷滚珠轴承。

主轴部件的维护有以下两方面内容。

1) 防泄漏

在密封件中，被密封的介质往往是以穿漏、渗透或扩散的形式越界泄漏到密封连接处的彼侧。造成泄漏的基本原因是流体从密封面上的间隙中溢出，或是由于密封部件内外两侧密封介质的压力差或浓度差，致使流体向压力或浓度低的一侧流动。图 5.8 所示为卧式加工中心主轴前支承的密封结构。

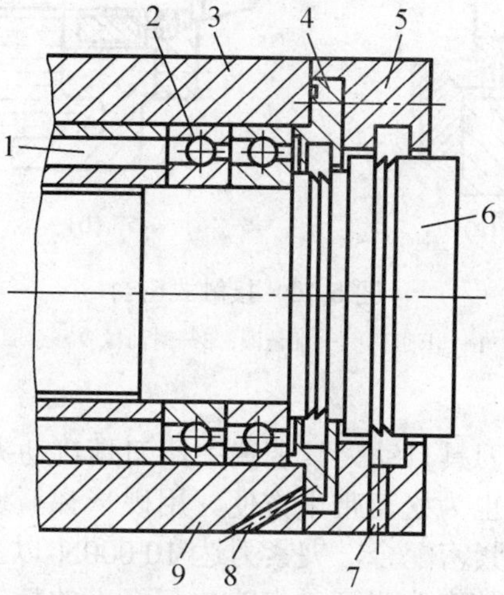

图 5.8　卧式加工中心主轴前支承的密封结构

1—进油口；2—轴承；3—套筒；4、5—法兰盘；6—主轴；7—泄漏孔；8—回油斜孔；9—泄油孔

主轴的密封有接触式密封和非接触式密封。图 5.9 所示是几种非接触密封的形式。图 5.9(a)所示是利用轴承盖与轴的间隙密封，轴承盖的孔内开槽是为了提高密封效果，这种密封用在工作环境比较清洁的油脂润滑处；图 5.9(b)所示是在螺母的外圆上开锯齿形环槽，当油向外流时，靠主轴转动的离心力把油沿斜面甩到端盖 1 的空腔内，油液流回箱内；图 5.9(c)所示是迷宫式密封结构，在切屑多，灰尘大的工作环境下可获得可靠的密封效果，这种结构适用油脂或油液润滑的密封。非接触式的油液密封时，为防泄漏，重要的是保证回油能尽快排掉，要保证回油孔的畅通。接触式密封主要有油毡圈和耐油橡胶密封圈密封，如图 5.10 所示。

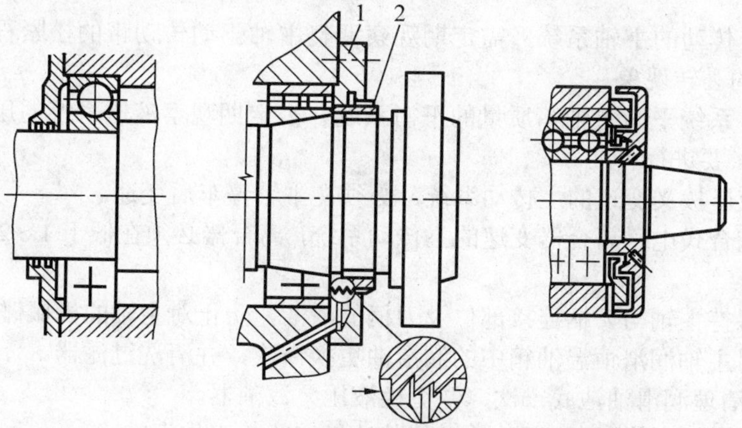

图 5.9　非接触式密封

1—端盖；2—螺母

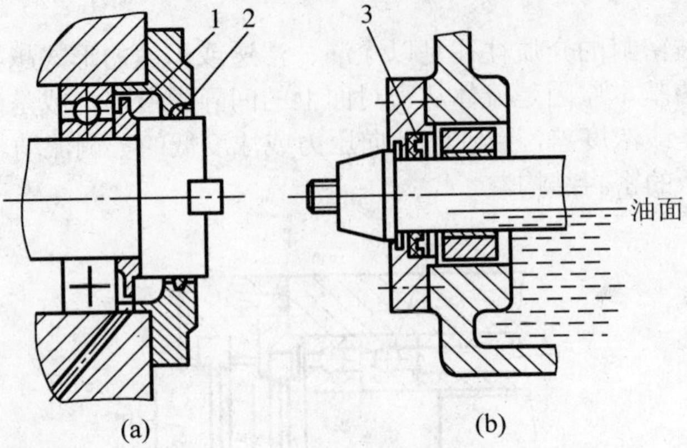

图 5.10　接触式密封

1—甩油环；2—油毡圈；3—耐油橡胶密封圈

2) 刀具夹紧

在自动换刀数控机床的刀具自动夹紧装置中，刀具自动夹紧装置的刀杆常用 7∶24 的大锥度锥柄，既利于定心，也为松刀带来方便。用碟形弹簧通过拉杆及夹头拉住刀柄的尾部，使刀具锥柄和主轴锥孔紧密配合，夹紧力达 10 000N 以上。松刀时，通过液压缸活塞推动拉杆来压缩碟形弹簧，使夹头张开，夹头与刀柄上的拉钉脱离，刀具即可拔出，进行新、旧刀具的交换，新刀装入后，液压缸活塞后移，新刀具又被碟形弹簧拉紧。在活塞推动拉杆松开刀柄的过程中，压缩空气由喷气头经过活塞中心孔和拉杆中的孔吹出，将锥孔清理干净，防止主轴锥孔中掉入切屑和灰尘，把主轴锥孔表面和刀杆的锥柄划伤，同时保证刀具的正确位置。主轴锥孔的清洁十分重要。

2. 主传动链的维护

(1) 熟悉数控机床主传动链的结构、性能参数，严禁超性能使用。

(2) 主传动链出现不正常现象时，应立即停机排除故障。

(3) 操作人员应注意观察主轴油箱温度，检查主轴润滑恒温油箱，调节温度范围，使油量充足。

(4) 使用带传动的主轴系统，需定期观察调整主轴驱动传动带的松紧程度，防止因传动带打滑造成的丢转现象。

(5) 油液压系统平衡主轴箱质量的平衡系统，需定期观察液压系统的压力表，当油压低于要求值时，要进行补油。

(6) 使用液压拨叉变速的主传动系统，必须在主轴停车后变速。

(7) 使用啮合式电磁离合器变速的主传动系统，离合器必须在低于 1～2r/min 的转速下变速。

(8) 注意保持主轴与刀柄连接部位及刀柄的清洁，防止对主轴的机械碰击。

(9) 每年对主轴润滑恒温油箱中的润滑油更换一次，并清洗过滤器。

(10) 每年清理润滑油池底一次，并更换液压泵滤油器。

(11) 每天检查主轴润滑恒温油箱，使其油量充足，工作正常。

(12) 防止各种杂质进入润滑油箱，保持油液清洁。

(13) 经常检查轴端及各处密封，防止润滑油液的泄漏。

(14) 刀具夹紧装置长时间使用后，会使活塞杆和拉杆间的间隙加大，造成拉杆位移量减少，碟形弹簧张闭伸缩量不够，影响刀具的夹紧，故需及时调整液压缸活塞的位移量。

(15) 经常检查压缩空气气压，并调整到标准要求值。足够的气压才能使主轴锥孔中的切屑和灰尘清理彻底。

3. 主传动链故障诊断及排除方法

主传动链常见故障诊断及排除方法如表 5-3 所示。

表 5-3　主传动链常见故障诊断及排除方法

序号	故障现象	故障原因	排除方法
1	加工精度达不到要求	数控机床在运输过程中受到冲击	检查对数控机床精度有影响的各部分，特别是导轨副，并按出厂精度要求重新调整或修复
		安装不牢固、安装精度低或有变化	重新安装调平、紧固
2	切削振动大	主轴箱和床身连接螺钉松动	恢复精度后紧固连接螺钉
		轴承预紧力不够、游隙过大	重新调整轴承游隙。但预紧力不宜过大，以免损坏轴承
		轴承预紧螺母松动，使主轴窜动	紧固螺母，确保主轴精度合格
		轴承拉毛或损坏	更换轴承
		主轴与箱体配合超差	修理主轴或箱体，使其配合精度、位置精度达到要求
		其他因素	检查刀具或切削工艺问题
		如果是数控车床，则可能是转塔刀架运动部位松动或压力不够而未卡紧	调整修理
3	主轴箱噪声大	主轴部件动平衡不好	重做动平衡
		齿轮啮合间隙不均或严重损伤	调整间隙或更换齿轮
		轴承损坏或传动轴弯曲	修复或更换轴承，校直传动轴
		传动带长度不一或过松	调整或更换传动带，不能新旧混用
		齿轮精度差	更换齿轮
		润滑不良	调整润滑油量，保持主轴箱的清洁度
4	齿轮和轴承损坏	变挡压力过大，齿轮受冲击产生破损	按液压原理图，调整到适应的压力和流量
		变挡机构损坏或固定销脱落	修复或更换零件
		轴承预紧力过大或无润滑	重新调整预紧力，并使之润滑充足
5	主轴无变速	电气变挡信号是否输出	电气人员检查处理
		压力是否足够	检测并调整工作压力
		变挡液压缸研伤或卡死	修去毛刺和研伤，清洗后重装
		变挡电磁阀卡死	检修并清洗电磁阀
		变挡液压缸拨叉脱落	修复或更换
		变挡液压缸窜油或内泄	更换密封圈
		变挡复合开关失灵	更换新开关
6	主轴不转动	主轴转动指令是否输出	电气人员检查处理
		保护开关没有压合或失灵	检修压合保护开关或更换
		卡盘未夹紧工件	调整或修理卡盘
		变挡复合开关损坏	更换复合开关
		变挡电磁阀体内泄漏	更换电磁阀

续表

序号	故障现象	故障原因	排除方法
7	主轴发热	主轴轴承预紧力过大	调整预紧力
		轴承研伤或损伤	更换轴承
		润滑油脏或有杂质	清洗主轴箱，更换新油
8	液压变速时齿轮推不到位	主轴箱内拨叉磨损	选用球墨铸铁作拨叉材料
			在每个垂直滑移齿轮下方安装弹簧作为辅助平衡装置，减轻对拨叉的压力
			活塞的行程与滑移齿轮的定位相协调
			若拨叉磨损，予以更换
9	主轴在强力切削时停转	电动机与主轴连接的传动带过松	移动电动机座，张紧传动带，然后将电动机座重新锁紧
		传动带表面有油	用汽油清洗后擦干净，再装上
		传动带使用过久而失效	更换新传动带
		摩擦离合器调整过松或磨损	调整摩擦离合器，修磨或更换摩擦片
10	主轴没有润滑油循环或润滑不足	液压泵转向不正确，或间隙太大	改变液压泵转向或修理液压泵
		吸油管没有插入油箱的油面以下	将吸油管插入油面以下 2/3 处
		油管或滤油器堵塞	清除堵塞物
		润滑油压力不足	调整供油压力
11	润滑油泄漏	润滑油量多	调整供油量
		检查各处密封件是否有损坏	更换密封件
		管件损坏	更新管件
12	刀具不能夹紧	碟形弹簧位移量小	调整碟形弹簧行程长度
		刀具松夹弹簧上的螺母松动	顺时针旋转松夹弹簧上的螺母使其最大工作载荷为 13kN
13	刀具夹紧后不能松开	松夹弹簧压合过紧	逆时针旋转松夹弹簧上的螺母使其最大工作载荷不得超过 13kN
		液压缸压力和行程不够	调整液压力和活塞行程开关位置

5.4 进给传动机构故障的诊断与维修

数控机床的进给传动系统是伺服系统的重要组成部分，它将伺服电动机的旋转运动或直线伺服电动机的直线运动通过机械传动结构转化为执行部件的直线或回转运动。

目前，数控机床进给系统中的机械传动装置常用的有如下几种：滚珠丝杠副，静压蜗杆—蜗轮齿条传动，预加载荷双齿轮齿条及直线电动机。数控机床进给系统中的机械传动装置和器件具有高寿命、高刚度、无间隙、高灵敏度和低摩擦阻力等特点。

5.4.1 滚珠丝杠副

滚珠丝杠副是在丝杠和螺母之间以滚珠为滚动体的螺旋传动元件。滚珠丝杠副有多种结构形式。

(1) 按滚珠循环方式，滚珠丝杠副分为外循环和内循环。外循环回珠器用插管式的较多，内循环回珠器用腰型槽嵌块式的较多。

(2) 按螺纹轨道的截面形状，滚珠丝杠副分为单圆弧和双圆弧两种截形。由于双圆弧截形轴向刚度大于单圆弧截形，因此目前丝杠普遍采用双圆弧截形。

(3) 按预加载荷形式，滚珠丝杠副可分为单螺母无预紧、单螺母变位导程预紧、单螺母加大钢球径向预紧、双螺母垫片预紧、双螺母差齿预紧、双螺母螺纹预紧。数控机床上常用双螺母垫片预紧，其预紧力一般为轴向载荷的 1/3。

与滑动丝杠副比较，滚珠丝杠副有很多优点：传动效率高、灵敏度高、传动平稳；磨损小、寿命长；可消除轴向间隙，提高轴向刚度等。

滚珠丝杠螺母传动广泛应用于中小型数控机床的进给传动系统。在重型数控机床的短行程(6m 以下)进给系统中也常被采用。

1. *滚珠丝杠副的安装*

安装方式对滚珠丝杠副承载能力、刚性及最高转速有很大影响。滚珠丝杠副在安装时应满足以下要求：

(1) 滚珠丝杠副相对工作台不能有轴向窜动；

(2) 螺母座孔中心应与丝杠安装轴线同心；

(3) 滚珠丝杠副中心线应平行于相应的导轨；

(4) 能方便地进行间隙调整、预紧和预拉伸。

滚珠丝杠副的常见安装方式有以下四种情况：

(1) 固定-自由方式(G–Z 方式)。如图 5.11(a)所示，仅在一端装可以承受双向载荷与径向载荷的推力角接触球轴承或滚针/推力圆柱滚子轴承，并进行轴向预紧，另一端完全自由，不作支承。这种支承方式结构简单，但承载能力较小，适用于低转速，中精度，丝杠长度、行程不长的短轴向丝杠。

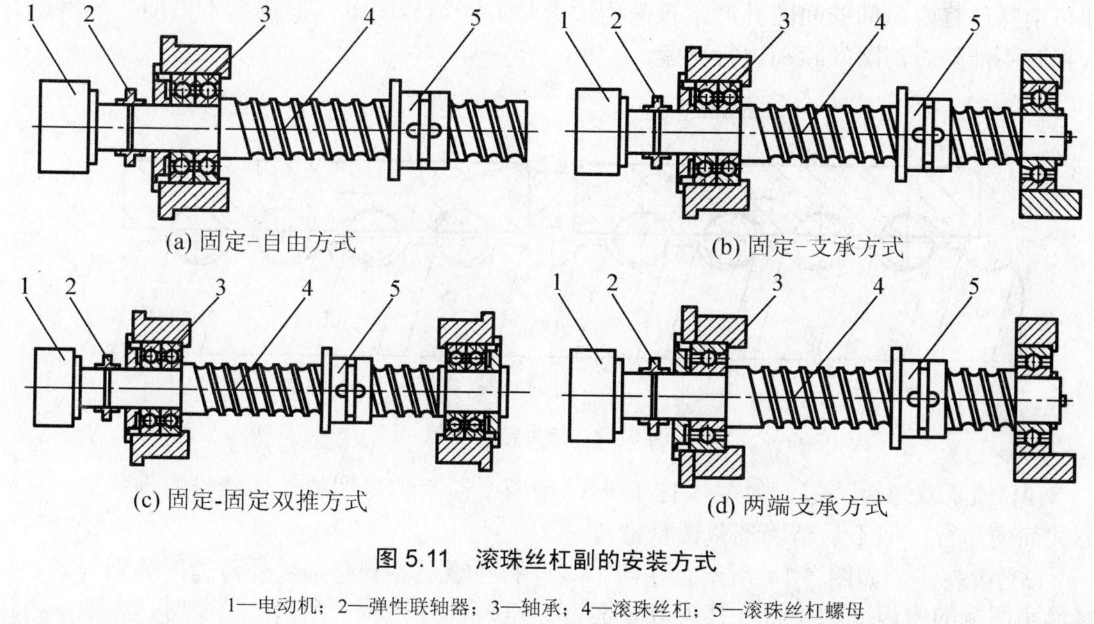

图 5.11 滚珠丝杠副的安装方式

1—电动机；2—弹性联轴器；3—轴承；4—滚珠丝杠；5—滚珠丝杠螺母

(2) 固定-支承方式(G–J 方式)。如图 5.11(b)所示，丝杠一端固定，另一端支承。固定端同时承受轴向力和径向力；支承端只承受径向力，而且能作微量的轴向浮动，可以减少或避免因丝杠自重而出现的弯曲，同时丝杆热变形可以自由地向一端伸长。适用于中等转速、高精度的场合。

(3) 固定-固定双推方式(G-G 方式)。如图 5.11(c)所示，丝杠两端均固定，在两端都安装承受双向载荷与径向载荷的推力角接触球轴承或滚针/推力圆柱滚子轴承，并进行预紧，提高丝杠支承刚度，可以部分补偿丝杆的热变形。适用于高转速、高精度的场合。

(4) 两端支承方式(J-J 方式)。如图 5.11(d)所示，丝杠两端均为支承，这种支承方式简单，但由于支承端只承受径向力，丝杆热变形后伸长，将影响加工精度，只适用于中等转速，中精度的场合。

滚珠丝杠副作为精密、高效、灵敏的传动元件，除了应采用高精度的丝杠、螺母和滚珠外，还应注意选用轴向刚度高、摩擦力矩小、运转精度高的轴承。滚珠丝杠支承常用双向推力角接触球轴承、圆锥滚子轴承、滚针和推力滚子组合轴承、深沟球轴承和推力球轴承等。目前，滚珠丝杠支承采用最多的是 60° 接触角的单列推力角接触球轴承，与一般角接触球轴承相比轴向刚度提高两倍以上，而且产品在出厂时已选配好内外环的厚度，装配调试时只要用螺母和端盖将内外环压紧，就能获得出厂时已调整好的预紧力，使用方便。

购买时，滚珠丝杠副的端部需按设计要求向厂家预定，可以加工出轴肩或螺纹。

2. 滚珠丝杠副的预紧

滚珠丝杠副预紧的目的是为消除丝杠与螺母之间的间隙和施加预紧力，以保证滚珠丝杠反向传动精度和轴向刚度。

在数控机床进给系统中使用的滚珠丝杠副的预紧方法有修磨垫片厚度、锁紧双螺母消隙、齿差式调整方法等。广泛采用的是锁紧双螺母消隙。

(1) 修磨垫片厚度，如图 5.12 所示。通过调整垫片厚度使左右两螺母产生轴向位移，即可消除丝杠螺母间的间隙并产生预紧力。这种方法结构简单，但调整不方便，当滚道有磨损时不能随时消除间隙和进行预紧。

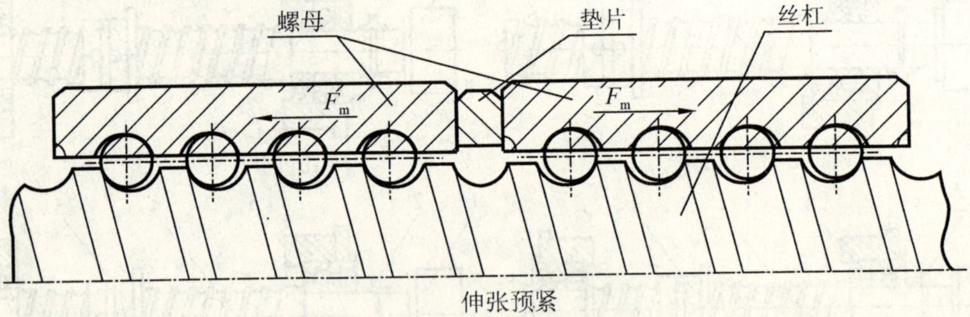

图 5.12　垫片结构消隙

(2) 锁紧双螺母消隙，如图 5.13 所示，用两个锁紧螺母调整丝杠螺母的预紧量。这种方式简便易行，但不易精确调整预紧量。

(3) 齿差式，如图 5.14 所示。在两个螺母的凸缘上各制有圆柱外齿轮，分别与紧固在螺母座两端的内齿圈相啮合，其齿数分别为 z_1 和 z_2，并相差一个齿。调整时，先取下内齿圈，让两个螺母相对于螺母座同方向转动一个齿(则螺母 1 沿轴向移动 P_n/z_1，螺母 2 移动 P_n/z_2)，然后插上内齿轮，再将内齿轮紧固，则两个螺母便产生相对轴向位移，位移量为

$s=(1/z_1-1/z_2)P_n$（P_n 为丝杠导程）。这种方式结构比较复杂、尺寸较大，但调整精确可靠，宜用于高精度的传动机构。

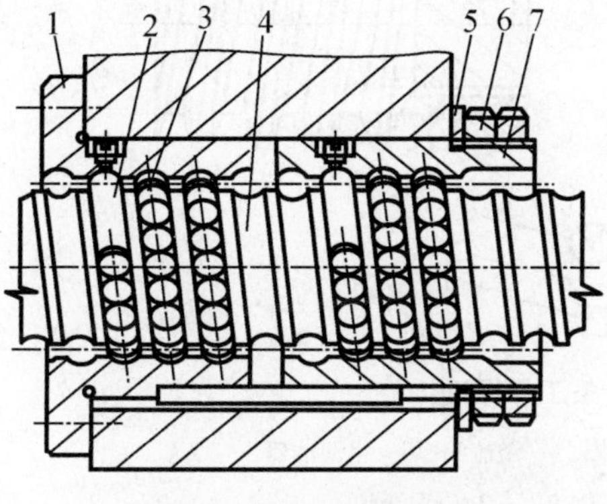

图 5.13　锁紧双螺母消隙

1、7—螺母；2—返向器；3—滚珠；4—丝杠；5—垫圈；6—圆螺母

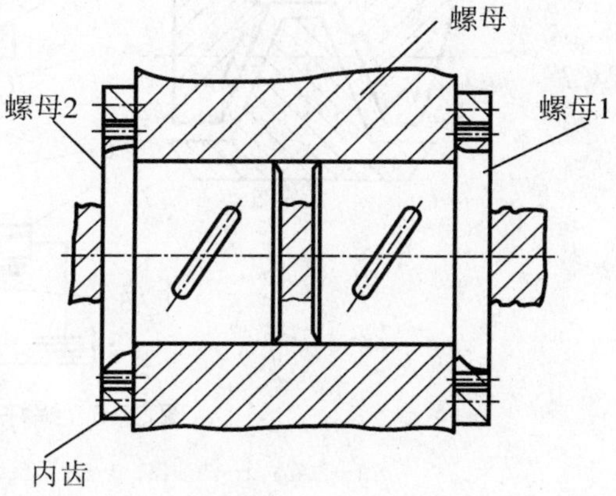

图 5.14　齿差式

3. 滚珠丝杠副的润滑及防护装置

滚珠丝杠副在工作状态下必须润滑，以保证其充分发挥机能。润滑方式主要有以下两种：润滑脂、润滑油。润滑脂的给脂量一般是螺母内部空间容积的 1/3，某些生产厂家在装配时螺母内部已加注润滑脂。而润滑油的给油量随行程、润滑油的种类、使用条件等的不同而不同。

滚珠丝杠副与滚动轴承一样，如果污物及异物进入就很快使其磨损，因此考虑油污物异物(切削)进入时，必须采用防尘装置，将丝杠轴完全保护起来。防尘装置可采用可随移动部件移动而收展的钢制盖板或柔性卷帘。

5.4.2　静压蜗杆—蜗轮齿条传动

静压蜗杆—蜗轮齿条是一种精密传动副，用于将回转运动转变为直线位移。蜗杆可看做长度很短的丝杠，其长径比很小，蜗轮齿条则可以看做一个很长的螺母沿轴向剖开后的一部分。与滚珠丝杠不同，蜗轮齿条能无限接长，因此，运动部件的行程可以很长。

流体静压蜗杆—蜗轮，齿条机构是在蜗杆和蜗轮齿条的啮合面间注入一层高刚度的吸振油膜使两啮合面间成为液体摩擦。这层油膜不但从根本上解决了传动副的磨损问题，而且减小了传动件的制造误差对传动精度的影响，从而起到平均误差的作用。液体摩擦阻力小，摩擦因数小于 0.000 5，功率消耗少，传动效率高，可达 0.94～0.98，同时这种传动有良好的承载刚度，并有很好的工作特性，有利于消除低速爬行，故在重型机床、数控机床及其他重载精密机械中得到应用。

流体静压蜗杆—蜗轮齿条的工作原理如图 5.15 所示，图中油腔开在蜗轮上，用毛细管节流的定压供油方式给该机构提供压力油。从液压泵输出的压力油，经过蜗杆螺纹内的毛细管节流器，分别进入蜗杆—蜗轮齿条的两侧面油腔内，然后经过啮合面之间的间隙，再进入齿顶与齿根的间隙，压力降为零，流回油箱。

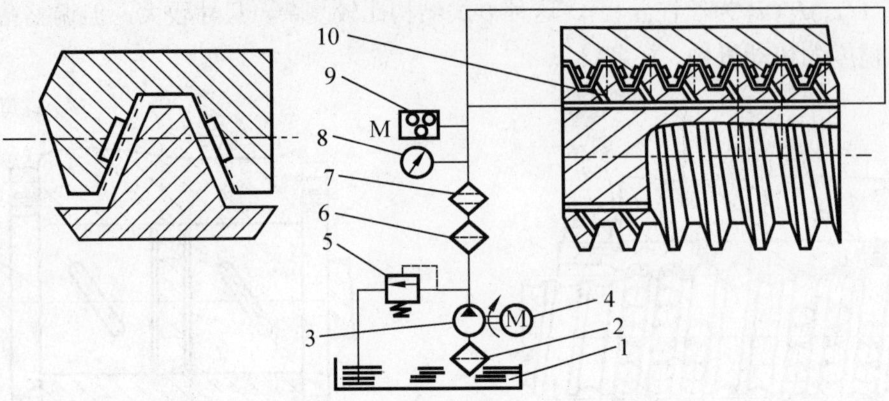

图 5.15　蜗杆—蜗轮齿条工作原理

1—油箱；2—滤油器；3—液压泵；4—电动机；5—溢流阀；6—粗滤油器；
7—精滤油器；8—压力表；9—压力继电器；10—调速阀

5.4.3　预加载荷双齿轮齿条

工作行程很大的大型数控机床通常采用齿轮齿条来实现进给运动。当进给力不大时，可以采用类似于圆柱齿轮传动中的双薄片齿轮结构，通过错齿的方法来消除间隙；当进给力较大时，通常采用双厚齿轮的传动结构。图 5.16 所示为双厚齿轮的传动结构图。进给运动由轴 2 输入，通过两对斜齿轮将运动传给轴 1 和轴 3，然后由两个直齿轮 4 和 5 去传动齿条，带动工作台移动。轴 2 上两个斜齿轮的螺旋线的方向相反。如果通过弹簧在轴 2 上作用一个轴向力 F，使斜齿轮产生微量的轴向移动，这时轴 1 和轴 3 便以相反的方向转过微小的角度，使齿轮 4 和 5 分别与齿条的两齿面贴紧，消除了间隙。

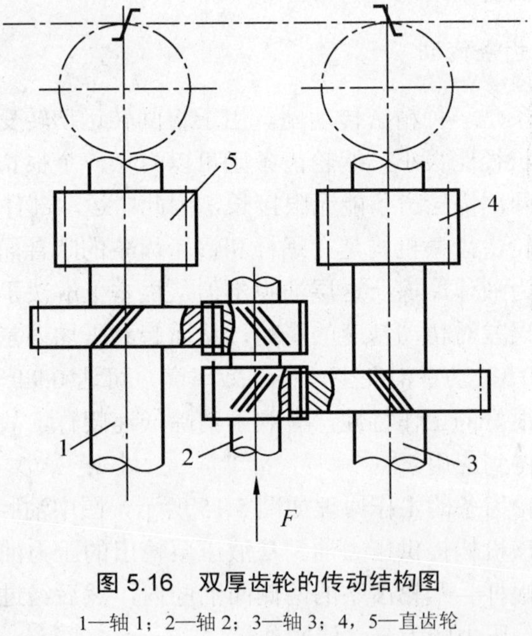

图 5.16　双厚齿轮的传动结构图

1—轴 1；2—轴 2；3—轴 3；4，5—直齿轮

5.4.4 直线电动机传动

直线电动机的工作原理与旋转电动机没有本质区别，可将其视为旋转电动机沿圆周方向拉伸展平的产物，如图 5.17 所示，对应于旋转电动机的定子部分，称为直线电动机的初级；对应于旋转电动机的转子部分，称为直线电动机的次级。当多相交变电流通过多相对称绕组时，就会在直线电动机初级和次级之间的气隙中产生一个行波磁场，从而使初级和次级之间相对移动。当然，二者之间也存在下一个垂直力，可以是吸引力，也可以是排斥力。

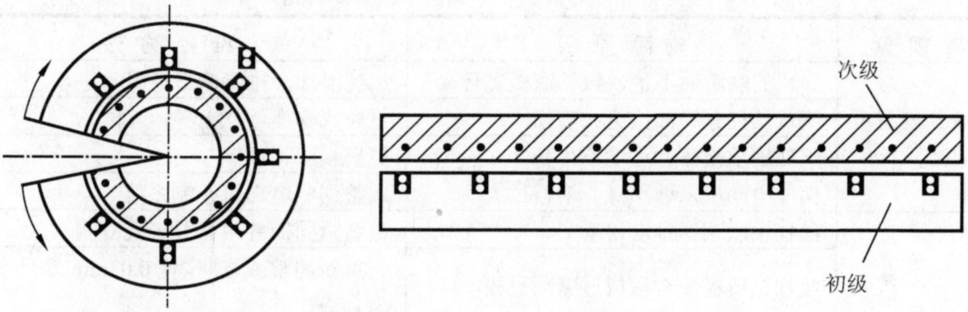

(a) 旋转电动机 (b) 直线电动机

图 5.17 旋转电动机展平为直线电动机的过程

直线电动机可以分为步进直线电动机、直流直线电动机和交流直线电动机三类。在数控机床上主要使用交流直线电动机。

在结构上，直流电动机可以有如图 5.18 所示的短次级和短初级两种形式。为了减小发热量和降低成本，高速数控机床用直线电动机一般采用图 5.18(b)所示的短初级和动次级结构。

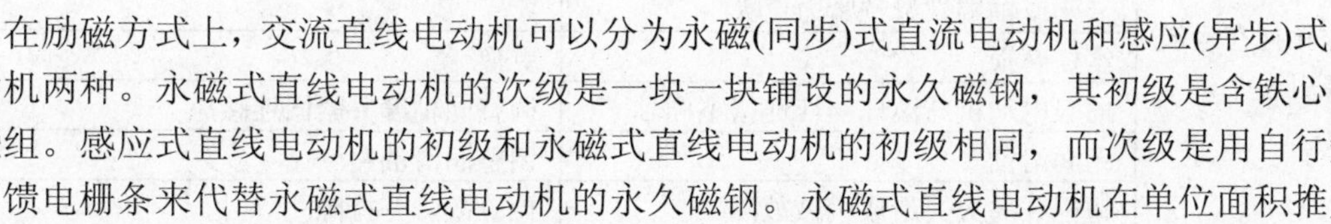

(a) 短次级 (b) 短初级

图 5.18 直线电动机的形式

在励磁方式上，交流直线电动机可以分为永磁(同步)式直流电动机和感应(异步)式直流电动机两种。永磁式直线电动机的次级是一块一块铺设的永久磁钢，其初级是含铁心的三相绕组。感应式直线电动机的初级和永磁式直线电动机的初级相同，而次级是用自行短路的不馈电栅条来代替永磁式直线电动机的永久磁钢。永磁式直线电动机在单位面积推力、效率、可控性等方面均优于感应式直线电动机，但其成本高，工艺复杂，而且给数控机床的安装、使用和维护带来不便。感应式直线电动机在不通电时是没有磁性的，因此有利于数控机床的安装、使用和维护。近年来，感应式直线电动机性能不断改进，已接近永磁式直线电动机的水平，已应用于机械行业中。

近年来，随着直线电动机技术的成熟，不断将直线电动机应用于伺服进给系统组成高速机床。此结构无中间传动链，精度高、进给快、无长度限制，但散热差，防护要求特别高。

与原旋转电动机传动相比，在机床进给系统中，采用直线电动机直接驱动取消了从电动机到工作台(拖板)之间的机械传动环节，把机床进给传动链的长度缩短为零，因而这种传动方式又称“零传动”。正是由于这种“零传动”方式，带来了原旋转电动机驱动方式无法达到的性能指标和优点。

5.4.5　滚珠丝杠的常见故障、故障原因及维修方法

表 5-4 所示为滚珠丝杠的常见故障、故障原因及维修方法。

表 5-4　滚珠丝杠的常见故障、故障原因及维修方法

故障现象	故障原因	维修方法
加工工件表面粗糙度值高	导轨的润滑油不足，致使溜板爬行	加润滑油，排除润滑故障
	滚珠丝杠有局部拉毛或磨损	更换或修理丝杠
	丝杠轴承损坏，运动不平稳	更换损坏轴承
	伺服电动机未调整好，增益过大	调整伺服电动机控制系统
反向误差大，加工精度不稳定	丝杠轴联轴器锥套松动	重新紧固，并用百分表反复测试
	丝杠轴滑板配合压板过紧或过松	重新调整或修研，使 0.03mm 塞尺塞不入为合格
	丝杠轴滑板配合楔铁过紧或过松	重新调整或修研，使接触率达 70%以上，使 0.03mm 塞尺塞不入为合格
	滚珠丝杠预紧力过紧或过松	调整预紧力，检查轴向窜动值，使其误差不大于 0.015mm
	滚珠丝杠副端面与结合面不垂直，结合过松	修理、调整或加垫处理
	丝杠支座轴承预紧力过紧或过松	修理调整
	滚珠丝杠制造误差大或轴向窜动	用控制系统自动补偿功能消除间隙，用仪器测量并调整丝杠窜动
	润滑油不足或没有	调节至各导轨面均有润滑油
	其他机械干涉	排除干涉部位
滚珠丝杠在运转中转矩过大	二滑板配合压板过紧或研伤	重新调整或修研压板，使 0.04mm 塞尺塞不入为合格
	滚珠丝杠螺母反向器损坏，滚珠丝杠卡死或轴端螺母预紧力过大	修复或更换丝杠，并精心调整
	丝杠磨损	更换
	伺服电动机与滚珠丝杠连接不同轴	调整同轴度并紧固连接座
	无润滑油	调整润滑油路
	超程开关失灵造成机械故障	检查故障并排除
	伺服电动机过热报警	检查故障并排除
丝杠螺母润滑不良	分油器是否分油	检查定量分油器
	油管是否堵塞	清除污物使油管畅通
滚珠丝杠副噪声	丝杠支承轴承的压盖压合情况不好	调整轴承压盖，使其压紧轴承端面
	丝杠支承轴承可能破裂	如轴承破损，更换新轴承
	电动机与丝杠联轴器松动	拧紧联轴器，锁紧螺钉
	丝杠润滑不良	改善润滑条件，使润滑油量充足
	滚珠丝杠副滚珠有破损	更换新滚珠

续表

故障现象	故障原因	维修方法
滚珠丝杠运动不灵活	轴向预加载荷过大	调整轴向间隙和预加载荷
	丝杠与导轨不平行	调整丝杠支座位置，使丝杠与导轨平行
	螺母轴线与导轨不平行	调整螺母座位置
	丝杠弯曲变形	调整丝杠
滚珠丝杠润滑状况不良	丝杠副润滑不良，噪声较大	用润滑脂润滑丝杠，需移动工作台，取下罩套，涂上润滑脂

5.5　导轨副故障的诊断与维修

5.5.1　导轨副

导轨主要用来支承和引导运动部件沿一定的轨道运动，从而保证各部件的相对位置和相对位置精度。导轨在很大程度上决定了数控机床的刚度、精度和精度保持性，所以数控机床要求导轨的导向精度要高，耐磨性要好，刚度要大和良好的摩擦特性。

导轨副按接触面的摩擦性质可以分为滑动导轨、静压导轨和滚动导轨。

1. 滑动导轨

滑动导轨分为金属对金属的一般类型的导轨和金属对塑料的塑料导轨两类。金属对金属的一般类型的导轨，静摩擦因数大，动摩擦因数随速度变化而变化，在低速时易产生爬行现象。而相对于一般导轨，塑料导轨具有塑料化学成分稳定、摩擦因数小、耐磨性好、耐腐蚀性强、吸振性好、比重小、加工成形简单，能在任何液体或无润滑条件下工作等特点，在数控机床中得到了应用。塑料导轨有聚四氟乙烯导轨软带和环氧性耐磨导轨涂层两种。在使用中，前者用粘贴的方法，因此习惯称为“贴塑导轨”；后者涂层导轨采用涂刮或注入膏状塑料的方法，习惯称为“注塑导轨”。塑料导轨的缺点是耐热性差、热导率低、热膨胀系数比金属大、在外力作用下易产生变形、刚性差、吸湿性大、影响尺寸稳定性。

2. 静压导轨

液体静压导轨指压力油通过节流器进入两相对运动的导轨面，所形成的油膜使两导轨面分开，保证导轨面在液体摩擦状态下工作。在工作中，导轨面上油腔上的油压是随外加载荷的变化自动调节的。其摩擦特性好，摩擦因数与速度为线性关系，但变化很小，启动摩擦因数可小至 0.000 5。静压导轨有很强的吸振性，导轨运动平稳，无爬行，应用在高精度、高效率的大型、重型数控机床上。液体静压导轨的结构形式可分为开式静压导轨和闭式静压导轨两种。图 5.19 为开式静压导轨工作原理。对于闭式液体静压导轨，其导轨的各个方向导轨面上均开有油腔，所以闭式导轨具有承受各方向载荷的能力，且其导轨保持平衡性较好。除液体静压导轨外还有气体静压导轨，又称气垫导轨，其摩擦因数比液体静压导轨还小。

3. 滚动导轨

滚动导轨是在导轨面间放置滚珠、滚柱、滚针等滚动体，使导轨面间的摩擦为滚动摩擦，滚动导轨具有运动灵敏度高、定位精度高、精度保持性好和维修方便的优点。图 5.20 所示为直线滚动导轨外形。

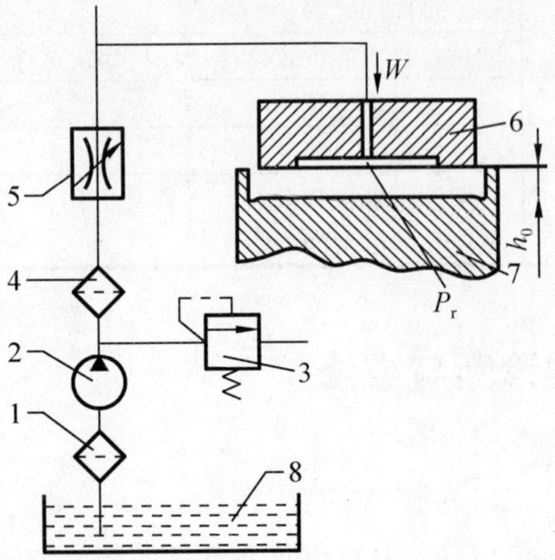

图 5.19　开式静压导轨工作原理

1—粗过滤器；2—液压泵；3—溢流阀；4—精过滤器；
5—调速阀；6—运动导轨；7—床身导轨；8—油箱

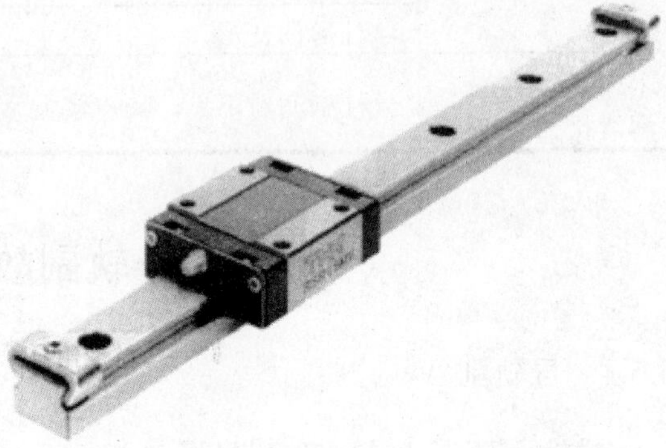

图 5.20　直线滚动导轨外形

滚动导轨副按结构形式可分为滚动导轨和滚柱导轨块两种。其中滚动导轨多用于中、小型数控机床中。滚柱导轨块用滚子做滚动体，与数控机床床身导轨配合使用，不受行程长度的限制，承载能力和刚度较强，但摩擦因数略大，常用在重型机床中。目前滚动导轨副已经作为标准件由专门的厂家生产。其规格由生产厂家制定，但它们的工作原理都是相同的。

滚动导轨副按形状可分为滚动直线导轨副、滚动圆弧导轨副。其中滚动圆弧导轨副可以实现任意直径大小圆弧或圆周运动，克服了用轴承或滚动支承等设备加工而带来的尺寸限制，理论上讲圆弧导轨副在直径越大的场合，设计、制造、安装、维护等就越方便。

滚动直线导轨副按导轨与滑块的关系分为整体型导轨副和分离型导轨副。对于分离型导轨副，在实际使用中可以任意调整导轨与滑块之间的预加载荷，提高系统的刚性或运动的平稳性；而且导轨副的高度很低，可以在很狭小的空间实现精密直线导向运动。

滚动直线导轨副就精度而言，国外品牌分为 P、H、N 级，国产品牌分为 3、4、5 级，其中 N 级、5 级精度最低，价格相对便宜。厂家还按导轨横截面的宽度设置导轨型号，如宽度为 16mm，则为 16 型导轨，购买时还应注意滑块有无法兰。

按导轨副中是否有带球保持器分为普通型滚动直线导轨和低噪声型滚动直线导轨。因带球保持器使得滚珠与保持器之间形成了油膜接触，避免了滚珠之间的摩擦，使得导轨副在运行时发热量大大降低，运行稳定，也实现导轨副的高速、高精度运动。

4. 滚动导轨的安装、预紧

直线滚动导轨副的安装固定方式主要有螺钉固定、压板固定、定位销固定和斜楔块固定，如图 5.21 所示。直线滚动导轨的安装形式可以水平、竖直或倾斜，可以两根或多根平行安装，也可以把两根或多根短导轨接长，以适应各种行程和用途的需要。采用直线滚动导轨副，可以简化机床导轨部分的设计、制造和装配工作。滚动导轨副安装基面的精度要求不太高，通常只要精铣或精刨。由于直线滚动导轨对误差有均化作用，安装基面的误差不会完全反映到滑座的运动上来；通常滑座的运动误差约为基面误差的 1/3。

在实际使用中，通常是两根导轨成对使用，其中一条为基准导轨，通过对基准导轨的正确安装，以保证运动部件相对于支承元件的正确导向。在安装时，将基准导轨的定位面紧靠在安装基准面上，先从另一面顶紧，然后再固定。图 5.21(a)所示用紧定螺钉顶紧然后再用螺钉固定；图 5.21(b)所示用压板顶紧，也可在压板上再加紧固螺钉；图 5.21(c)所示中导轨的侧基面是装配式，工艺性较好；图 5.21(d)所示用楔块顶紧；图 5.21(e)所示在同一平面内平行安装两副导轨，该方法适用于有冲击和振动，精度要求较高的场合；数控机床滚动导轨的安装，多数采用此办法。

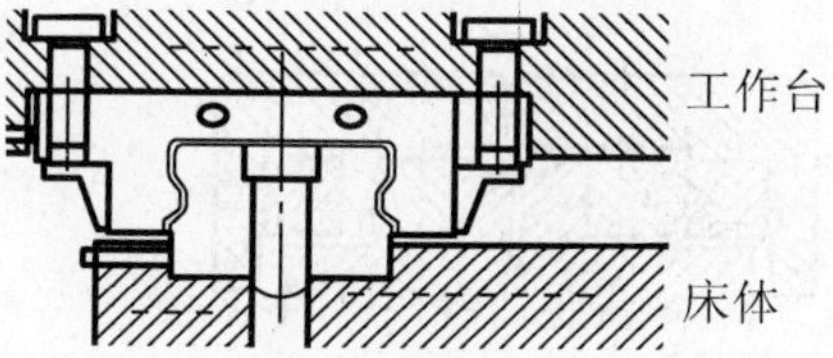

(a) 用螺钉固定

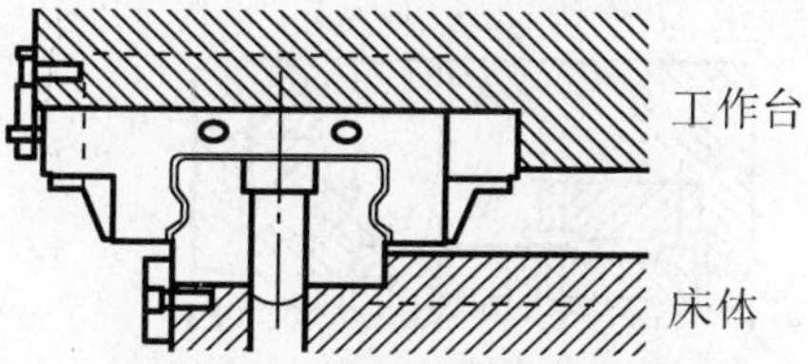

(b) 用压板和螺钉固定

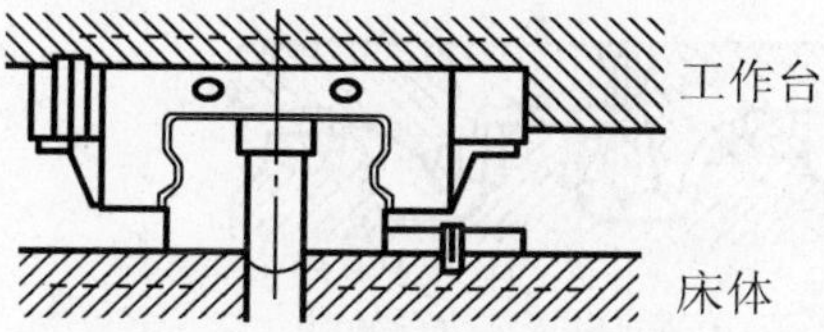

(c) 定位销固定

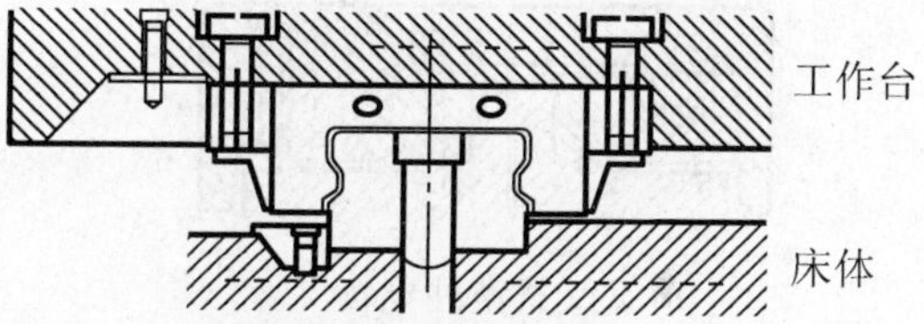

(d) 用楔块和螺钉固定

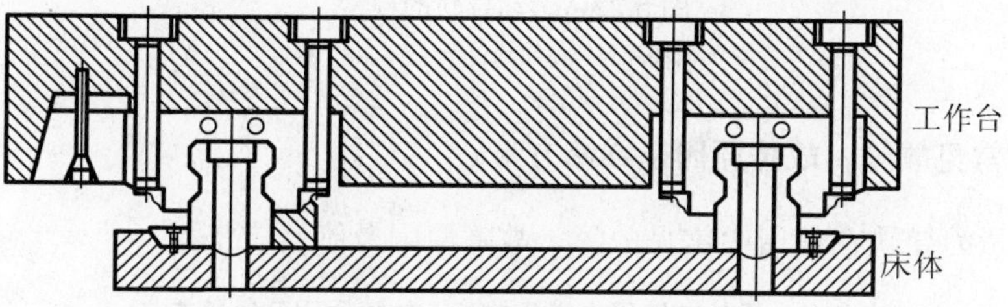

(e) 导轨平行安装

图 5.21　滚动直线导轨副的安装固定方式

安装前必须检查导轨是否有合格证，有否碰伤或锈蚀，用防锈油清洗干净，清除装配表面的毛刺、撞击突起物及污物等；检查装配连接部位的螺栓孔是否吻合，如果发生错位而强行旋入螺栓，将会降低运行精度。

导轨安装步骤如下：

(1) 将导轨基准面紧靠机床装配表面的侧基面，对准螺孔，将导轨轻轻地用螺栓予以固定。

(2) 拧紧导轨侧面的顶紧装置，使导轨基准侧面紧靠贴床身的侧面。

(3) 按表 5-5 所示的参考值，用力矩扳手拧紧导轨的安装螺钉；从中间开始按交叉顺序向两端拧紧。

表 5-5　推荐的拧紧力矩

螺钉规格	M3	M4	M5	M6	M8	M10	M12	M14
拧紧力矩/(N·m)	1.6	3.8	7.8	11.7	28	60	100	150

导轨预紧是为了提高滚动导轨的刚度。预紧可提高接触刚度和消除间隙；在立式导轨上，预紧可防止滚动体脱落和歪斜。常见的预紧方式有采用过盈配合和调整法两种。

(1) 采用过盈配合：预加载荷大于外加载荷，预紧力产生过盈理 2～3 μm，过大会使牵引力增加。若运运部件较重，其重力可起预加载荷的作用。若刚度满足要求，可不施预加载荷。

(2) 调整法：利用螺钉、斜块或偏心轮调整来进行预紧。

图 5.22 所示为滚动导轨预紧的几种主法。

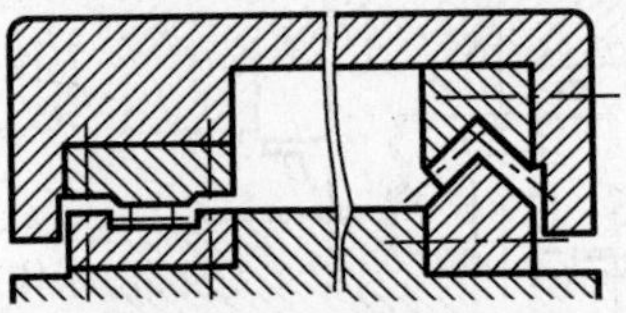

(a) 滚柱或滚针导轨自由支承

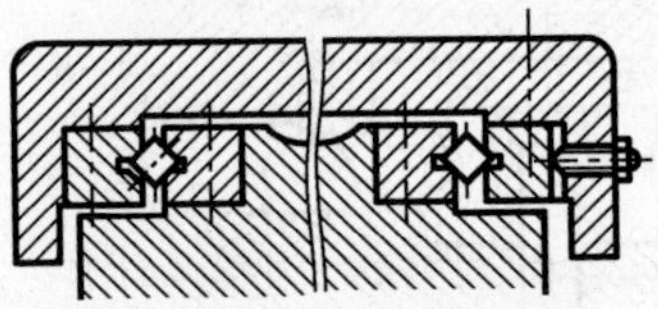

(b) 滚柱或滚针导轨预加载

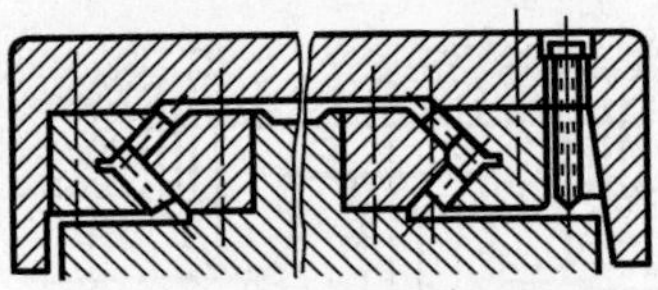

(c) 交叉式滚柱导轨

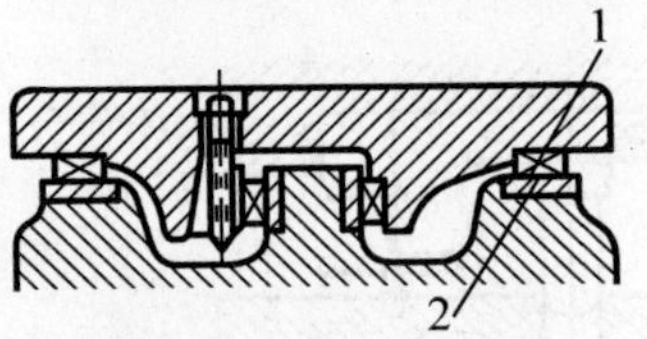

(d) 循环式滚动导轨块

图 5.22　滚动导轨的预紧

1—循环式直线导轨块；2—淬火钢导轨

5.5.2　导轨的常见故障、故障原因及维修方法

表 5-6 所示为导轨在使用中常见故障、故障原因及维修方法。

表 5-6　导轨在使用中常见故障、故障原因及维修方法

故障现象	故 障 原 因	维 修 方 法
导轨研伤	数控机床经长时间使用，地基与床身水平度有变化，使导轨局部单位面积载荷过大	定期进行床身导轨的水平度调整，或修复导轨精度
	长期加工短工件或承受过分集中的载荷，使导轨局部磨损严重	注意合理分布短工件的安装位置，避免载荷过分集中
	导轨润滑不良	调整导轨润滑油量，保证润滑油压力
	导轨材质不佳	采用电镀加热自冷淬火对导轨进行处理，导轨上增加锌铝铜合金板，以改善摩擦情况
	刮研质量不符合要求	提高刮研修复的质量
	机装维护不良，导轨里落入脏物	加强数控机床保养，保护好导轨防护装置

续表

故障现象	故 障 原 因	维 修 方 法
导轨上移动部件运动不良或不能移动	导轨面研伤	用 180 号砂布修磨数控机床与导轨面上的研伤
	导轨压板研伤	卸下压板，调整压板与导轨间隙
	导轨镶条与导轨间隙太小，调得太紧	松开镶条防松螺钉，调整镶条螺栓，使运动部件运动灵活，使 0.03mm 的塞尺塞不入，然后锁紧防松螺钉
加工面在接刀处不平	导轨直线度超差	调整或修刮导轨，允差为 0.015/500mm
	工作台镶条松动或镶条弯度太大	调整镶条间隙，镶条弯度在自然状态下小于 0.05mm/全长
	数控机床水平度差，使导轨发生弯曲	调整数控机床安装水平度，保证平行度、垂直度在 0.02/1 000mm 之内

5.6　液压、气动系统故障诊断与维修

5.6.1　数控机床液压回路常见故障及维修

液压传动系统在数控机床中占有很重要的位置，加工中心的刀具自动交换系统(ATC)，托盘自动交换系统，主轴箱的平衡，主轴箱齿轮的变挡以及回转工作台的夹紧等一般都采用液压系统来实现。

数控机床液压设备是由机械、液压、电气及仪表等组成的统一体，分析系统的故障之前必须弄清楚整个液压系统的传动原理、结构特点，然后根据故障现象进行分析、判断，确定区域、部位、某个元件。液压系统的工作总是由压力、流量、液流方向来实现的，可按照这些特征找出故障的原因并及时给予排除。造成故障的主要原因一般有三种情况：一是设计不完善或不合理；二是操作安装有误，使零件、部件运转不正常；三是使用、维护、保养不当。前一种故障必须充分分析研究后进行改装、完善，后两种故障可以用修理及调整的方法解决。

1. 液压泵常见故障的可能原因及排除方法

液压泵主要有齿轮泵、叶片泵等，下面以齿轮泵为例介绍故障及其诊断。齿轮泵最常见的故障是泵体与齿轮的磨损、泵体的裂纹、机械损伤。出现以上情况一般必须大修或更换零件。

在机器运行过程中，齿轮泵常见的故障有：噪声严重及压力波动；输油量不足；液压泵运转不正常或有咬死现象。

1) 噪声严重及压力波动可能原因及排除方法

(1) 泵的过滤器被污物阻塞不能起滤油作用：用干净的清洗油将过滤器去除污物。

(2) 油位不足，吸油位置太高，吸油管露出油面：加油到油标位，或降低吸油位置。

(3) 泵体与泵盖的两侧没有加纸垫；泵体与泵盖不垂直密封；旋转时吸入空气；泵体与泵盖间加入纸垫；泵体用金刚砂在平板上研磨，使泵体与泵盖垂直度误差不超过 0.005mm，紧固泵体与泵盖的联结，不得有泄漏现象。

(4) 泵的主动轴与电动机联轴器不同心，有扭曲摩擦：调整泵与电动机联轴器的同心度，使其误差不超过 0.2mm。

(5) 泵齿轮的啮合精度不够：对研齿轮达到齿轮啮合精度。

(6) 泵轴的油封骨架脱落，泵体不密封：更换合格泵轴油封。

2) 输油不足的可能原因及排除方法

(1) 轴向间隙与径向间隙过大：小于齿轮泵的齿轮两侧端面在旋转过程中与轴承座圈产生相对运动会造成磨损，轴向间隙和径向间隙过大时必须更换零件。

(2) 泵体裂纹与气孔泄漏现象：泵体出现裂纹时需要更换泵体，泵体与泵盖间加入纸垫，紧固各连接处螺钉。

(3) 油液黏度太高或油温过高：用 20 号机械油选用适合的温度，一般 20 号全损耗系统用油适宜在 10～50℃的温度工作，如果三班工作，应装冷却装置。

(4) 电动机反转：纠正电动机旋转方向。

(5) 过滤器有污物，管道不畅通：清除污物，更换油液，保持油液清洁。

(6) 压力阀失灵：修理或更换压力阀。

3) 液压泵运转不正常或有咬死现象的可能原因及排除方法

(1) 泵轴向间隙及径向间隙过小：轴向、径向间隙过小则应更换零件间隙。

(2) 滚针转动不灵活：更换滚针轴承。

(3) 盖板和轴的同心度不好：更换盖板，使其与轴同心。调整轴向或径向间隙。

(4) 压力阀失灵：检查压力阀弹簧是否失灵，阀体小孔是否被污物堵塞，滑阀和阀体是否失灵；更换弹簧，清除阀体小孔污物或换滑阀。

(5) 泵轴和电动机联轴器同心度不够：调整泵轴与电动机联轴器同心度，使其误差不超过 0.20mm。

(6) 泵中有杂质：可能在装配时有铁屑遗留，或油液中吸入杂质；用细铜丝网过滤全损耗系统用油，去除污物。

2. 整体多路阀常见故障的可能原因及排除方法

1) 工作压力不足

(1) 溢流阀调定压力偏低：调整溢流阀压力。

(2) 溢流阀的滑阀卡死：拆开清洗，重新组装。

(3) 调压弹簧损坏：更换新产品。

(4) 系统管路压力损失太大：更换管路，或在许用压力范围内调整溢流阀压力。

2) 工作油量不足

(1) 系统供油不足：检查油源。

(2) 阀内泄漏量大：如油温过高，黏度下降，则应采取降低油温措施；如油液选择不当，则应更换油液；如滑阀与阀体配合间隙过大，则应更换新产品。

3) 复位失灵

复位弹簧损坏与变形，更换新产品。

4) 外泄漏

(1) Y 形圈损坏，更换产品。

(2) 油口安装法兰面密封不良：检查相应部位的紧固和密封。

(3) 各结合面紧固螺钉、调压螺钉背帽松动或堵塞：紧固相应部件。

3. 电磁换向阀常见故障的可能原因和排除方法

1) 滑阀动作不灵活

(1) 滑阀被拉坏：拆开清洗，或修整滑阀与阀孔的毛刺及拉坏表面。

(2) 阀体变形：调整安装螺钉的压紧力，安装转矩不得大于规定值。

(3) 复位弹簧折断：更换弹簧。

2) 电磁线圈烧损

(1) 线圈绝缘不良：更换电磁铁。

(2) 电压太低：使用电压应在额定电压的 90%以上。

(3) 工作压力和流量超过规定值：调整工作压力，或采用性能更高的阀。

(4) 回油压力过高：检查背压，应在规定值 16MPa 以下。

4. 液压缸故障及排除方法

1) 外部漏油

(1) 活塞杆碰伤拉毛：用极细的砂纸或油石修磨，不能修的，更换新件。

(2) 防尘密封圈被挤出和反唇：拆开检查，重新更新。

(3) 活塞和活塞杆上的密封件磨损与损伤：更换新密封件。

(4) 液压缸安装定心不良，使活塞杆伸出困难：拆下来检查安装位置是否符合要求。

2) 活塞杆爬行和蠕动

(1) 液压缸内进入空气或油中有气泡：松开接头，将空气排出。

(2) 液压缸的安装位置偏移：在安装时必须检查，使之与主机运动方向平行。

(3) 活塞杆全长和局部弯曲：活塞杆全长校正直线度误差应小于等于 0.03 / 100mm 或更换活塞。

5.6.2 数控机床气压回路常见故障及维修

1. 气动系统维护的要点

(1) 保证供给洁净的压缩空气。压缩空气中通常都含有水分、油分和粉尘等杂质。水分会使管道、阀和缸腐蚀；油分会使橡胶、塑料和密封材料变质、粉尘造成阀体动作失灵。选用合适的过滤器可以清除压缩空气中的杂质，使用过滤器时应及时排除积存的液体，否则当积存液体接近挡水板时，气流仍可将积存物卷起。

(2) 保证空气中含有适量的润滑油。大多数气动执行元件和控制元件都要求适度的润滑。如果润滑不良将会发生以下故障：①由于摩擦阻力增大而造成气缸推力不足，阀芯动作失灵。②由于密封材料的磨损而造成空气泄漏。③由于生锈造成元件的损伤及动作失灵。润滑的方法一般采用油雾器进行喷雾润滑，油雾器一般安装在过滤器和减压阀之后。油雾器的供油量一般不宜过多，通常每 $10m^3$ 的自由空气供 1mL 的油量(即 40～50 滴油)。检查润滑是否良好的一个方法是：找一张清洁的白纸放在换向阀的排气口附近，如果阀在工作三至四个循环后，白纸上只有很轻的斑点时，则表明润滑是良好的。

(3) 保持气动系统的密封性。漏气不仅增加了能量的消耗，也会导致供气压力的下降，甚至造成气动元件工作失常。严重的漏气在气动系统停止运行时，由漏气引起的响声很容易发现；轻微的漏气则利用仪表，或用涂抹肥皂水的办法进行检查。

(4) 保证气动元件中运动零件的灵敏性。从空气压缩机排出的压缩空气，包含有粒度为 0.01～0.08 μm 的压缩机油微粒，在排气温度为 120～220℃的高温下，这些油粒会迅速氧化，氧化后油粒颜色变深，黏性增大，并逐步由液态固化成油泥。这种μm 级以下的颗粒，一般过滤器无法滤除。当它们进入到换向阀后便附着在阀芯上，使阀的灵敏度逐步降低，甚至出现动作失灵。为了清除油泥，保证灵敏度，可在气动系统的过滤器之后，安装油雾分离器，将油泥分离出来。此外，定期清洗阀也可以保证阀的灵敏度。

(5) 保证气动装置具有合适的工作压力和运动速度。调节工作压力时，压力表应当工作可靠，读数准确。减压阀与节流阀调节好后，必须紧固调压阀盖或锁紧螺母，防止松动。

2. 气动系统的点检与定检

(1) 管路系统点检。管路系统点检的主要内容是对冷凝水和润滑油的管理。冷凝水的排放，一般应当在气动装置运行之前进行。但是当夜间温度低于 0℃时，为防止冷凝水冻结，气动装置运行结束后，应开启放水阀门排放冷凝水。补充润滑油时，要检查油雾器中油的质量和滴油量是否符合要求。此外，点检还应包括检查供气压力是否正常，有无漏气现象等。

(2) 气动元件的定检。气动元件的定检的主要内容是彻底处理系统的漏气现象。例如更换密封元件，处理管接头或连接螺钉松动等，定期检验测量仪表、安全阀和压力继电器等。具体可参见表 5-7。

表 5-7　气动元件的定检

元件名称	点 检 内 容
气缸	活塞杆与端面之间是否漏气； 活塞杆是否划伤、变形； 管接头、配管是否划伤、损坏； 气缸动作时有无异常声音； 缓冲效果是否合乎要求
电磁阀	电磁阀外壳温度是否过高； 电磁阀动作时，工作是否正常； 气缸行程到末端时，通过检查阀的排气口是否有漏气来确诊电磁阀是否漏气； 紧固螺栓及管接头是否松动； 电压是否正常，电线有否损伤； 通过检查排气口是否被油润湿，或排气是否会在白纸上留下油雾斑点来判断润滑是否正常
油雾器	油杯内油量是否足够，润滑油是否变色、混浊，油杯底部是否沉积有灰尘和水； 滴油量是否合适
调压阀	压力表读数是否在规定范围内； 调压阀盖或锁紧螺母是否锁紧； 有无漏气

续表

元件名称	点 检 内 容
过滤器	储水杯中是否积存冷凝水； 滤芯是否应该清洗或更换； 冷凝水排放阀动作是否可靠
安全阀 压力继电器	在调定压力下动作是否可靠； 校检合格后，是否有铅封或锁紧； 电线是否损伤，绝缘是否可靠

5.7　刀库及自动换刀装置故障分析与排除

5.7.1　刀库的形式

刀库用于存放刀具，是自动换刀装置中主要部件之一。其容量、布局和具体结构对数控机床的设计有很大影响。根据刀库存放刀具的数目和取刀方式，刀库可设计成多种形式。图 5.23 所示为常见的几种刀库形式。单盘式刀库如图 5.23(a)～5.23(d)所示，存放的刀具数目一般为 15～40 把，为适应机床主轴的布局，刀库上刀具轴线可以按不同方向配置，如轴向、径向或斜向。图 5.23(d)所示是刀具可作 90° 翻转的圆盘刀库，采用这种结构可以简化取刀动作。单盘式刀库的结构简单，取刀也很方便，因此应用广泛。当刀库存放刀具的数目要求较多时，若仍采用单圆盘刀库，则刀库直径增加太大而使结构庞大。为了既能增大刀库容量而结构又较紧凑，研制了各种形式的刀库。如图 5.23(e)所示为鼓轮弹仓式(又称刺猬式)刀库，其结构十分紧凑，在相同的空间内，它的刀库容量最大，但选刀和取刀的动作较复杂。图 5.10(f)是链式刀库，存放刀具的数量较多、选刀和取刀动作十分简单。

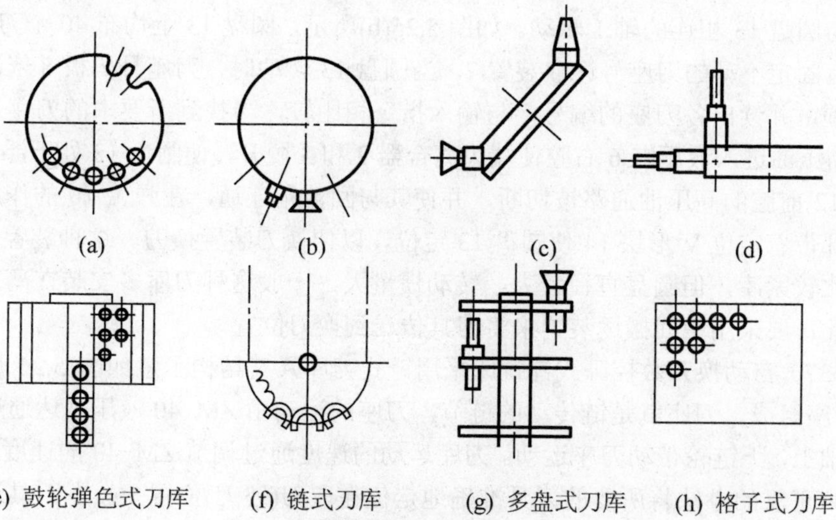

(a)　(b)　(c)　(d)

(e) 鼓轮弹色式刀库　(f) 链式刀库　(g) 多盘式刀库　(h) 格子式刀库

图 5.23　常见的几种刀库形式

图 5.24 所示为链式刀库，其结构有较大的灵活性。图 5.24(a)所示是某一自动换刀数控镗铣床所采用的单排链式刀库简图，刀库置于数控机床立柱侧面，可容纳 45 把刀具，如刀具储存量过大，将使刀库过高。为了增加链式刀库的储存量，可采用图 5.24(b)所示的多排链式刀库，我国 JCS-013 型自动换刀数控镗铣床采用了四排刀链，每排储存 15 把刀具，整个刀库储存 60 把刀具。这种刀库常独立安装于数控机床之外，因此占地面积大。由于刀库远离主轴，必须有刀具中间搬运装置，使整个换刀系统结构复杂。图 5.24(c)所示为加长链条的链式刀库，采用增加支承链轮数目的方法，使链条折叠回绕，提高其空间利用率，从而增加了刀库的储存量。此外，还有多盘式和格子式刀库，如图 5.23(g)、图 5.23(h)所示，这种刀库虽然储存量大，但结构复杂，选刀和取刀动作多，故较少采用。

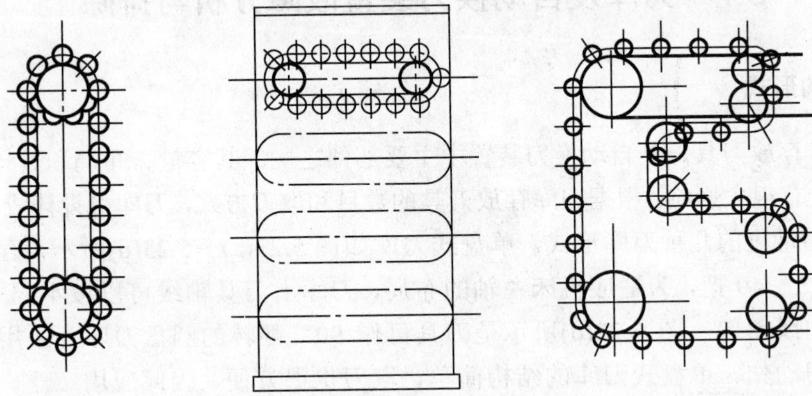

(a) 单排链式刀库　　(b) 多排链式刀库　　(c) 加长链条链条刀库

图 5.24　链式刀库

刀库除存储刀具外，还要根据要求将各工序所用的刀具运送到取刀位置。刀库常采用单独驱动装置。如图 5.25(a)、图 5.25(b)所示为圆盘式刀库的结构图，可容纳 40 把刀具，图 5.25(a)所示为刀库的驱动装置，由液压马达驱动，通过蜗杆 4 和蜗轮 5，端齿离合器 2 和 3 带动与圆盘 13 相连的轴 1 转动。如图 5.25(b)所示，圆盘 13 上均布 40 个刀座 9，其外侧边缘上有固定不动的刀座号读取装置 7。当圆盘 13 转动时，刀座号码板 8 依次经过刀座号读取装置，并读出各刀座的编号，与输入指令相比较，当找到所要求的刀座号时，即发出信号，高压油进入液压缸 6 右腔使端齿离合器 2 和 3 脱开，使圆盘 13 处于浮动状态。同时液压缸 12 前腔的高压油通路被切断，并使其与回油箱连通，在弹簧 10 的作用下，液压缸的活塞杆带着定位 V 形块 14 使圆盘 13 定位，以便换刀装置换刀。这种装置比较简单，总体布局比较紧凑，但圆盘直径较大，转动惯量大，一般这种刀库多安装在离主轴较远的位置，因此，要采用中间搬运装置来将刀具传送到换刀位置。

THK6370 自动换刀数控卧式镗铣床采用链式刀库，其结构示意如图 5.26 所示。刀库由 45 个刀座组成，刀座就是链传动的链节，刀座的运动由 ZM-40 液压马达通过减速箱传到下链轮轴上，下链轮带动刀座运动。刀库运动的速度通过调节 ZM-40 的速度来实现。刀座的定位用正靠的办法将所要的刀具准确地定位在取刀(还刀)位置上。在刀具进入取刀位置之前，刀座首先减速。刀座上的燕尾进入刀库立柱的燕尾导轨，在选刀与定位区域内，刀座在燕尾导轨内移动，以保持刀具编码环与选刀器的位置关系的一致性。

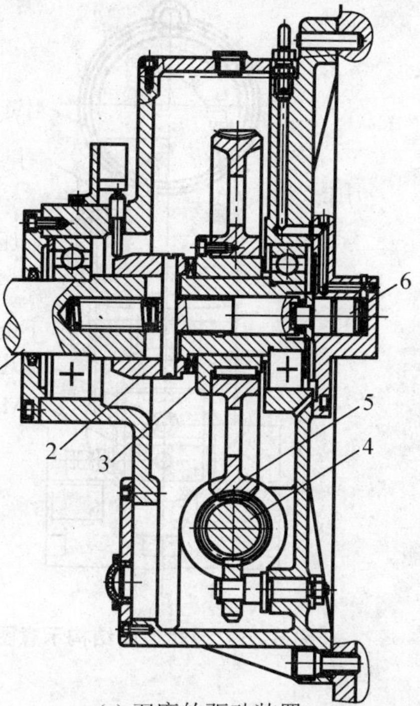

(a) 刀库的驱动装置

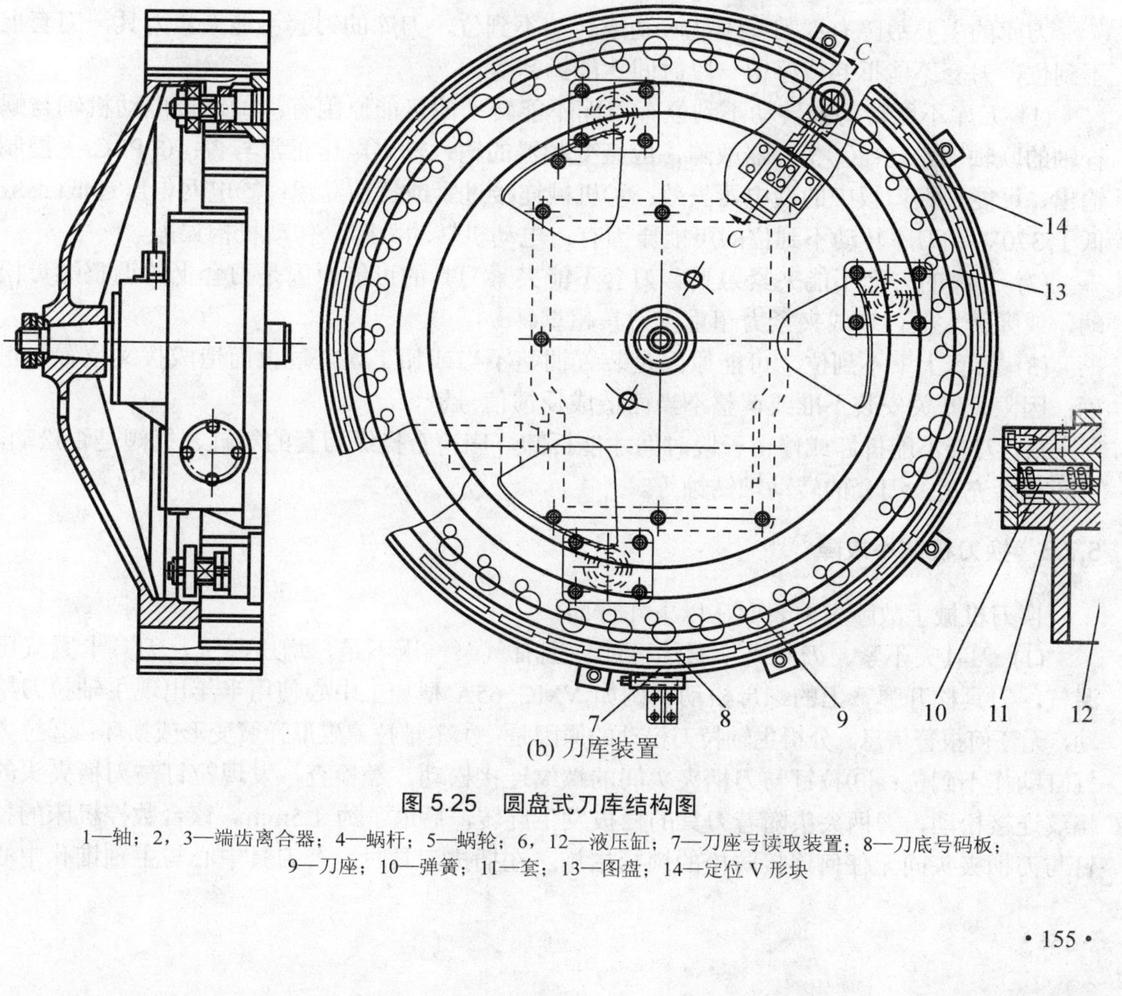

(b) 刀库装置

图 5.25　圆盘式刀库结构图

1—轴；2，3—端齿离合器；4—蜗杆；5—蜗轮；6，12—液压缸；7—刀座号读取装置；8—刀底号码板；9—刀座；10—弹簧；11—套；13—图盘；14—定位 V 形块

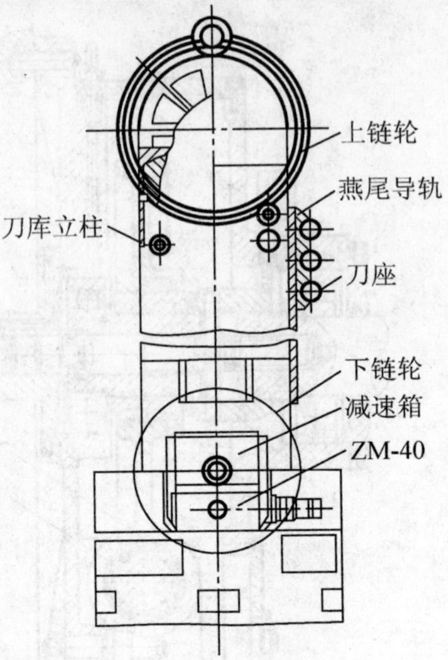

图 5.26　链式刀库结构示意图

5.7.2　刀库的故障

刀库的主要故障有：刀库不能转动或转动不到位，刀库的刀套不能夹紧刀具，刀套上不到位，刀套不能拆卸或停留一段时间才能拆卸等。

(1) 刀库不能转动或转动不到位。刀库不能转动的可能原因有：①连接电动机轴与蜗杆轴的联轴器松动；②变频器故障，应查变频器的输入输出电压正常与否；③PLC 无控制输出，可能是接口板中的继电器失效；④机械连接过紧或黄油黏涩；⑤电网电压过低(不应低于 370V)。刀库转动不到位的可能原因有：电动机转动故障，传动机构误差。

(2) 刀库的刀套不能夹紧刀具。刀套不能夹紧刀具的可能原因是刀套上的调整螺母松动，或弹簧太松，造成夹紧力超重，刀具超重。

(3) 刀套上下不到位。可能原因是装置调整不当或加工误差过大而造成拨叉位置不正确；因限位开关安装不准或调整不当而造成反馈信号错误。

(4) 刀套不能拆卸或停留一段时间才能拆卸。应检查操纵刀套的气缸、气阀是否松动，气压是否充足，刀套的转动轴锈蚀等。

5.7.3　换刀机械手故障

换刀机械手故障主要表面在以下几方面：

(1) 刀具夹不紧。刀具夹不紧的可能原因有气泵气压不足，增压漏气，刀具卡紧气压漏气，刀具松开弹簧上的螺母松动。例如 VMC-65A 型加工中心使用半年出现主轴拉刀松动，无任何报警信息。分析主轴拉刀松动的原因是：①主轴拉刀碟形弹簧变形或损坏；②拉力气缸动作不到位；③拉钉与刀柄夹头间的螺纹连接松动。经检查，发现拉钉与刀柄夹头的螺纹连接松动，刀柄夹头随着刀具的插拔发生旋转，后退了约 1.5mm。该台数控机床的拉钉与刀柄夹头间无任何连接防松的锁紧措施。在插拔刀具时，若刀具中心与主轴锥孔中心稍有偏差，刃柄夹头与刀柄间就会存在一个偏心摩擦。刀柄夹头在这种摩擦和冲击的共同作用下，时间一长，螺纹松动退丝，出现主轴拉刀松动的现象。若将主轴拉钉和刀柄夹头的螺纹连接用螺纹锁固密封胶锁固及锁紧螺母锁紧后，故障消除。

(2) 刀具夹紧后松不开。刀具夹紧后松不开的可能原因有松夹弹簧压合过紧，应调节松夹弹簧上的螺母，使最大载荷不超过额定数值。

(3) 刀具从机械手中脱落。应检查刀具是否超重，机械手卡紧锁是否损坏或没有弹出来。

(4) 刀具交换时掉刀。换刀时主轴箱没有回到换刀点或换刀点漂移，机械手抓刀时没有到位，就开始拔刀，都会导致换刀时掉刀。这时应重新操作主轴箱运动，使其回到换刀点位置，重新设定换刀点。

(5) 机械手换刀速度过快或过慢。机械手换刀速度过快或过慢的可能原因是气压太高或太低，换刀气阀节流开口太大或太小。应调整气压大小和节流阀开口的大小。

小　结

数控机床的主传动系统包括主轴电动机、传动系统和主轴组件，变速方式有无级变速和分段无级变速。主轴部件是数控机床的一个关键部件，它包括主轴的支承、安装在主轴上的传动零件等。主轴部件应满足对主轴的回转精度、部件的结构刚度和抗振性、运转温度和热稳定性以及部件的耐磨性和精度保持能力等。

数控机床的进给传动系统是伺服系统的重要组成部分，它将伺服电动机的旋转运动或直线伺服电动机的直线运动通过机械传动结构转化为执行部件的直线或回转运动。目前，数控机床进给系统中的机械传动装置常用的有如下几种：滚珠丝杠副，导轨副，静压蜗杆—蜗轮齿条传动，预加载荷双齿轮齿条及直线电动机。数控机床进给系统中的机械传动装置和器件具有高寿命、高刚度、无间隙、高灵敏度和低摩擦阻力等特点。

数控机床液压与气动系统故障的排除，首先必须弄清楚整个液(气)压系统的传动原理、结构特点，然后根据故障现象进行分析、判断，确定区域、部位、某个元件。液(气)压系统的工作总是由压力、流量、液流方向来实现的，可按照这些特征找出故障的原因并及时给予排除。

自动换刀装置应当具备换刀时间短、刀具重复定位精度高、足够的刀具储备量、占地面积小、安全可靠等特性。常见的自动换刀装置有回转刀架、转塔头、刀具与主轴之间直接换刀、用机械手配合刀库进行换刀。

思　考　题

1．数控机床机械结构主要有哪些部分？

2．数控机床有哪些常见机械故障及其分类？数控机床机械故障的常用诊断方法有哪些？

3．主传动系统的特点、一般有哪些调试方法？

4．滚珠丝杠副的循环方式有几种？为何要预紧？预紧的方法有哪些？

5．滚珠丝杠支承的方式有哪些？各有什么特点？应用在什么场合？

6．导轨副的分类有哪些？各有什么特点？

7．如何降低滚动导轨副在运动中产生的噪声？

8．试述流体静压蜗杆—蜗轮齿条传动机构的特点及应用场合。

9．液压系统维修的要点是什么？

10．气动系统点检包括哪些内容？

11．刀库的常见故障有哪些形式？什么原因引起的？如何排除？

12．换刀机械手有哪些种类？各有什么特点？

13．刀库与换刀机械手的维护要点是什么？

14．VMC-65A 型加工中心使用半年出现主轴拉刀松动，无任何报警信息。此故障原因是什么？

第 6 章 数控机床电气与可编程控制器的故障诊断与维护

教学提示

本章介绍了数控机床用 PLC 的结构、原理；介绍了 FANUC 0i Mate C 系统的 PMC 的顺序执行过程，I/O LINK 的设定，基本编程指令和功能指令系统。简要介绍了 SIEMENS 802D 可编程控制器，并且介绍了 FANUC 0i Mate C 系统的 PMC 的故障诊断方法，最后介绍了数控机床电气故障的基本知识。

引例

紧急停止不能解除是一个常见的故障，当故障发生时显示器下方显示“紧急停止”或“EMERGENCY STOP”，机床操作面板方式开关不能切换，MCC 不吸合伺服及主轴放大器不能工作，系统并不发出具体的报警号，根据机床厂 PMC 报警编辑不同，有时会出现 1000#以后的 PMC 报警。从 PMC 角度分析紧急停止处理的工作过程。

查看梯形图，发现在 G8.4 之前串接了许多输入信号，其中 X8.4(*ESP)状态良好，但是 X2.6 断开、R18.7 激活由闭触点变为开触点，所以 G8.4 断开，变为低电平，*ESP 触发，CNC 紧急停止。

参照机床说明书，了解到 X2.6 是侧头信号，R18.7 是侧头保护中间继电器信号，进一步检查侧头装置，发现侧头装置报警，导致 X2.6 和 R18.7 无法正常工作，修复侧头放大器后，问题解决，CNC 紧急停止信号释放。

6.1 数控机床可编程控制器简介

6.1.1 数控机床用可编程控制器

数控机床用可编程控制器(PLC)可分为两类：一类是专为实现数控机床顺序控制而设计制造的“内装型”(Built-in Type)PLC，另一类是输入/输出信号接口技术规范、输入/输出点数、程序存储容量以及运算和控制功能等均能满足数控机床控制要求的“独立型”(Stand-alone Type)PLC。

1. “内装型”PLC

“内装型”PLC(又称“内含型”PLC、“集成式”PLC)从属于 CNC 装置，PLC 与 NC 间的信号传送在 CNC 装置内部即可实现。PLC 与 MT 间则通过 CNC 输入/输出接口电路实现信号传送，如图 6.1 所示。

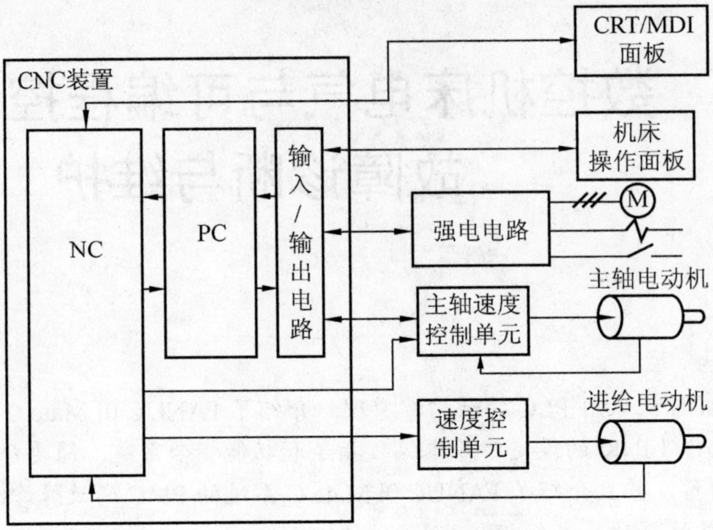

图 6.1　具有内装型 PLC 的 CNC 机床系统框图

“内装型”PLC 有如下特点：

(1)“内装型”PLC 实际上是 CNC 装置带有的 PLC 功能，一般是作为一种基本的或可选择的功能提供给用户。

(2)“内装型”PLC 的性能指标(如输入/输出点数，程序最大步数，每步执行时间，程序扫描周期，功能指令数目等)是根据所从属的 CNC 系统的规格、性能、适用数控机床的类型等确定的。其硬件和软件部分是被作为 CNC 系统的基本功能(或附加功能)与 CNC 系统其他功能一起统一设计、制造的。因此，系统硬件和软件整体结构十分紧凑，且 PLC 所具有的功能针对性强，技术指标亦较合理、实用，尤其适用于单机数控设备的应用场合。

(3) 在系统的具体结构上，“内装型”PLC 可与 CNC 共用 CPU，也可以单独使用一个 CPU。硬件控制电路可与 CNC 其他电路制作在同一块印刷板上，也可以单独制成一块附加板，当 CNC 装置需要附加 PLC 功能时，再将此附加板插装到 CNC 装置上。“内装型”PLC 一般不单独配置输入/输出接口电路，而是使用 CNC 系统本身的输入/输出电路。“内装型”PLC 控制电路及部分输入/输出电路(一般为输入电路)所用电源由 CNC 装置提供，不需另备电源。

(4) 采用“内装型”PLC 结构，CNC 系统可以具有某些高级的控制功能，如梯形图编辑和传送功能，在 CNC 内部直接处理 NC 窗口的大量信息等。

自 20 世纪 70 年代末以来，世界上著名的 CNC 厂家在其生产的 CNC 产品中，大多开发了“内装型”PLC 功能。随着大规模集成电路的开发利用，带与不带 PLC 功能，CNC 装置的外形尺寸已没有明显的变化。一般来说，采用“内装型”PLC 省去了 PLC 与 NC 间的连线，又具有结构紧凑、可靠性好、安装和操作方便等优点，与在拥有 CNC 装置基础上，另外配购一台通用型 PLC 作控制器的情况相比较，无论在技术上还是经济上对用户来说都是有利的。

国内常见的外国公司生产的带有“内装型”PLC 的系统有：FANUC 公司的 FS-0 (PMC-L/M)，FS-0 Mate(PMC-L/M)，FS-3(PLC-D)，FS-6(PLC-A、PLC-B)，FS-10/11(PMC-1)，

FS-15(PMC-N)；SIEMENS 公司的 SINUMERIK 810，SINUMERIK 820；A-B 公司的 8200，8400，8600 等。

2.“独立型”PLC

“独立型”PLC 又称“通用型”PLC。“独立型”PLC 是独立于 CNC 装置，具有完备的硬件和软件功能，能够独立完成规定控制任务的装置。采用“独立型”PLC 的数控机床系统框图如图 6.2 所示。

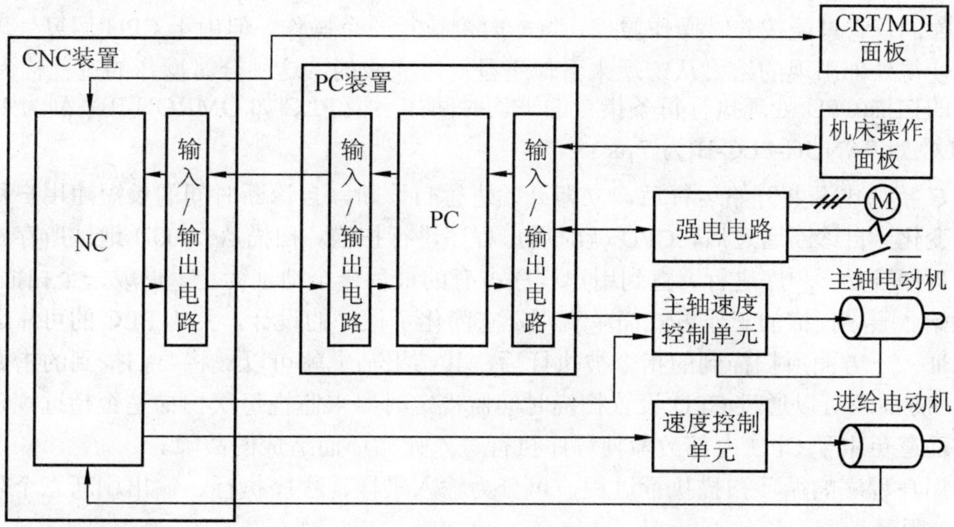

图 6.2　具有独立型 PLC 的 CNC 机床系统框图

“独立型”PLC 有如下特点：

(1)“独立型”PLC 具有如下基本的功能结构：CPU 及其控制电路，系统程序存储器，用户程序存储器、输入/输出接口电路、与编程机等外部设备通信的接口和电源等(见图 6.2)。

(2)“独立型”PLC 一般采用积木式模块化结构或笼式插板式结构，各功能电路多做成独立的模块或印刷电路插板，具有安装方便，功能易于扩展和变更等优点。例如，可采用通信模块与外部输入/输出设备、编程设备、上位机、下位机等进行数据交换；采用 D/A 转换模块可以对外部伺服装置直接进行控制；采用计数模块可以对加工工件数量、刀具使用次数、回转体回转分度数等进行检测和控制；采用定位模块可以直接对诸如刀库、转台、直线运动轴等机械运动部件或装置进行控制。

(3)“独立型”PLC 的输入、输出点数可以通过 I/O 模块或插板的增减灵活配置。有的“独立型”PLC 还可通过多个远程终端连接器构成有大量输入、输出点的网络，以实现大范围的集中控制。

在“独立型”PLC 中，那些专为用于 FMS、FA 而开发的“独立型”PLC 具有强大的数据处理、通信和诊断功能，主要用作“单元控制器”，是现代自动化生产制造系统重要的控制装置。“独立型”PLC 也用于单机控制。国外有些数控机床制造厂家，或是为了展示自己长期形成的技术特色，或是为了保守某些技术诀窍，或是纯粹是因管理上的需要，在购进的 CNC 系统中，舍弃了 PLC 功能，而采用外购或自行开发的“独立型”PLC 作控制器。这种情况在从日本、欧美引进的数控机床中屡见不鲜。

国内已引进应用的“独立型”PLC 有：SIEMENS 公司的 SIMATIC S5 系列产品；A-B 公司的 PLC 系列产品；FANUC 公司的 PMC-J 等。

6.1.2　PLC 的工作过程

用户程序通过编程器顺序输入到用户存储器，CPU 对用户程序循环扫描并顺序执行，这是 PLC 的基本工作过程。

当 PLC 运行时，用户程序中有众多的操作需要去执行，但是 CPU 是不能同时去执行多个操作的，它只能按分时操作原理，每一时刻执行一个操作。但由于 CPU 运算处理速度很高，使得外部出现的结果从宏观来看似乎是同时完成的。这种分时操作的过程称为 CPU 对程序的扫描(CPU 处理执行每条指令的平均时间：小型 PLC 如 OMRON-P 系列为 10μs、中型 PLC 如 FANUC-PLC-B 为 7μs)。

PLC 接通电源并开始运行后，立即开始进行自诊断，自诊断时间的长短随用户程序的长短而变化。自诊断通过后，CPU 就对用户程序进行扫描。扫描从 0000H 地址所存的第一条用户程序开始，顺序进行，直到用户程序占有的最后一个地址为止，形成一个扫描循环，周而复始。顺序扫描的工作方式简单直观，它简化了程序的设计，并为 PLC 的可靠运行提供了保证。一方面所扫描到的指令被执行后，其结果马上就可以被将要扫描到的指令所利用。另一方面还可以通过 CPU 设置扫描时间监视定时器来监视每次扫描是否超过规定的时间，从而避免由于 CPU 内部故障使程序执行进入死循环而造成的故障。

对用户程序的循环扫描执行过程，可分为输入采样、程序执行、输出刷新三个阶段，如图 6.3 所示。

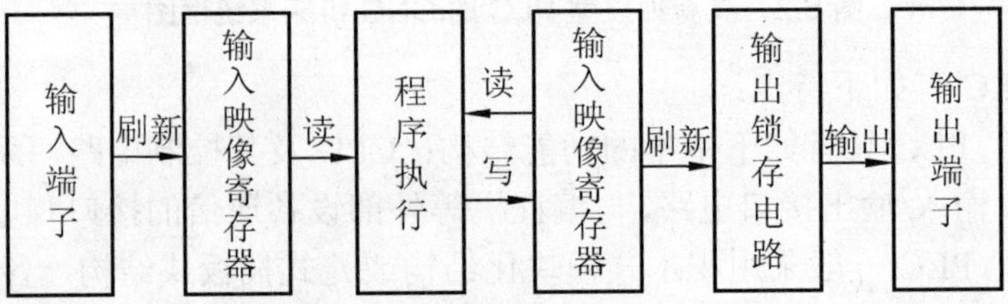

图 6.3　PLC 程序执行的过程

1. 输入采样阶段

在输入采样阶段，PLC 以扫描方式将所有输入端的输入信号状态(ON/OFF 状态)读入到输入映像寄存器中寄存起来，称为对输入信号的采样。接着转入程序执行阶段，在程序执行期间，即使输入状态变化，输入映像寄存器的内容也不会改变。输入状态的变化只能在下一个工作周期的输入采样阶段才被重新读入。

2. 程序执行阶段

在程序执行阶段，PLC 对程序按顺序进行扫描。如程序用梯形图表示，则总是按先上后下、先左后右的顺序扫描。每扫描到一条指令时所需要的输入状态或其他元素的状态，分别由输入映像寄存器或输出映像寄存器中读入，然后进行相应的逻辑或算术运算，运算结果再存入专用寄存器。若执行程序输出指令时，则将相应的运算结果存入输出映像寄存器。

3. 输出刷新阶段

在所有指令执行完毕后，输出映像寄存器中的状态就是将输出的状态。在输出刷新阶段将其转存到输出锁存电路，再经输出端子输出信号去驱动用户输出设备，这就是 PLC 的实际输出。PLC 重复地执行上述三个阶段，每重复一次就是一个工作周期(又称扫描周期)。工作周期的长短与程序的长短有关。

由于输入/输出模块滤波器的时间是常数，输出继电器的机械滞后以及执行程序时按工作周期进行等原因，会使输入/输出响应出现滞后现象，对一般工业控制设备来说，这种滞后现象是允许的，但一些设备的某些信号要求作出快速响应。因此，有些 PLC 采用高速响应的输入/输出模块，也有的将顺序程序分为快速响应的高级程序和一般响应速度的低级程序两类。如 FANUC-BESK PLC 规定高级程序每 8ms 扫描一次，而把低级程序自动划分分割段，当开始执行程序时，首先执行高级顺序程序，其次执行低级程序的分割段 1，再次执行高级程序，接着再执行低级程序的分割段 2，这样每执行完低级程序的一个分割段，都要重新扫描执行一次高级程序，以保证高级程序中信号响应的快速性。

6.2 FANUC PMC

本节以 FANUC PMC 为例介绍数控机床可编程序控制器。

6.2.1 PMC 简介

PMC 与 PLC 非常相似，因为专用于数控机床，所以称为可编程序机床控制器。与传统的继电器控制电路相比较，PMC 的优点有：时间响应快，控制精度高，可靠性好，控制程序可随应用场合的不同而改变，与计算机的接口及维修方便。另外，由于 PMC 使用软件来实现控制，可以进行在线修改，所以有很大的灵活性，具备广泛的工业通用性。

数控机床作为自动化控制设备，是在自动控制下进行工作的，数控机床所受控制可分为两类：一类是最终实现对各坐标轴运动进行的“数字控制”。例如，对 CNC 车床 X 轴和 Z 轴，CNC 铣床 X 轴，Y 轴，Z 轴的移动距离，各轴运行的插补，补偿等的控制即为“数字控制”。另一类为“顺序控制”。对数控机床来说，“顺序控制”是在数控机床运行过程中，以 CNC 内部和数控机床各行程开关、传感器、按钮、继电器等的开关量信号状态为条件，并按照预先规定的逻辑顺序对诸如主轴的起停、换向、刀具的更换、工件的夹紧、松开、液压、冷却、润滑系统的运行等进行的控制。与“数字控制”相比，“顺序控制”的信息主要是开关量信号。

常把数控机床分为“NC 侧”和“MT 侧”(即机床侧)两大部分。“NC 侧”包括 CNC 系统的硬件和软件，与 CNC 系统连接的外围设备(如显示器、MDI 操作面板等)。“MT 侧”则包括数控机床机械部分及其液压、气压、冷却、润滑、排屑等辅助装置、机床操作面板、继电器线路、机床强电线路等。PMC 处于“NC 侧”与“MT 侧”之间，对“NC 侧”和“MT 侧”的输入、输出信号进行处理。“MT 侧”顺序控制的最终对象随数控机床的类型、结构、辅助装置等的不同而有很大的差别。数控机床结构越复杂，辅助装置越多，最终受控对象也越多。FANUC 数控系统各信号信息交换如图 6.4 所示。

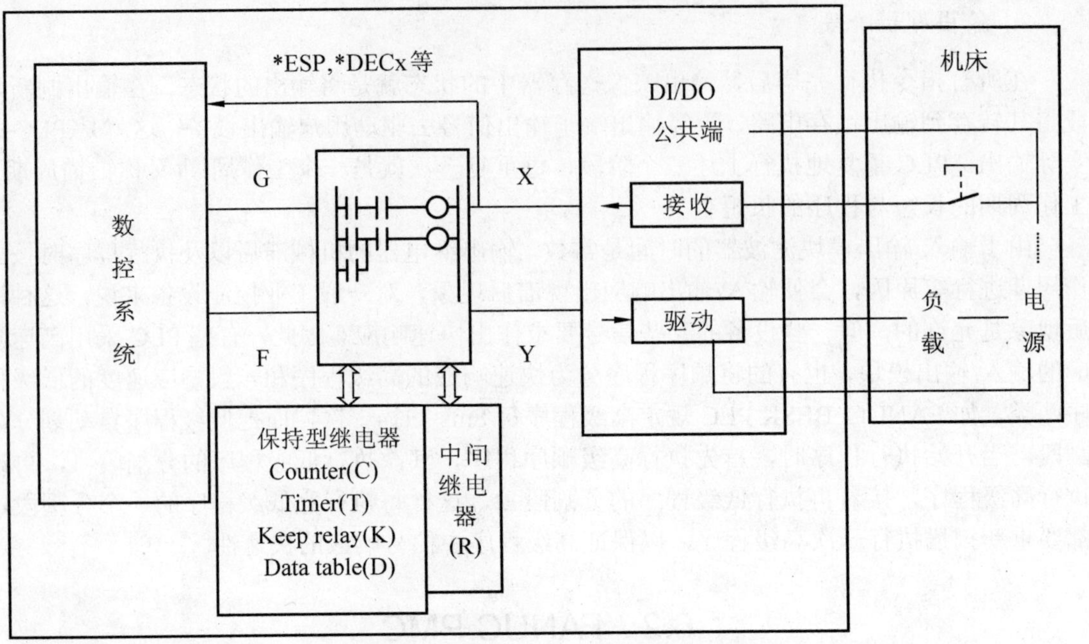

图 6.4 FANUC 系统信息交换图

由图 6.4 可以看出，X 信号来自机床侧的输入信号(如接近开关、极限开关、压力开关、操作按钮、对刀仪等检测元件)，PMC 接收从机床侧各检测装置反馈回来的输入信号，在控制程序中进行逻辑运算，作为机床动作的条件及对外围设备进行自诊断的依据。Y 信号是由 PMC 输出到机床侧的信号。在 PMC 控制程序中，根据自动控制的要求，输出信号控制机床侧的电磁阀、接触器、信号指示灯动作，满足机床运行的需要。F 信号是由控制伺服电动机和主轴电动机的系统部分侧输入到 PMC 的信号，系统部分就是将伺服电动机和主轴电动机的状态，以及请求相关机床动作的信号(如移动中信号、位置检测信号、系统准备完毕信号等)，反馈到 PMC 中去进行逻辑运算，作为机床动作的条件及进行自诊断的依据。G 信号是由 PMC 侧输出到控制伺服电动机和主轴电动机的系统部分的信号，对系统部分进行控制和信息反馈(如轴互锁信号、M 代码执行完毕信号等)。

简单地说，FANUC 系统可以分为两部分：控制伺服电动机、主轴电动机动作的系统部分和控制辅助电气部分的 PMC。

6.2.2 PMC 的程序执行顺序

1. *顺序程序的概念*

所谓顺序程序是指对机床及相关设备进行逻辑控制的程序。

在将程序转换成某种格式(机器语言)后，CPU 即对其进行译码和运算处理，并将结果存储在 RAM 和 ROM 中。CPU 高速读出存储在存储器中的每条指令，通过算数运算来执行程序，如 6.5 图所示。

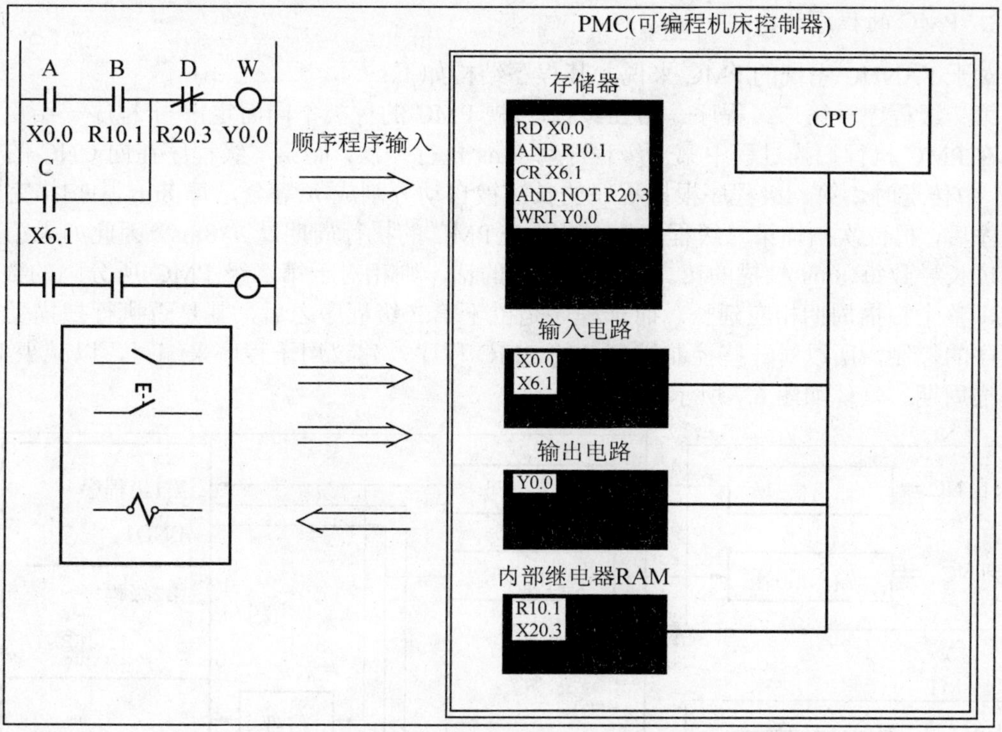

图 6.5　顺序程序执行过程

2. 顺序程序和继电器电路的区别

图 6.6 所示：

继电器回路(a)和(b)的动作相同。接通 A(按钮开关)后线圈 B 和 C 中有电流通过，C 线圈接通使 C 常闭触点断开，导致 B 线圈中无电流。

PMC 程序 A 中，和继电器回路一样，A 通后 B、C 接通，经过一个扫描周期后 B 断开。但在 B 中，A(按钮开关)接通后 C 接通，但 B 并不接通。所以通过以上图例我们可以明白 PMC 顺序扫描顺序执行的原理。

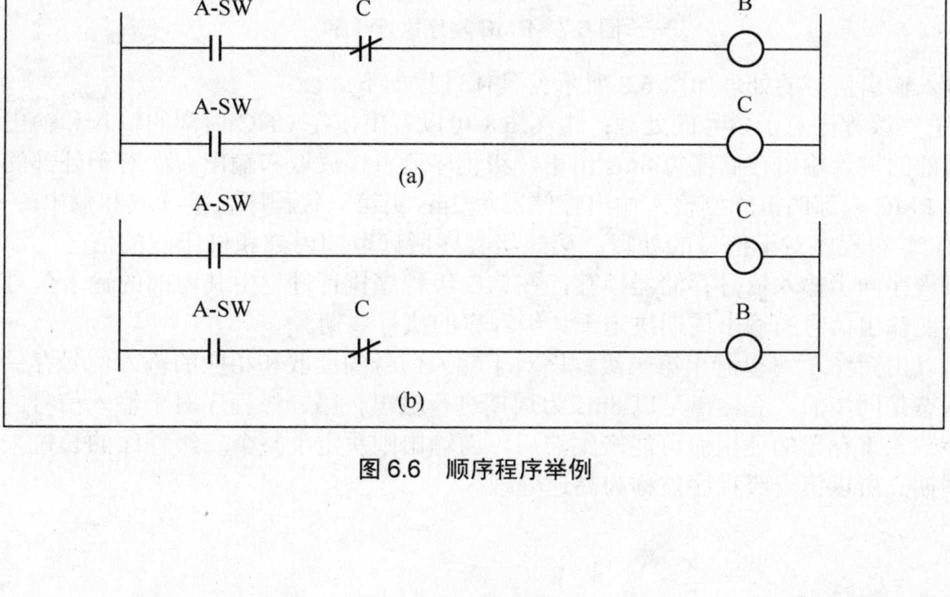

图 6.6　顺序程序举例

3. PMC 的程序结构

对于 FANUC 系统的 PMC 来说，其程序结构如下：

第一级程序—第二级程序—第三级程序(视 PMC 的种类不同而定)—子程序—结束。

在 PMC 执行扫描过程中第一级程序每 8ms 执行一次，而第二级程序在向 CNC 的调试 RAM 中传送时，第二级程序根据程序的长短被自动分割成 n 等分，每 8ms 中扫描完第一级程序后，再依次扫描第二级程序，所以整个 PMC 的执行周期是 n×8ms。因此如果第一级程序过长导致每 8ms 扫描的第二级程序过少的话，则相对于第二级 PMC 所分隔的数量 n 就多，整个扫描周期相应延长。而子程序是位于第二级程序之后，其是否执行扫描受一二级程序的控制，所以对一些控制较复杂的 PMC 程序，建议用子程序来编写，以减少 PMC 的扫描周期。具体如图 6.7 所示。

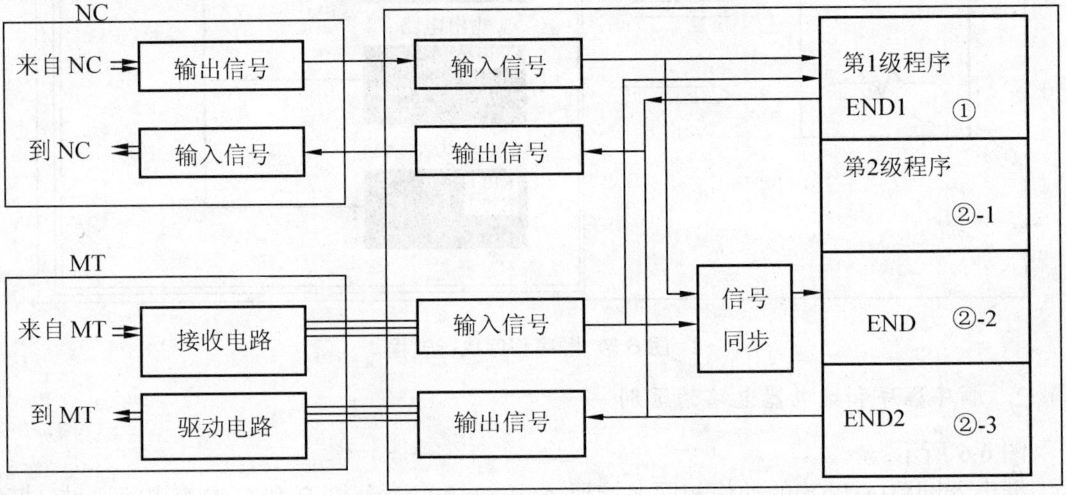

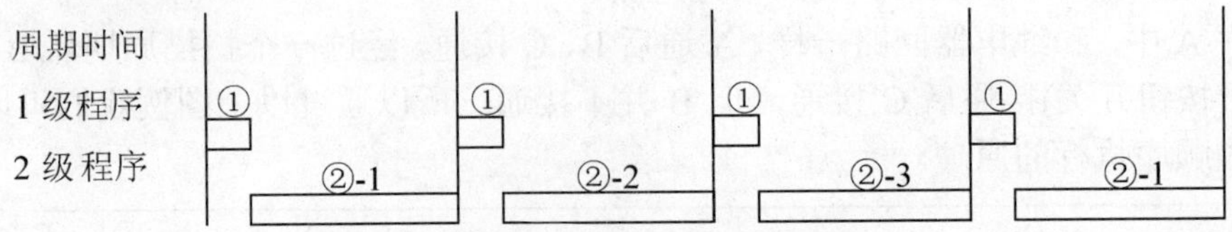

图 6.7　PMC 程序执行顺序

输入输出信号的处理如图 6.8 所示。具体过程如下：

(1) 一级程序对于信号的处理：由图 6.8 可以看出，在 CNC 内部的输入和输出信号经过其内部的输入输出存储器每 8ms 由第一级程序所直接读取和输出。而对于外部的输入输出经过 PMC 内部的机床侧输入输出存储器每 2ms 由第一级程序直接读取和输出。

(2) 二级程序对于信号的处理：第二级程序所读取的内部和机床侧的信号还需要经过第二级程序同步输入信号存储器锁存，在第二级程序执行过程中其内部的输入信号是不变化的。而输出信号的输出周期决定于二级程序的执行周期。

所以由图 6.8 可以看出第一级程序对于输入信号的读取和相应的输入信号存储器中信号的状态是同步的，而输出是以 8ms 为周期进行输出。第二级程序对于输入信号的读取因为同步输入寄存器的使用而可能产生滞后，而输出则决定于整个二级程序的长短来取定的执行周期。所以第一级程序被称为高速处理区。

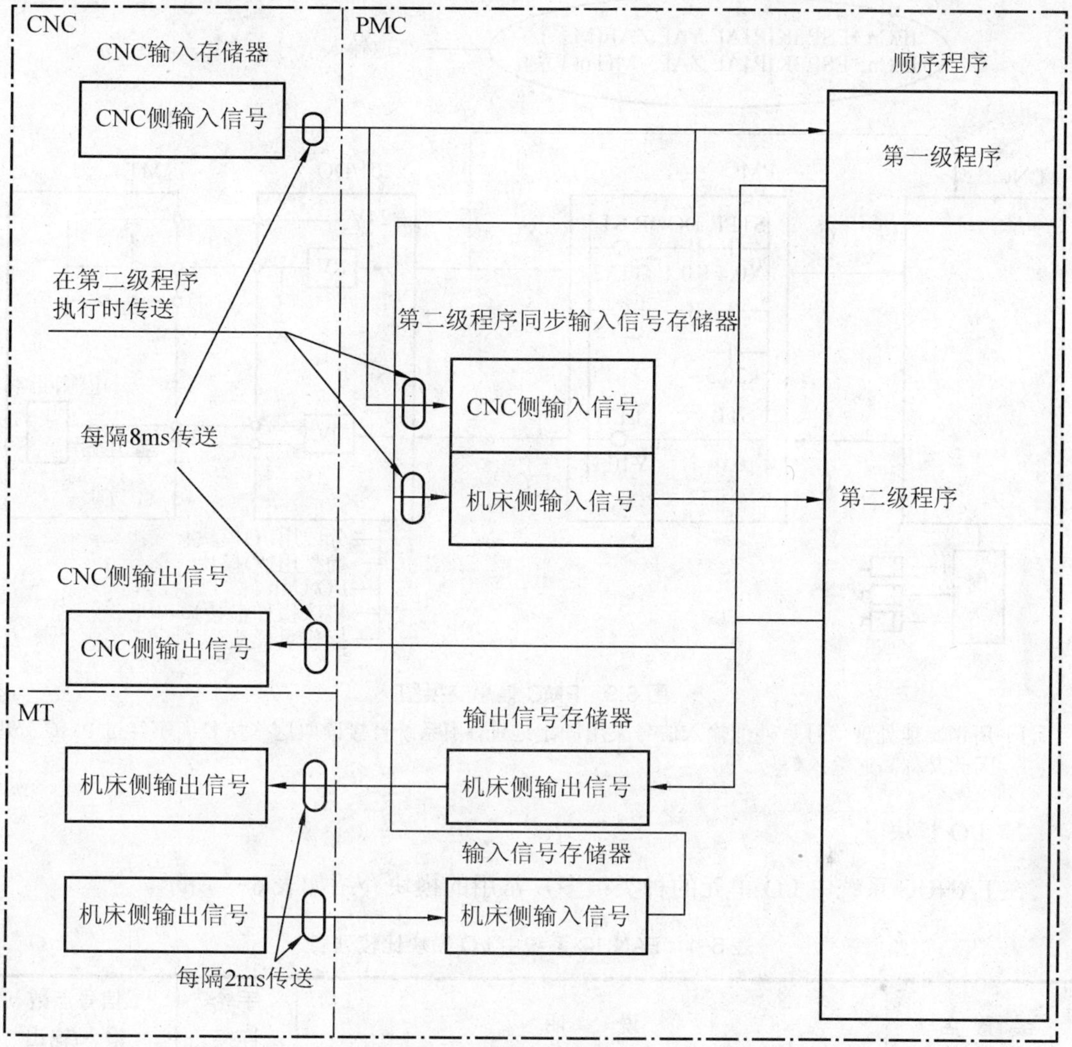

图 6.8　信号处理示意

6.2.3　I/O LINK

1. 概论

对于 PMC 在数控机床上的应用来说，信号地址可以分成两大类，内部地址(G、F)和外部地址(X、Y)。PMC 采集机床侧的外部输入信号(如机床操作面板、机床外围开关信号等)和 NC 内部信号(M、S、T 代码，轴的运行状态等)经过相应的梯形图的逻辑控制，产生控制 NC 运行的内部输出信号(如操作模式、速度、启动停止等)和控制机床辅助动作外部输出信号(如液气压、转台、刀库等中间继电器)，如图 6.9 所示。

系统的外部信号即我们通常所说的输入/输出信号，在 FANUC 系统中是通过 I/O 单元以 LINK 串行总线式与系统通信。在 LINK 总线上，NC 是主控端而 I/O 单元是从控端，多 I/O 单元相对于主控端来说是以组的形式来定义的，相对于主控端最近的为第 0 组，依次类推。一个系统最大可以带 16 组 I/O 单元，最大的输入输出点数是 1024/1024。

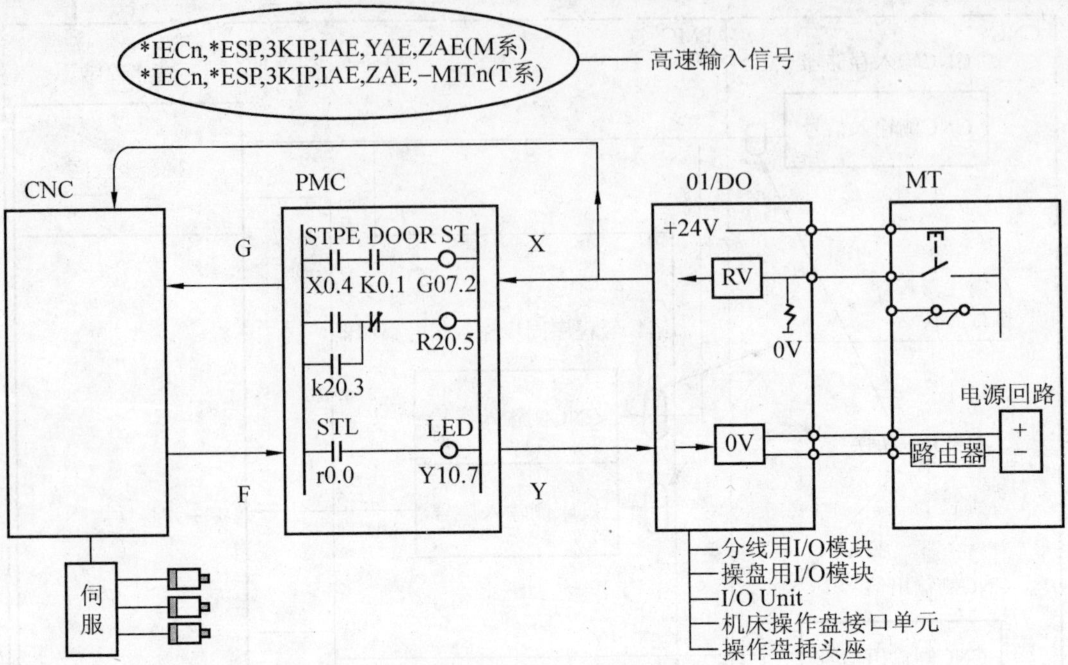

图 6.9　PMC 信息交换图

注：所谓高速处理信号是外部输入信号采用固定地址，由系统直接读取这些信号而不经过 PMC 处理，因此又称高速输入信号。

2. I/O 模块

在 FANUC 系统中 I/O 单元的种类很多，常用的模块介绍如表 6-1 所示。

表 6-1　FANUC 系统中 I/O 模块比较列表

装置名	说　明	手轮连接	信号点数 输入/输出
0i 用 I/O 单元模块	在 0i-C 系列上使用的机床 I/O 接口，它和 0i-B 系列内置的 I/O 卡具有相同的功能	有	96/64
机床操作面板模块	是装在机床操作面板上带有矩阵开关和 LED 	有	96/64
操作盘 I/O 模块	带有机床操作盘接口的装置，0i 系统上常见 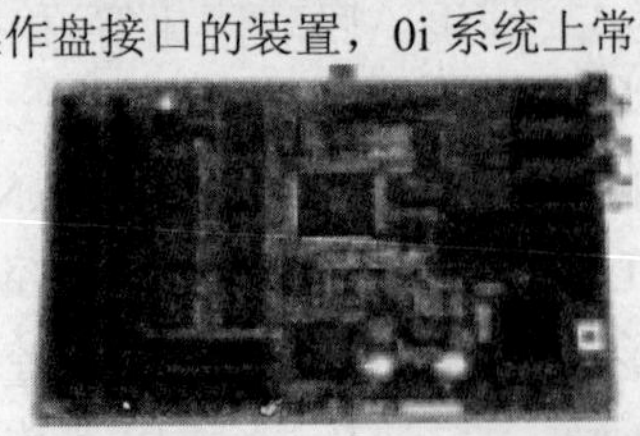	有	48/32

续表

装 置 名	说　明	手轮连接	信号点数输入/输出
分线盘 I/O 模块	是一种分散型的 I/O 模块，能适应机床强电电路输入/输出信号的任意组合的要求，由基本单元和最大三块扩展单元组成 	有（注）	96/64
FANUC I/O UNIT A/B	是一种模块结构的 I/O 装置，能适应机床强电输入/输出信号的任意组合的要求 	无	最大 256/256
I/O LINK 轴	使用β系列 SVU（带 I/O LINK）可以通过 PMC 外部信号来控制伺服电动机进行定位 	无	128/128

注：当手轮连接到分线盘 I/O 模块时，只有连接到第一个扩展单元的手轮有效。

3. I/O 模块的连接

1) 信号的连接

当我们进行输入输出信号的连线时，要注意系统的 I/O 对于输入(局部)/输出的连接方式有两种，按电流的流动方向分源型输入(局部)/输出和漏型输入(局部)/输出，而决定使用哪种方式的连接由 DICOM/DOCOM 输入和输出的公共端来决定。如图 6.10～图 6.13 所示。

通常情况下当我们使用分线盘等 I/O 模块时，局部可选择一组八点信号连接成漏型输入和源型输入通过 DICOM 端。原则上建议采用漏型输入即+24V 开关量输入，避免信号端接地的误动作。

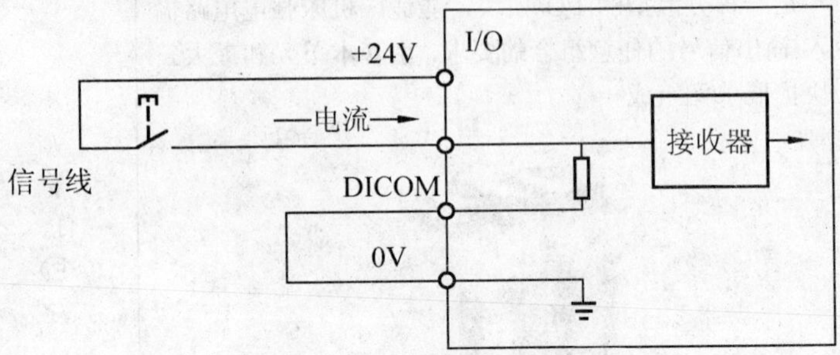

图 6.10　漏型输入示意图

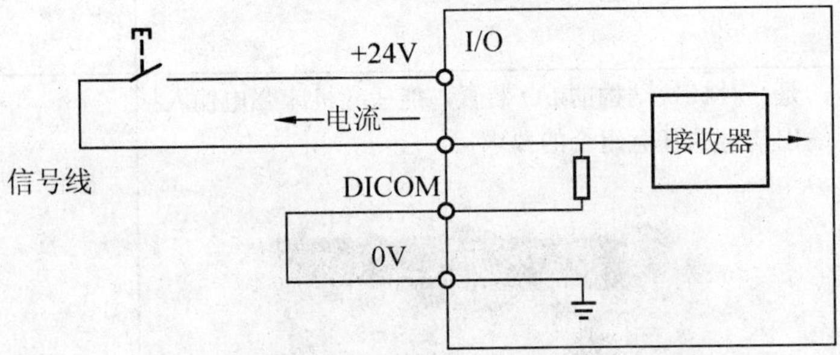

图 6.11　源型输入示意图

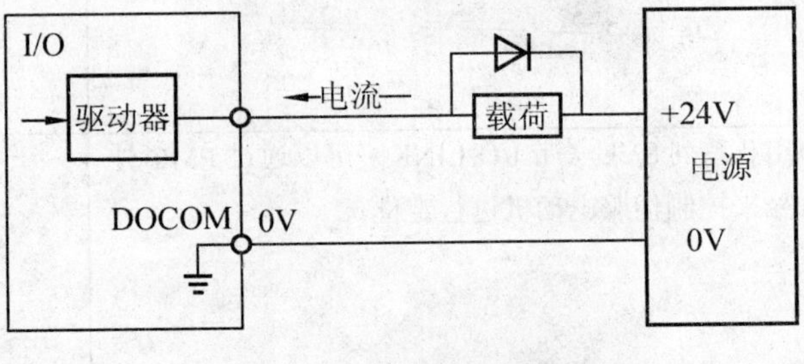

图 6.12　漏型输出示意图

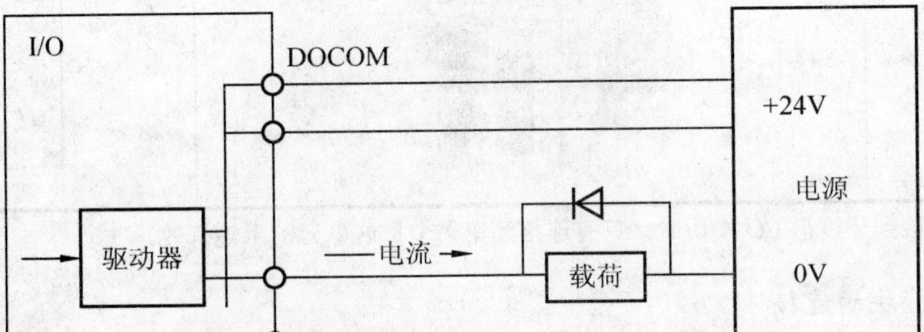

图 6.13　源型输出示意图

当使用分线盘等 I/O 模块时，输出方式可全部采用源型输出和漏型输出通过 DOCOM 端，为安全起见，推荐使用源型输出即+24V 输出，同时在连接时注意续流二极管的极性，以免造成输出短路。

2) I/O LINK 的设定(地址分配)

当硬件连接好后，就需要进行 I/O 单元的软件设定(地址分配)了，即确定每个模块 Xm/Yn 中 m/n 的数值。

如图 6.15 所示，在图 6.14 所示中系统连接了三块 I/O 模块，第一块为机床操作面板，第二块为分线盘 I/O 模块，第三块为 I/O Unit-A 模块。其物理连接顺序决定了其组号的定义即依次为第 0 组、第 1 组、第 2 组。

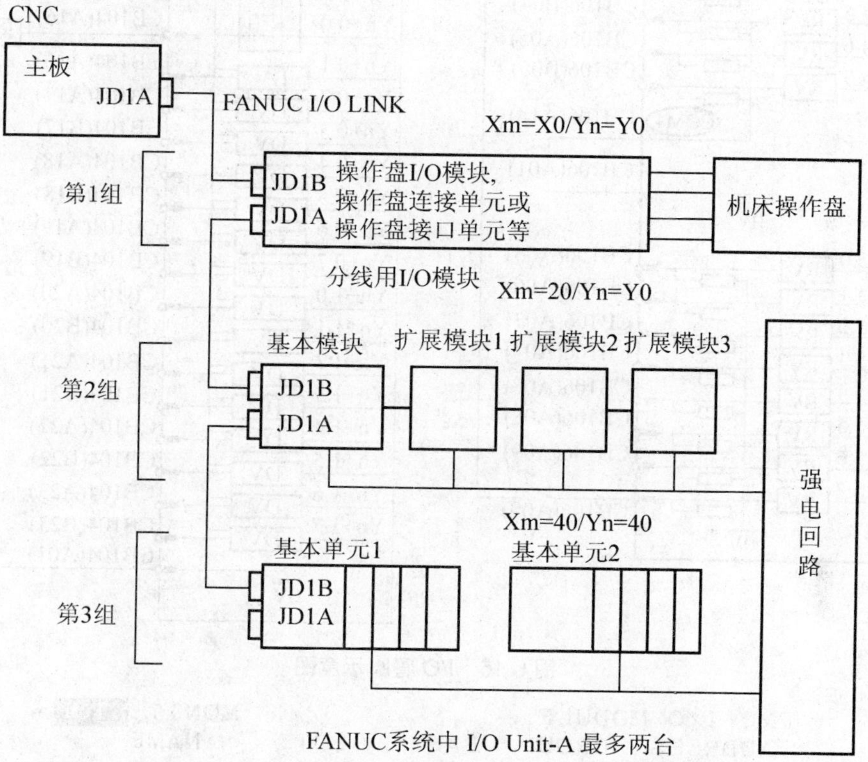

图 6.14　I/O LINK 连接示意图

接着再决定每一组所控制的输入输出的起始地址，如图 6.16 所示。

确定好以上的条件后，就可以开始进行实际的设定操作了。

操作单击键步骤如下：单击系统功能键【system】，然后单击“PMC”键，再单击【EDIT】键，再单击系统扩展软键，再单击系统软键【MODULE】即可进入如图 6.17 所示的画面，按“→”键可进入如图 6.18 所示的画面，“→”和“←”键可以进行切换。

按实际的组号和定义的输入/输出地址依次设定，对于除 I/O Unit-A 外，其他 I/O 模块的基座号固定设为 0，槽号固定设为 1。

I/O Unit-A 的各个基座和各个基座上各槽的模块需要分别进行设定，其各槽名称可以设定为各槽模块上的名称。

注意要区分出输入模块和输出模块。在硬件上，输入和输出是在一个模块上，但进行设定时，要分别设定。

输入的格式如图 6.18 所示。

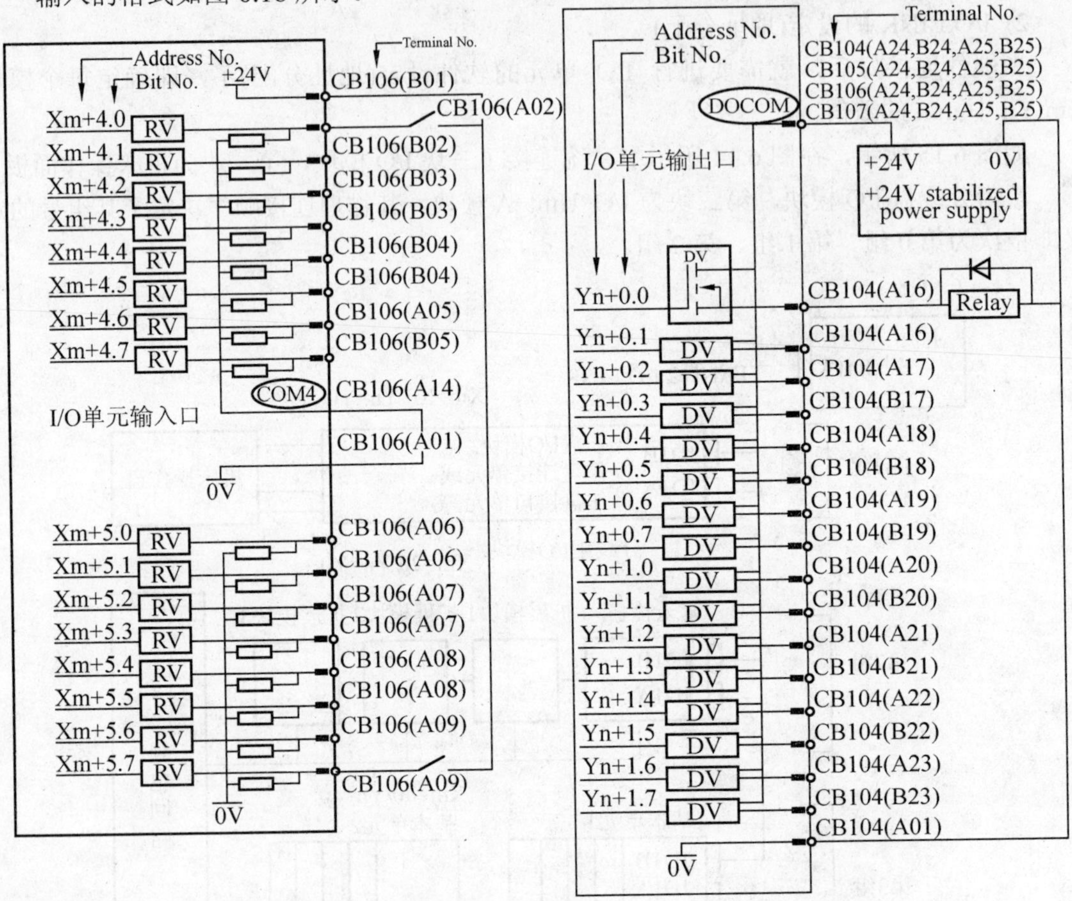

图 6.15　I/O 管脚示意图

```
PMC  I/O  MODULE                                   MONIT  STOP
  ADDRESS     GROUP     BASE     SLOT          NAME
    X000
    X001
    X002
    X003
    X004
    X005
    X006
    X007
    X008        0         0        1          OC02I
    X009        0         0        1          OC02I
  GROUP. BASE. SLOT. NAME  =
>^

(INPUT  )(SEARCH)(DELETE)(          )(          )
```

图 6.16　X 设定

```
PMC I/O MODULE                              MONIT STOP
   ADDRESS   GROUP    BASE   SLOT              NAME
      Y000      0        0      1               FS08A
      Y001      0        0      1               FS08A
      Y002      0        0      1               FS08A
      Y003      0        0      1               FS08A
      Y004      0        0      1               FS08A
      Y005      0        0      1               FS08A
      Y006      0        0      1               FS08A
      Y007      0        0      1               FS08A
      Y008
      Y009
   GROUP. BASE. SLOT. NAME =
 ＞^

 ( INPUT  )( SEARCH )( DELETE )(          )(          )
```

图 6.17 Y 设定

```
PMC I/O MODULE                              MONIT STOP
   ADDRESS   GROUP    BASE   SLOT              NAME
      X000
      X001
      X002
      X003
      X004
      X005
      X006
      X007
      X008      0        0      1               OC02I
      X009      0        0      1               OC02I
   GROUP. BASE. SLOT. NAME =
 ＞0. 0. 0C02I^

 ( INPUT  )( SEARCH )( DELETE )(          )(          )
```

图 6.18 输入格式

I/O LINK 地址的字节数是由 I/O 单元的名称所决定的，其具体介绍如表 6-2 所示。

表 6-2 I/O LINK 定义

模块名称	输入字节长度	输出字节长度	模块种类
OC01I	12		分线盘用连接装置 机床操作面板接口装置 CNC 装置
OC01O		8	
OC02I	16		
OC02O		16	
OC03I	32		
OC03O		32	
/n	n		特殊模块
/n		n	
CM16I	16		分线盘 I/O 模块
CM08O		8	
根据模块上名称设定			I/O Unit- A
#n	n	n	I/O Unit- B
FS04A	4	4	POWER MATE 等
FS08A	8	8	

注：有关手轮的连接

FANUC 系统的手轮是通过 I/O 单元连接到系统上的，当连接手轮的模块设定时在名称上一定要设为 16 个字节，后四个字节中的前三个字节分别对应三个手轮的输入界面，当摇动手轮时可以观察到所对应的一个字节中有数值的变化，所以应用此画面可以判断手轮的硬件和接口的好坏。另外，当有不同的 I/O 模块设定了 16 个字节后，通常情况下只有连接到第一组的手轮有效(作为第一手轮时，FANUC 系统最多可连接三个手轮)，如果需要更改到其他的后续模块时，可通过参数 NO7105#1、NO12305～NO12307(第一～第三手轮)分配的 X 地址来设定。

6.2.4 PMC 指令系统

在 FANUC 系统的 PMC 中有两种指令：基本指令和功能指令。当设计顺序程序时，使用最多的是基本指令，基本指令共 12 条。功能指令便于数控机床特殊运行控制的编程，在 FANUC 系统的 PLC 中，规格型号不同时，功能指令只是数目有所不同。本节以 FANUC 0i 系统的 PMC-SA1/SA3/SB7 为例，介绍 FANUC 系统常用 PMC 功能指令的功能及指令格式，FANUC 0i Mate C 系统 PMC 型号为 SA1。

1. PMC 基本指令

基本指令只是对二进制位进行与、或、非的逻辑操作，基本指令如表 6-3 所示。

表 6-3　基本指令表

序号	指令		功能
	格式 1（代码）	格式 2（FAPT LADDER 键操作）	
1	RD	R	读入指定的信号状态，并设置在 ST0 中
2	RD.NOT	RN	将读入的指定信号的逻辑状态取非后设到 ST0 中
3	WRT	W	将逻辑运算结果（ST0 的状态）输出到指定的地址
4	WRT.NOT	WN	将逻辑运算结果（ST0 的状态）取非后输出到指定的地址
5	AND	A	逻辑与
6	AND.NOT	AN	将指定的信号状态取非后逻辑与
7	OR	O	逻辑或
8	OR.NOT	ON	将指定的信号状态取非后逻辑或
9	RD.STK	RS	将寄存器的内容左移一位，把指定地址的信号状态设到 ST0
10	RD.NOT.STK	RNS	将寄存器的内容左移一位，把指定地址的信号状态取非后设到 ST0
11	AND.STK	AS	ST0 和 ST1 逻辑与后，堆栈寄存器右移一位
12	OR.STK	OS	ST0 和 ST1 逻辑或后，堆栈寄存器右移一位
13	SET	SEY	ST0 和指定地址中的信号逻辑或后，将结果返回到指定的地址中
14	RST	RST	ST0的状态取反后和指定地址中的信号逻辑与，将结果返回到指定的地址中

2. 功能指令

(1) 第一级程序结束指令的指令格式及说明如下。

指令格式：

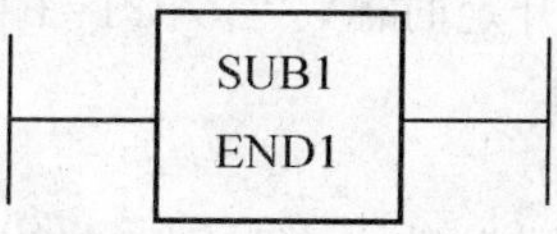

说明：如果程序中不使用第一级程序时，必须在 PMC 程序开头指定 END1，否则 PMC 无法正常运行。

(2) 第二级程序结束指令的指令格式及说明如下。

指令格式：

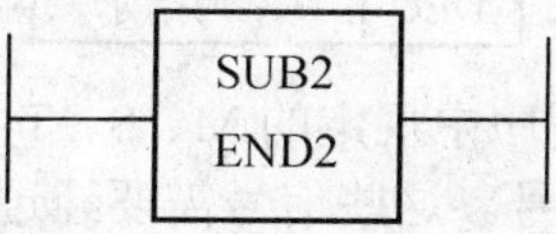

(3) 程序结束指令的指令格式及说明如下。

指令格式：

说明：编写子程序时，在子程序最后写入该指令。

(4) 定时器指令的指令格式及说明介绍如下。

指令格式：

说明：该定时器为延时定时器。定时时间可通过 PMC 参数进行修改。

控制条件：当 ACT=1 后，经设定时间时，输出 W1 即接通。

定时器号：PMC-SA3 为 1～40，1～8 号定时单位为 48s，最大为 1572.8s。9 号以后定时单位为 8s，最大为 262.1s。

工作原理：当 ACT=0 时，断开定时器，当 ACT=1 时，启动定时器。当 W1=1，ACT 接通后经设定时间时，输出即接通。如图 6.19 所示。

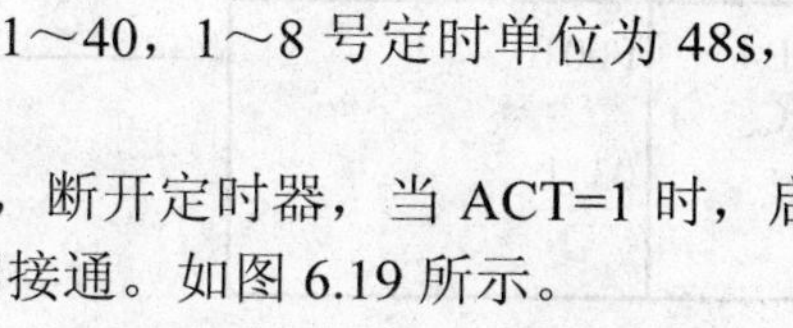

图 6.19　定时器工作原理

(5) 固定定时器的指令格式及说明等介绍如下。

指令格式：

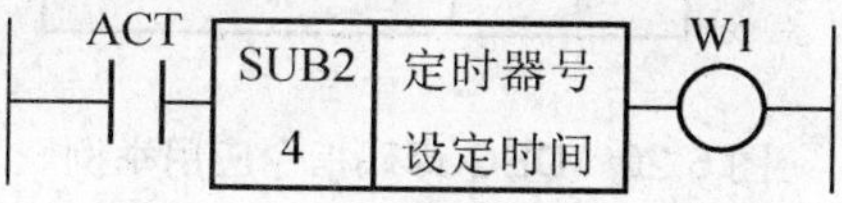

说明：该定时器为设定时间固定的延时定时器，用功能指令参数指定时间。

控制条件：当 ACT=0 时，断开定时器，当 ACT=1 时，启动定时器。当 W1=1，ACT 接通后经设定时间时，输出即接通。

定时器号：1～100。

设定时间：用 ms 为单位的十进制数设定时间，最大为 262136。

(6) 译码指令的指令格式及说明介绍如下。

指令格式：

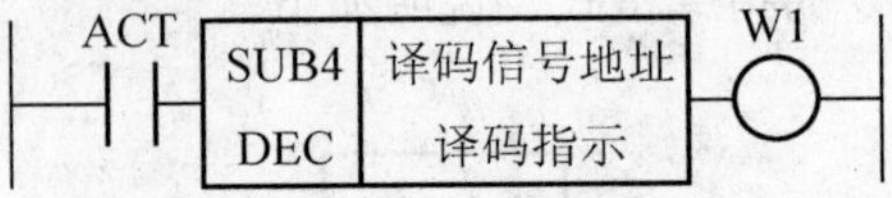

说明：数控机床在执行加工程序中规定的 M、S、T 功能时，CNC 装置以 BCD 码或二进制码形式输出 M、S、T 代码信号。这些信号需要经过译码才能从 BCD 或二进制状态转换成具有特定功能含义的一位逻辑状态。该指令就是对两位 BCD 码进行译码，当与指示的值相同时，W1 接通，如不一致，则 W1 断开。

译码条件：当 ACT=1 时，进行译码；

当 W1=1 时，译码已一致。

代码信号地址：制定译码对象地址。

译码指示：

00 00 ←位指示 01：只对低位数进行译码

10：只对高位数进行译码

11：对两位数均进行译码

值指示：指示进行译码的位数

【例 6-1】 如图 6.20 所示，当执行加工程序 M03、M04、M05 时，R300.3、R300.4、R300.5 分别为 1，从而实现主轴正转、反转及主轴停止自动控制，其中，F0007.0 为 M 码选通信号，F0001.3 为移动指令分配结束信号，F0010 为 FANUC 0i 系统 M 码输出信号地址。

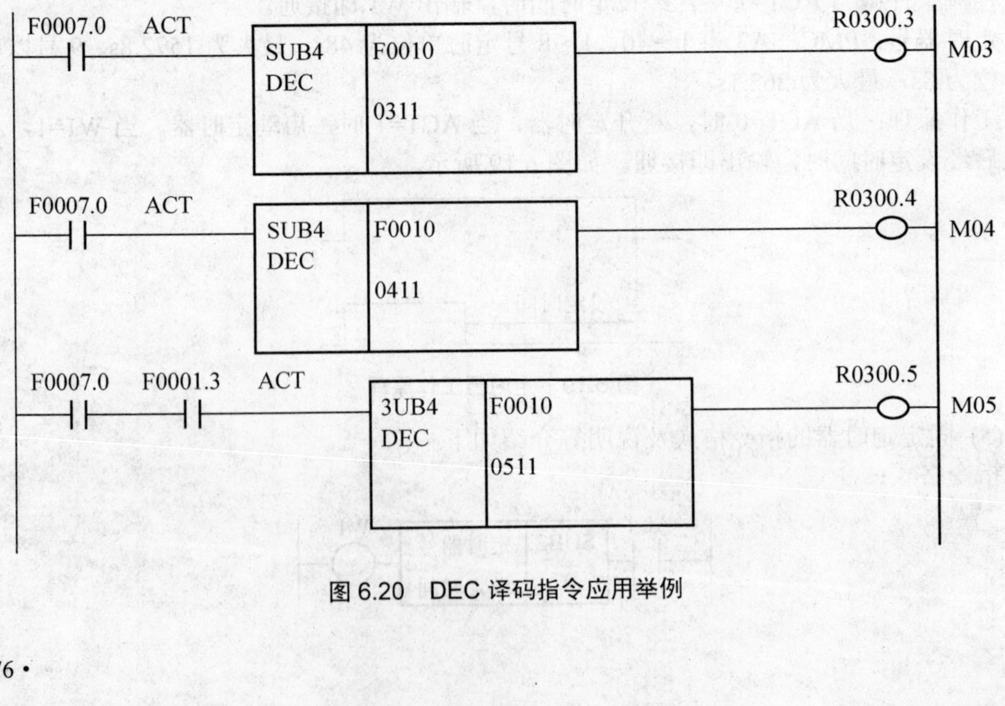

图 6.20 DEC 译码指令应用举例

(7) 二进制译码指令的指令格式及说明如下。

指令格式：

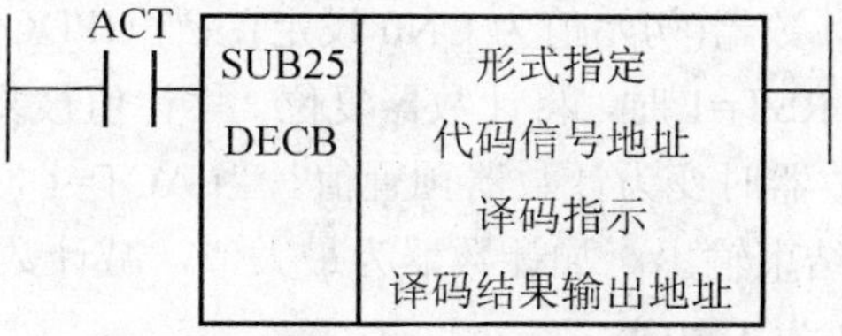

说明：对 1、2、4B 长的二进制形式的代码数据进行译码。代码数据一致时，对应的位即为“1”，如不一致，则为“0”。

【例 6-2】 如图 6.21 所示，加工程序执行 M03、M04、M05、M06、M07、M08、M09、M10 时，R300.0、R300.1、R300.2、R300.3、R300.4、R300.5、R300.6、R300.7 分别为 1。

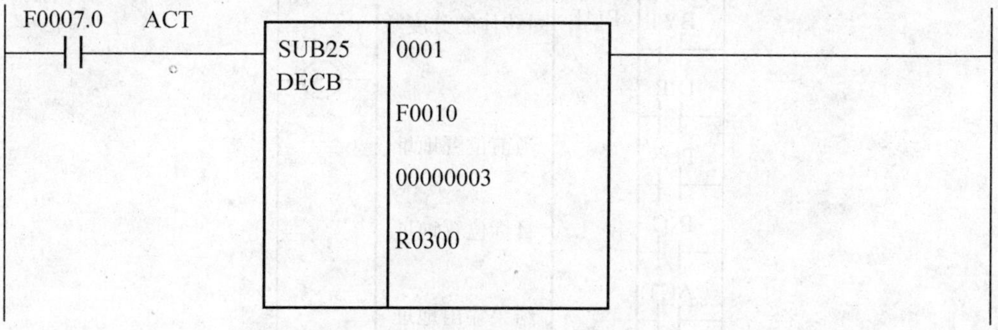

图 6.21　DECB 译码指令应用举例

形式指定：代码数据的形式为 1 表示 1 字节长，2 表示 2 字节长，4 表示 4 字节长。

代码信号地址：制定进行译码的数据的起始地址。

译码指示：八个译出代码号的第一个号。

译码结果输出地址：由译码指示指定号的译码结果被输出到位 0，号+1 的译码结果被输出到位 1，号+7 的译码结果被输出到位 7。

译码结果输出：

# 7	# 6	# 5	# 4	# 3	# 2	# 1	# 0
+7	+6	+5	+4	+3	+2	+1	+0

(8) 计数器指令的指令格式及说明等介绍如下。

指令格式：

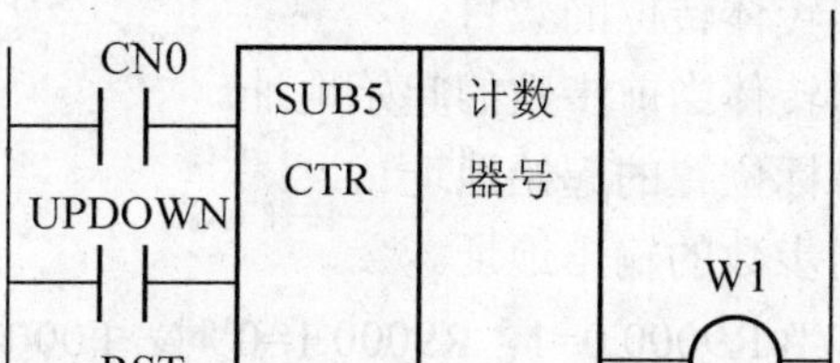

说明：这是进行加/减计数的环形计数器。

控制条件：当 CN0=0 时，计数器的初始值为 0；当 CN0=1 时，计数器的初始值为 1。当 UPDOWN=0 时，是加计数器(初始值为 CN0 设定)；当 UPDOWN=1 时，是减计数器(初始值为计数器预置值)。当 RST=1 时，将计数器复位。累计值被复位，加计数器，根据 CN0 的设定变为 0 或 1，减计数器时变为计数器预置值。当 ACT=1 时，取 0-1 的上升沿进行计数。当 W1=1 时，是计数结束输出。加计数器为最大值，减计数器为最小值为 1。

计数器号：PMC-SA3 为 1-20。

(9) 回转控制指令的指令格式及说明等介绍如下。

指令格式：

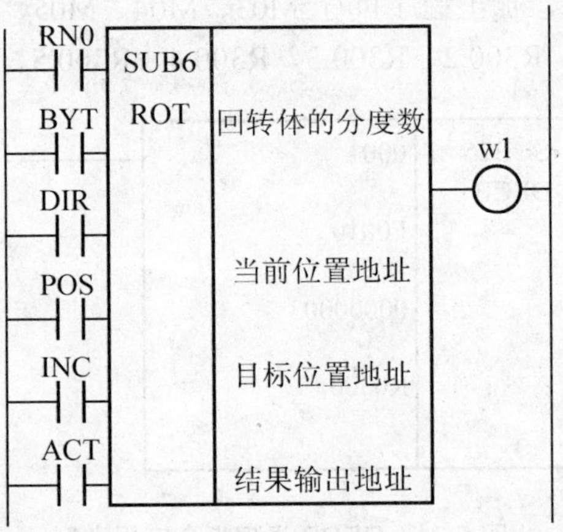

说明：判别回转体的下一步的回转方向，计算出进行回转的步数，或计算到达目标位置前一步的步数。

控制条件：当 RN0=0 为回转体的位置号是从 0 开始的连续号；当 RN0=1 为回转体的位置号是从 1 开始的连续号。当 BYT=0 为回转体的位置号是两位 BCD(1 字节)的数据；当 BYT=1 为回转体的位置号是四位 BCD(2 字节)的数据。当 DIR=0 为不判别下一步回转方向(始终正转)；当 DIR=1 为判别下一步回转方向(方向输出到 W1)。当 POS=0 为计算到达目标位置的步数；当 POS=1 为计算到达目标位置前一步的步数。当 INC=0 为计算目标位置的号；当 INC=1 为计算到达目标位置的步数。当 ACT=1 为执行 ROT 指令。当 W1=0 为回转方向为正转；当 W1=1 为回转方向为反转。

回转体分度数：设定回转体转位的数目。

当前位置地址：存储回转体当前步数的起始地址。

目标位置地址：存储目标位置的起始地址。

结果输出地址：算出的步数的输出地址。

【例 6-3】 如图 6.22 所示，当 R9000.0=1，R9000.1=0 时，F0007.3 为 T 码选通信号，24 为刀库容量 24 把刀，D0300 为当前要换刀的刀具所在位置，D0400 为刀库换刀点的刀具所在地址。执行该指令后，把刀库的当前刀具转到换刀位置的前一位置的地址存储到 D0100 中，以便进行刀库接近换刀点的减速控制或预分度到位控制，通过 R600.6 输出是否为“1”来控制刀库是否反转。

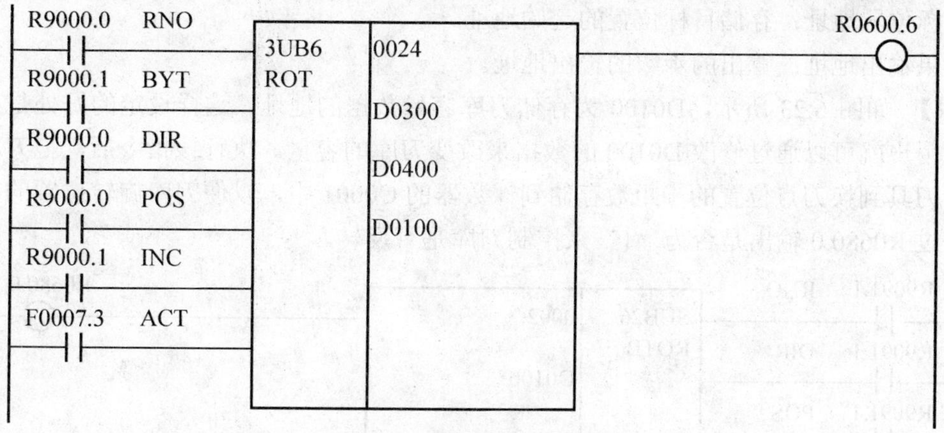

图 6.22　ROT 指令应用举例

(10) 二进制回转控制指令的指令格式如下。

指令格式：

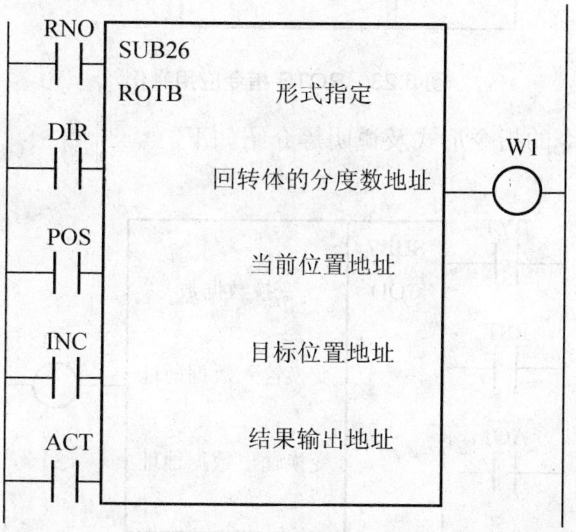

说明：可用地址指定回转体的分度数。另外，进行处理的数值都为二进制形式，其他功能与 ROT 指令相同。

控制条件：当 RN0=0 为回转体的位置号是从 0 开始的连续号；当 RN0=1 为回转体的位置号是从 1 开始的连续号。当 DIR=0 为不判别下一步回转方向(始终正转)；当 DIR=1 为判别下一步回转方向(方向输出到 W1)。当 POS=0 为计算到达目标位置的步数；当 POS=1 为计算到达目标位置前一步的步数。当 INC=0 为计算目标位置的号；当 INC=1 为计算到达目标位置的步数。当 ACT=1 为执行 ROT 指令。当 W1=0 为回转方向为正转；当 W1=1 为回转方向为反转。

形式指定：形式指定为 1 表示 1 字节长，2 表示 2 字节长，4 表示 4 字节长。

回转体分度数：设定回转体转位的数目。

当前位置地址：存储回转体当前步数的起始地址。

目标位置地址：存储目标位置的起始地址。

结果输出地址：算出的步数的输出地址。

【例 6-4】 如图 6.23 所示，D0100 为存储刀库容量数据的地址，这样设定的好处是梯形图不变，用户就可以通过修改 D0100 的数据来改变刀库的容量。执行该指令后，把刀库当前要换的刀具到换刀点位置的步距数存储到计数器的 C0001 中，以便刀库旋转位置的步数控制。通过 R0680.0 输出是否为“1”来控制刀库是否反转。

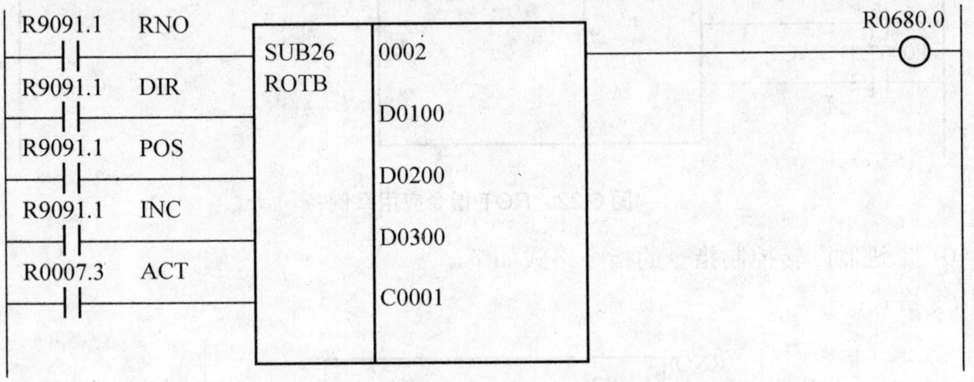

图 6.23　ROTB 指令应用举例

(11) 代码转换指令的指令形式及说明等介绍如下。

指令形式：

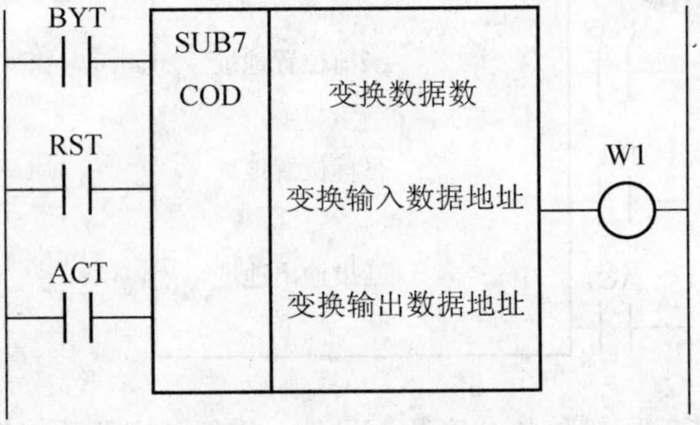

说明：用两位 BCD 码指定变换数据表内号，将与输出的表内号对应的两位或四位 BCD 码输出。

控制条件：当 BYT=0 为变换数据表的数据为两位 BCD 码；当 BYT=1 为变换数据表的数据为四位 BCD 码。当 RST=1 为把错误输出的 W1 复位。当 ACT=1 为执行 COD 命令。当 W1=1 为变换输入号超过了变换数据数，数据出错。

变换输入数据地址：指定表内号的地址(1B)。

变换输出数据地址：变换结果的存储地址。

【例 6-5】 如图 6.24 所示，把指定数据表的两位 BCD 码数据输出到地址 R0102 中，其中 R0100 是由机床面板进给倍率开关指定的倍率值(如 0%、10%、20%、30%等)的地址。当进给倍率开关在 30%位置时，通过 COD 指令就把数据表的 20(两位 BCD 码)输出到 R0102

地址中，然后再把 R0102 的数据传送到 CNC 系统中实现进给倍率的控制。COD 指令转换数据的过程如图 6.25 所示。

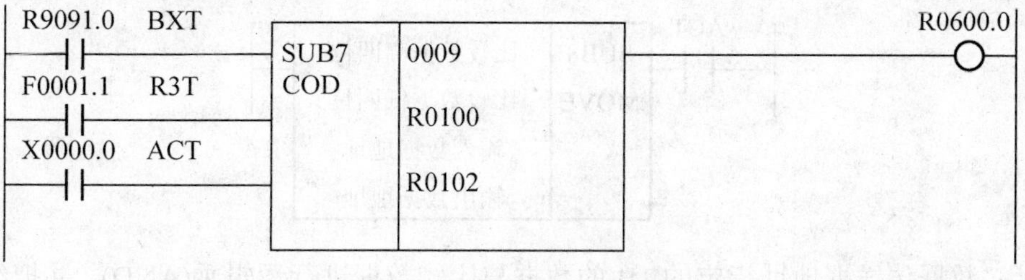

图 6.24　COD 指令应用举例

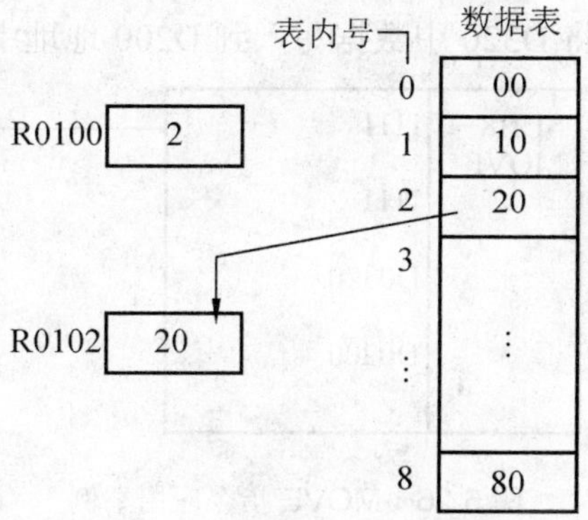

图 6.25　COD 指令转换数据的过程

(12) 二进制代码转换指令的指令形式及说明等如下。

指令形式：

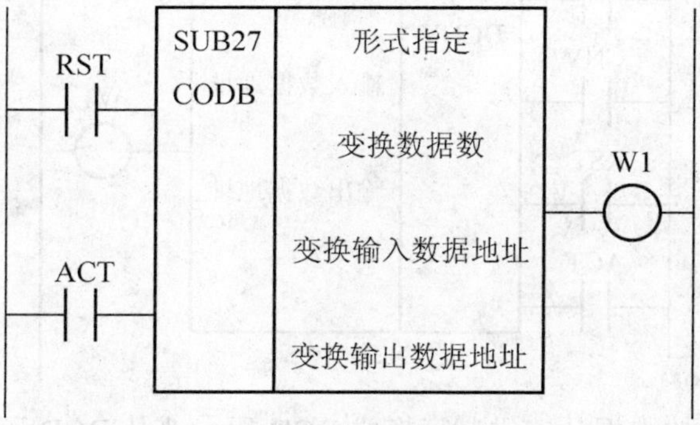

说明：用两位二进制码指定变换数据表内的号，将与输入的表内号对应的 1、2、4B 数据输出。

控制条件：当 RST=1 为把错误输出的 W1 复位。当 ACT=1 为执行 COD 命令。当 W1=1 为变换输入号超过了变换数据数，数据出错。

形式指定：形式指定为 1 表示 1 字节长，2 表示 2 字节长，4 表示 4 字节长。

变换输入数据地址：指定表内号的地址(1 字节)。

变换输出数据地址：变换结果的存储地址。

(13) 逻辑乘后数据传送指令的指令形式及说明如下。

指令形式：

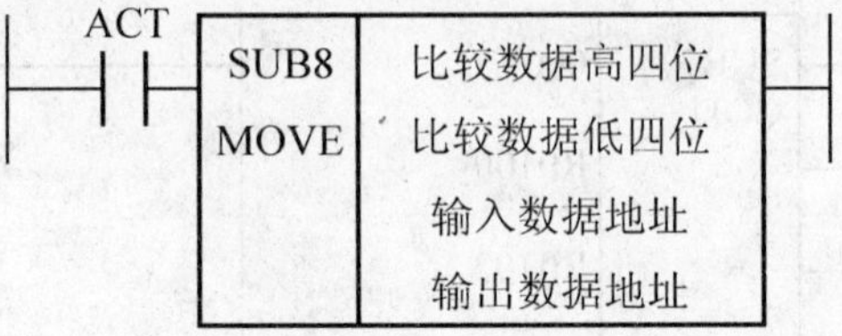

说明：数据传送据地址指定的 1B 的数据与比较数据进行逻辑乘(AND)，并把结果写入输出数据地址。

【例 6-6】 如图 6.26 所示，将 D320 中数据写入到 D200 地址中。

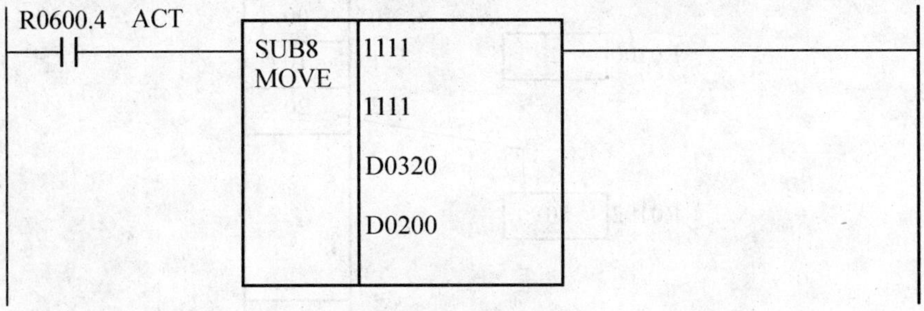

图 6.26　MOVE 指令应用举例

(14) 数据变换指令的指令形式及说明等介绍如下。

指令形式：

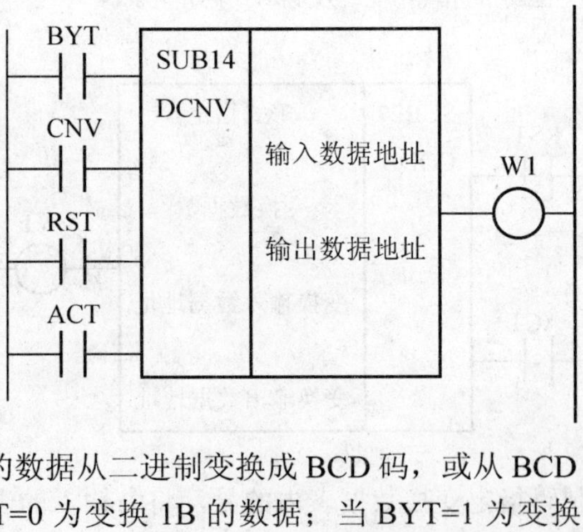

说明：把 1 或 2B 的数据从二进制变换成 BCD 码，或从 BCD 码变换成二进制码。

控制条件：当 BYT=0 为变换 1B 的数据；当 BYT=1 为变换 2B 的数据。当 CNV=0 为从二进制码变换成 BCD 码；当 CNV=1 为从 BCD 码变换成二进制码。当 RST=1 为把出错输出的 W1 复位。当 ACT=1 为执行数据变换命令。当 W1=1 为输入数据应为 BCD 码的地方，如果已是二进制码，或从二进制码变换成 BCD 码时超过指定字节长即进行出错报警。

(15) 比较指令的指令形式及说明等介绍如下。

指令形式：

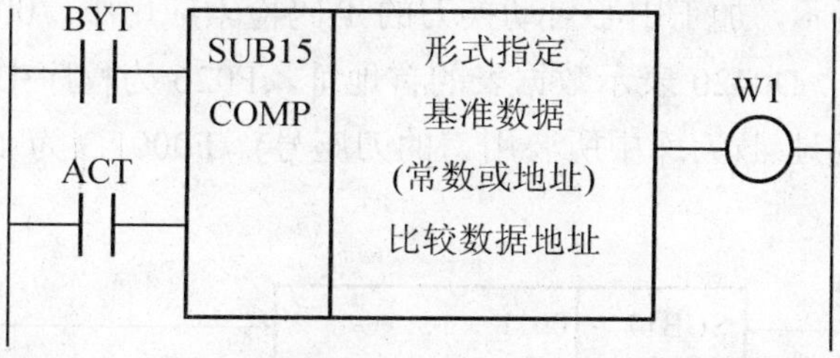

说明：比较两位或四位 BCD 码的数值，把比较结果输出到 W1。

控制条件：当 BYT=0 为比较 2 位 BCD 码；当 BYT=1 为比较 4 位 BCD 码。当 W1=0 为基准数据＞比较数据；当 W1=1 为基准数据≤比较数据。

形式指定：形式指定为 0 表示基准数据为常数，1 表示基准数据为指定地址。

(16) 一致性判断指令的指令形式及说明等介绍如下。

指令形式：

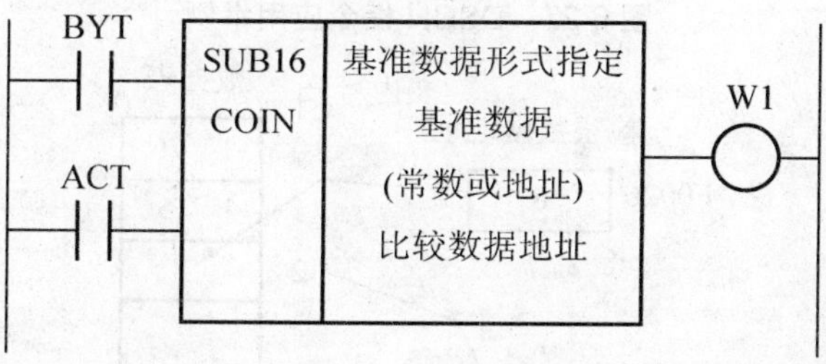

说明：比较 BCD 形式的数据，判断是否相同。

控制条件：当 BYT=0 为比较 2 位 BCD 码；当 BYT=1 为比较 4 位 BCD 码。当 W1=0 为基准数据≠比较数据；当 W1=1 为基准数据=比较数据。

基准数据形式指定：0：基准数据为常数　1：基准数据为指定地址。

(17) 检索指令的指令形式及说明等介绍如下。

指令形式：

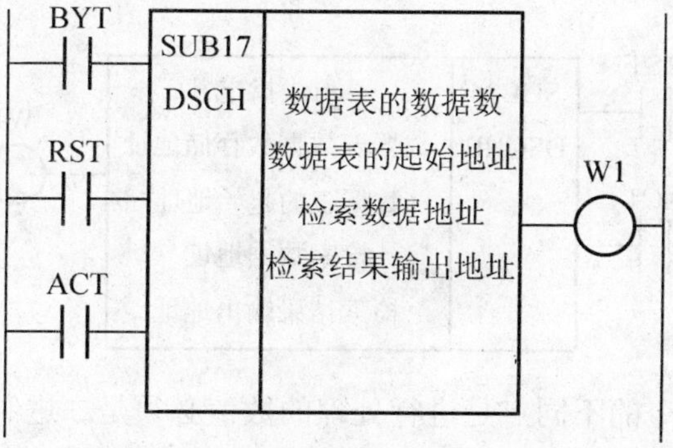

说明：检索指定的数据是否存在于数据表内，并输出表内号数。

控制条件：当 BYT=0 为检索 2 位 BCD 码；当 BYT=1 为检索 4 位 BCD 码。当 RST=1 为断开无检索数据的输出 W1。当 W1=1 为无检索的数据时，输出即接通。

【例 6-7】 如图 6.27 所示，加工中心自动换刀的 T 码检索应用中，0011 表示加工中心的刀库为 12 工位(12 把刀)，D0420 表示数据表的首地址，F026 为程序中的 T 码，D0431 用于存储检索到刀号所在的地址(刀库中所要用刀的刀座号)。F0007.3 为 T 码选通信号。具体过程如图 6.28 示。

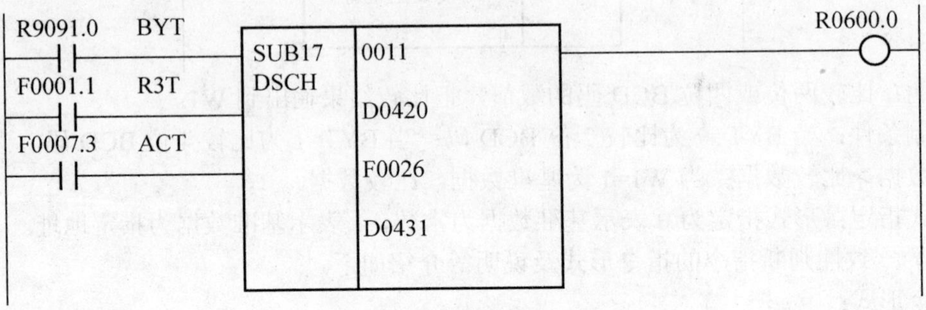

图 6.27　DSCH 指令应用举例

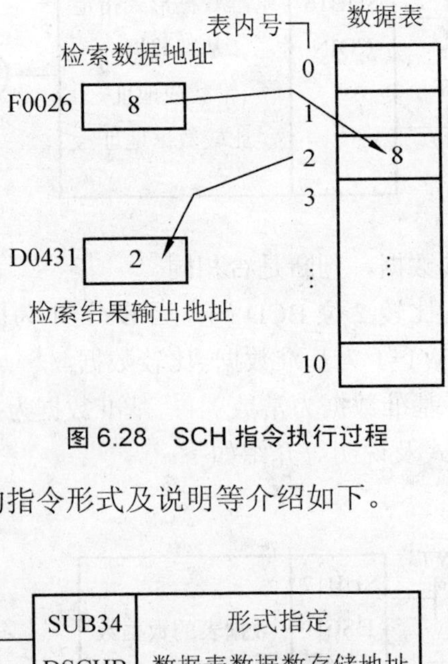

图 6.28　SCH 指令执行过程

(18) 二进制检索数据的指令形式及说明等介绍如下。

指令形式：

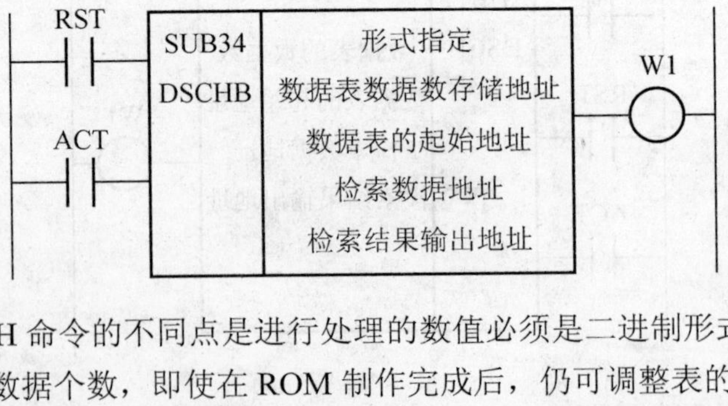

说明：与 DSCH 命令的不同点是进行处理的数值必须是二进制形式，而且为了能使用地址指定数据表的数据个数，即使在 ROM 制作完成后，仍可调整表的容量。

控制条件：当 RST=1 为断开无检索数据输出 W1。当 W1=1 为没有检索数据时，接通输出。

形式指定：形式指定为 1 表示 1 字节长，2 表示 2 字节长，4 表示 4 字节长。

【例 6-8】 如图 6.29 所示，D0100 用来存储数据表的容量(如果是 10 把刀的刀库，则数据表容量为 11)，数据表的表头是 D0420。如果从数据表中检索到程序所需要的刀号，则把刀号所在的地址(表内号传送到地址 D0431 中)。如果在数据表中没有检索到程序的刀号，则 R0600.1 为 1，并发出 T 码错误报警信息。

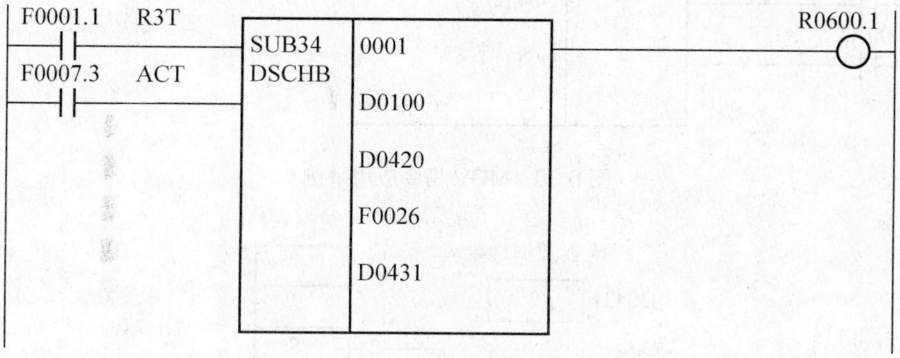

图 6.29　DSCHB 指令应用举例

(19) 变址修改数据传送的指令格式及说明等介绍如下。

指令格式：

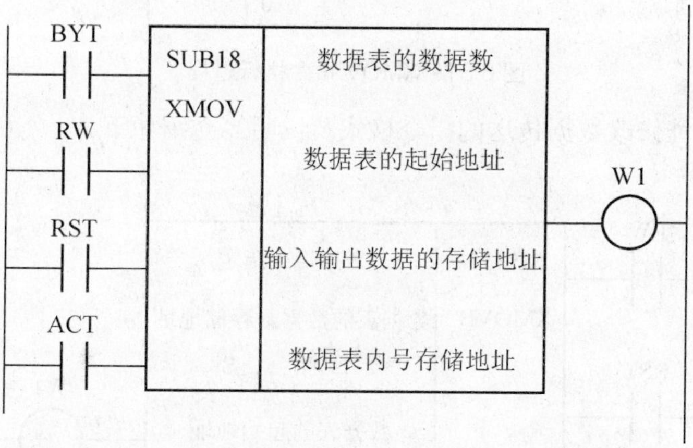

说明：读取或写入数据表内指定号的数据，进行处理的数据为两位或四位 BCD 码。

控制条件：当 BYT=0 为数据表的数据为两位 BCD 码；当 BYT=1 为数据表的数据为四位 BCD 码。当 RW=0 为从数据表读取数据；当 RW=1 为把数据写入数据表。当 RST=1 为断开出错输出到 W1。当 ACT=1 为执行 XMOV 命令。当 W1=1 为被指定的表内号超过数据表的数据数时，即出错报警。

【例 6-9】 如图 6.30 所示，数控加工中心的自动换刀 PMC 控制。其中，刀库共有 10 把刀，数据表头为 D0420(存储主轴当前的刀号)，数据表 D0421～D0430 分别为刀库的刀座号(1～10 号刀座)，D0431 为程序 T 码所检索到的刀号地址(要换刀的刀座号)，D0432 用来存储 D0431 地址内的数据(要换刀所在刀座的刀号)。如图 6.31 所示，通过 XMOV 指令后，把刀库中 2 号刀座的 8 号刀输出到 D0432 中。

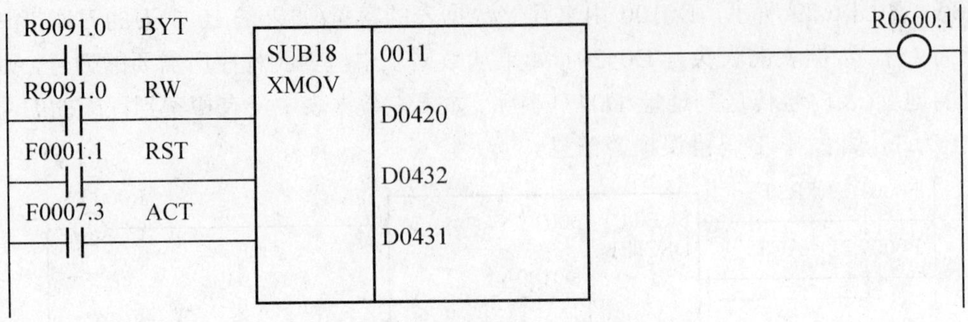

图 6.30　MOV 指令应用举例

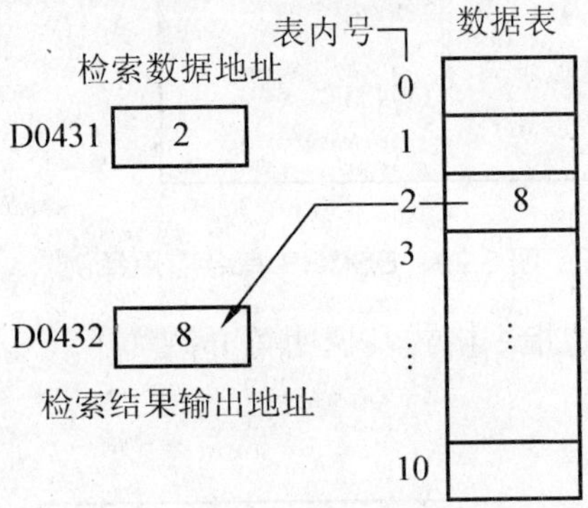

图 6.31　XMOV 指令执行过程

(20) 二进制变址修改数据传送的指令格式及说明等介绍如下。

指令格式：

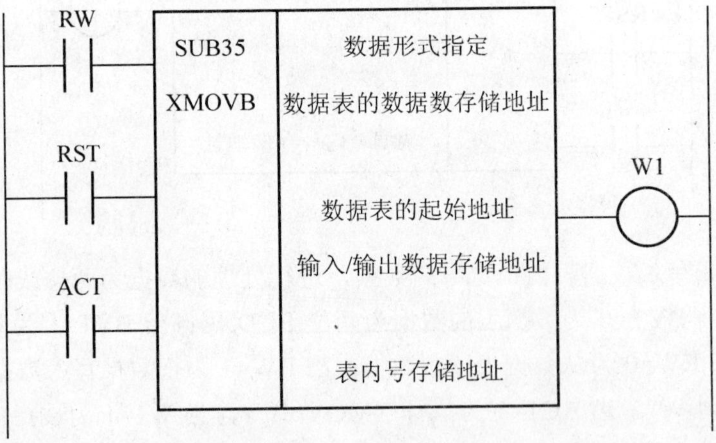

说明：读取或写入数据表内指定号的数据。进行处理的数据为二进制形式。另外，因为表容量是地址指定的，所以在写入 ROM 后，还能修改表容量。

形式指定：形式指定为 1 表示 1 字节长，2 表示 2 字节长，4 表示 4 字节长。

其他参数同变址修改数据传送。

【例 6-10】 如图 6.32 所示，数控加工中心的自动换刀 PMC 控制。其中，刀库共有 10 把刀，数据表头为 D0420(存储主轴当前的刀号)，数据表 D0421～D0430 分别为刀座号(1～10 号刀座)，D0431 为与主轴交换的刀号地址(要换刀的刀座号)。如图 6.33 所示，通过 XMOV 指令后，把主轴的 5 号刀(D0420 存储的刀号)写入到 D0431 指定数据表的表内号的地址中，即把主轴刀号写入到刀库中与主轴交换刀具的刀座中(如 2 号刀座中)。

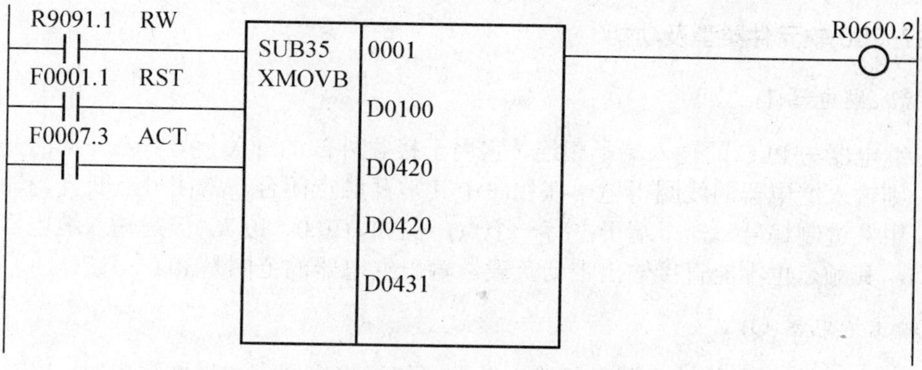

图 6.32　XMOVB 指令应用举例

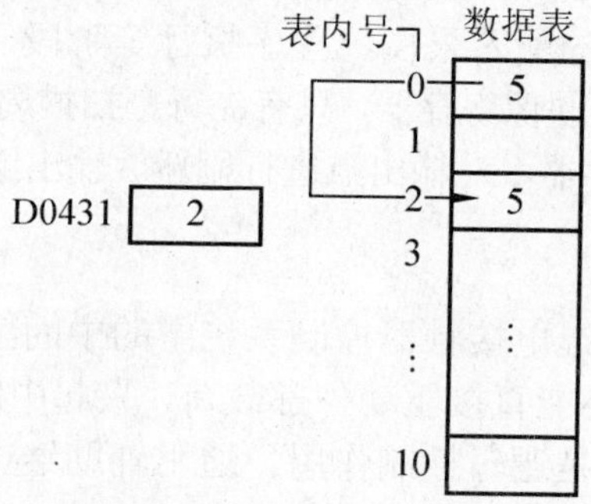

图 6.33　XMOVB 指令执行过程

(21) 常数定义指令的指令格式及说明等介绍如下。

指令格式：

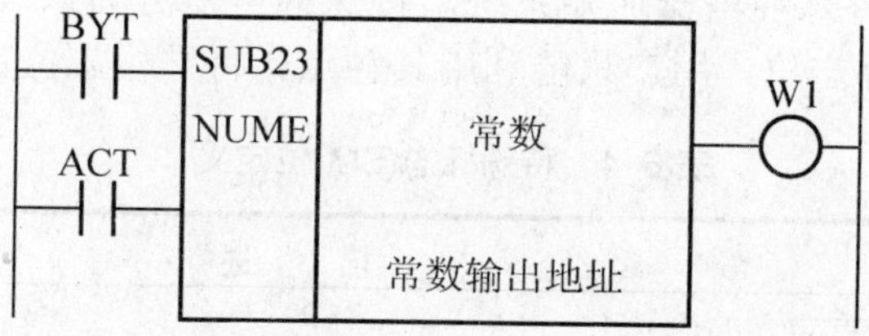

说明：定义 BCD 码两位或四位常数。

控制条件：当 BYT=0 为进行处理的数据为两位 BCD 码；当 BYT=1 为进行处理的数据为 4 位 BCD 码。当 ACT=1 为执行 NUME 指令。

6.3　SIEMENS 802D 可编程控制器简介

SIEMENS 802D 数控系统采用内嵌型 PLC，其 PLC 为 S7-200。

用户使用的 S7-200 PLC 中的每一个 I/O 模块、内部存储单元、定时器和计数器等都被称为软元件，各个元件有其不同的功能，有固定的地址。编程时，用户只需要记住软元件的地址即可。每个软元件有一个地址与之对应，软元件的地址编排采用区域号加区域内编号的方式，即 PLC 内部根据软元件的功能不同，分成了很多区域，如 I/O 继电器区、定时器区、计数器区、特殊继电器区等，分别用 I/Q、T、C、SM 等来表示。

6.3.1 S7-200 软元件类型及功能

1. 输入继电器(I)

输入继电器与 PLC 的输入端子相连，它用于接收外部的开关信号。当外部的开关信号闭合时，则输入继电器的线圈得电，在程序中其常开触点闭合，常闭触点断开。输入继电器一般采用八进制编号，一个端子占有一个点。例如，I0.0、I0.7。但是输入继电器不能由程序驱动，其触点也不能直接输出带动负载。输出继电器的范围是 I0.0～I17.7。

2. 输出继电器(Q)

输出继电器与 PLC 的输出端子相连，当程序使得输出继电器线圈通电时，PLC 上的输出端开关闭合，它可以作为控制外部载荷的开关信号，同时在程序中其常开触点闭合，常闭触点断开。在每个扫描周期的输入采样、程序执行等阶段，并不把输出结果信号直接送到输出继电器，而只是送到输出映像寄存器，只有在每个扫描周期的末尾才将输出映像寄存器中的结果几乎同时送到输出锁存器，对输出点进行刷新。输出继电器的范围是 Q0.0～Q11.7。

3. 通用辅助继电器(M)

通用辅助继电器的作用和继电接触器控制系统中的中间继电器相同，它在 PLC 中没有 I/O 端与之对应，因此其触点不能直接驱动外部载荷，只起中间状态的暂存作用。这是与输出继电器的主要区别，它主要是逻辑控制作用。通用辅助继电器的范围是 M0.0～M383.7。

4. 特殊继电器(SM)

有些辅助继电器具有特殊功能或用来存储系统的状态变量、有关的控制参数和信息，称为特殊继电器。特殊继电器为用户提供了一些特殊的控制功能及系统信息，用户对操作的一些特殊要求也通过特殊继电器通知系统。特殊继电器分为只读区和可读/可写区两部分，只读区特殊继电器标志位，用户只能利用其触点。特殊标志位定义如表 6-4 所示。

表 6-4　特殊标志(SM)位定义

SM 位	描　述
SM 0.0	该标志带有定义的信号 1
SM 0.1	初始位置：第一个 PLC 循环时为 1，后面循环为 0
SM 0.2	缓冲区数据丢失，仅用于第一个 PLC 循环(0——数据未丢，1——数据已丢)
SM 0.3	上电：第一个 PLC 循环时为 1，后面循环为 0
SM 0.4	60s 周期(交替的 0 表示 30s，然后 1 表示 30s)
SM 0.5	1s 周期(交替的 0 表示 0.5s，然后 1 表示 0.5s)
SM 0.6	PLC 循环周期(交替的一个循环为 0，然后另一个循环为 1

5. 定时器(T)

定时器的作用相当于时间继电器，是累计时间增量的内部器件。当定时器的输入条件满足时开始计时，当前值从 0 开始，按一定的时间单位增加，当定时器的当前值达到预设值时，定时器的触点动作，利用定时器的触点就可以得到控制所需的延时时间，使用时，要提前输入时间预设值。定时器的计时过程采用时间脉冲计数的方式，T0 到 T15 的时基增量为 100 ms，T16 到 T39 的时基增量为 10 ms。

6. 计数器(C)

计数器用来累计输入脉冲的个数，经常用来对产品进行计数或进行特定功能的编程。使用时要提前输入它的设定值(计数的个数)。当输入触发条件满足时，计数器开始累计它的输入端脉冲上升沿(正跳变)的次数，当计数器计数达到预定的设定值时，其常开触点闭合，常闭触点断开。计数器的范围是 C0～C31。

7. 变量存储器(V)

变量存储器用来存储变量。它可以存放程序执行过程中控制逻辑操作的中间结果，也可以使用变量存储器来保存与工序或任务相关的其他数据。在进行数据处理时，变量存储器会被经常使用。变量存储器的范围是 V1000 0000.0～V7999 9999.7。

8. 局部变量存储器(L)

局部变量存储器用来存储局部变量。变量存储器存储的变量是全局有效的，全局有效是指同一个变量可以被任何程序(包括主程序、子程序和中断程序)访问。局部有效是指变量只和特定的程序相关联。局部变量存储器的范围是 L0.0～L51.7。

9. 累加器(AC)

S7-200 提供了四个 32 位累加器，位 AC0～AC3。累加器是用来暂存数据的寄存器。它可以用来存放数据，如运算数据、中间数据和结果数据，也可用来向子程序传递参数，或从子程序返回参数。使用时只表示出累加器的地址编号，如 AC0，累加器就可以进行读写两种操作。

6.3.2　S7-200 中的数据类型

1. 数据类型及范围

SIMATIC S7-200 系列 PLC 数据类型可以是布尔型、整型和实型(浮点数)。实型采用 32 位单精度数来表示，其数值有较大的表示范围：正数为+1.175495E-38～+3.402823E+38；负数为-1.175495E-38～-3.402823E+38。不同长度的整数所表示的数值范围如表 6-5 所示。

表 6-5　整数长度及范围

整数长度	无符号整数表示范围		有符号整数表示范围	
	十进制表示	十六进制表示	十进制表示	十六进制表示
字节 B(8 位)	0～255	0～FF	-128～127	80～7F
字 W(16 位)	0～65 535	0～FFFF	-32 768～32 767	8 000～7FFF
双字 D(32 位)	0～4 294 967 295	0～FFFFFFFF	-2 147 483 648～2 147 483 647	80 000 000～7FFFFFFF

2. 常数

在编程中经常会使用常数。常数数据长度可为字节、字和双字，在机器内部的数据都以二进制存储，但常数的书写可以用二进制、十进制、十六进制、ASCII 码或浮点数(实型)等多种形式。几种常数形式分别如表 6-6 所示。

表 6-6　常数表示

进　制	书写格式	举　例
十进制	进制数值	1090
十六进制	16#十六进制值	16#3F7D4
二进制	2#二进制值	2#1010_1000_0001_1100
ASCII 码	‘ASCII 码文本’	‘Show terminals’
浮点数(实型)	ANSI/IEEE 754:1985 标准	+1.033 453E−36(正数)
		−1.033 453E−36(负数)

6.3.3　S7-200 的编址与寻址方式

1. 编址方式

(1) 位编址。位编址的指定方式为：(区域标志符)字节号.位号，如 I0.0、Q0.0、I1.2。

(2) 字节编址。字节编址的指定方式为：(区域标志符)B(字节号)，如 IB0 表示由 I0.0～I0.7 这 8 位组成的字节。

(3) 字编址。字编址的指定方式为：(区域标志符)W(起始字节号)，且最高有效字节为起始字节。例如，VW0 表示由 VB0 和 VB1 这两个字节组成的字。

(4) 双字编址。双字编址的指定方式为：(区域标志符)D(起始字节号)，且最高有效字节为起始字节。例如，VD0 表示由 VB0 到 VB3 这四个字节组成的双字。

2. 寻址方式

(1) 直接寻址。直接寻址是在指令中直接使用存储器或寄存器的元件名称(区域标志)和地址编号，直接到指定的区域读取或写入数据。有按位、字节、字、双字的寻址方式，如 I1.1、Q1.0 等。

(2) 间接寻址。间接寻址时操作数并不提供直接数据位置，而是通过使用地址指针来存取存储器中的数据。在 S7-200 中允许使用指针对 I、Q、M、V、S、T、C(仅当前值)存储区进行间接寻址

① 使用间接寻址前，要先创建一指向该位置的指针。建立指针必须用双字传送指令(MOVD)，将存储器所要访问的单元的地址装入作为指针的存储器单元或寄存器，装入的是地址而不是数据本身，格式举例如下：

```
MOVD    &VB200,VD302
MOVD    &MB10,AC2
MOVD    &C2,LD14
```

注意：建立指针用 MOVD 指令。

② 指针建立好后，利用指针存取数据。指令中在操作数的前面加“*”表示该操作数为一个指针。下面两条指令是建立指针和间接存取的应用方法。

MOVD　　&VB200，AC0

MOVW　　*AC0，AC1

存储区的地址及单元中所存的数据及执行过程如图 6.34 所示。

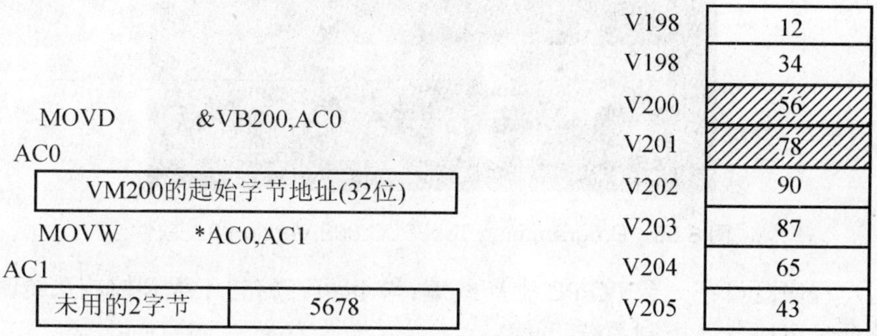

图 6.34　存储区的地址及单元中所存的数据及执行过程

6.3.4　S7-200 指令系统和程序结构

1. 指令系统

S7-200 系列 PLC 主机中有两类基本指令集：SIMATIC 指令集和 IEC 1131-3 指令集，程序员可以任选一种。它提供了许多类型的指令以完成广泛的自动化任务。

SIMATIC 指令集是为 S7-200 系列 PLC 设计的，本指令通常执行时间短，而且可以用 LAD、STL 和 FBD 三种编程语言。

IEC 1131-3 指令集是不同 PLC 厂家的指令标准，它不能使用 STL 编程语言。

关于 PLC 指令系统的详细介绍，请参阅相关文献，本书不作介绍。

2. PLC 的程序结构

S7-200 PLC 的控制程序由主程序、子程序和中断程序组成。

主程序：(OB1)每个项目只有一个主程序，在主程序中可以调用子程序和中断程序；

子程序：(SBR)可选的指令的集合，仅在被其他程序调用时执行。

中断程序：中断程序不是被主程序调用，它们在中断事件发生时由操作系统调用；

6.3.5　SIEMENS 802D 可编程控制器的编程软件

1. S7-200 可编程控制器的编程软件

Programming Tool PLC 802 Version 3.1 软件是基于 STEP 7-Micro/WIN32 基础上开发的，编程软件为用户开发、编辑和监控自己的应用程序提供了良好的编程环境，如图 6.35 所示。

与基本系统 STEP 7 200 Micro/Win 比较，必须注意以下内容：

(1) 用户程序只能在梯图中进行编程。

(2) 只支持 S7-200 编程语言的一个子集。

图 6.35　Programming Tool PLC 802 Version 3.1 软件

(3) 用户程序既可在一台 PG/PC 上离线编译，也可在将它下载到控制系统时自动编译。

(4) 该项目可以导入控制系统(下载)。

(5) 该项目也可以从控制系统导出(上载)。

(6) 数据间接寻址是不允许的。因此，在程序运行期间将拒绝编程错误。

(7) 用户必须按照类型管理他的数据以及过程信息。

(8) 此外，还应注意所有数据在存储模块中的数据方向(排列)及其类型。

此软件是集成了各种编程调试功能，如图 6.36 所示。其界面的功能介绍如下：

浏览条：显示编程特性的按钮控制群组。在“检视”群组内，有程序块、符号表、状态图、交叉引用、通信按钮控制。

指令树：提供所有项目对象和为当前程序编辑器提供的所有指令的树形视图。

工具条：分类显示常用命令(用图形化的图标来表示命令)，使您可快速地执行命令。

交叉引用：允许检视程序的交叉参考和元件使用信息。

状态图：允许将程序输入、输出或变量置入表中，以便追踪其状态。

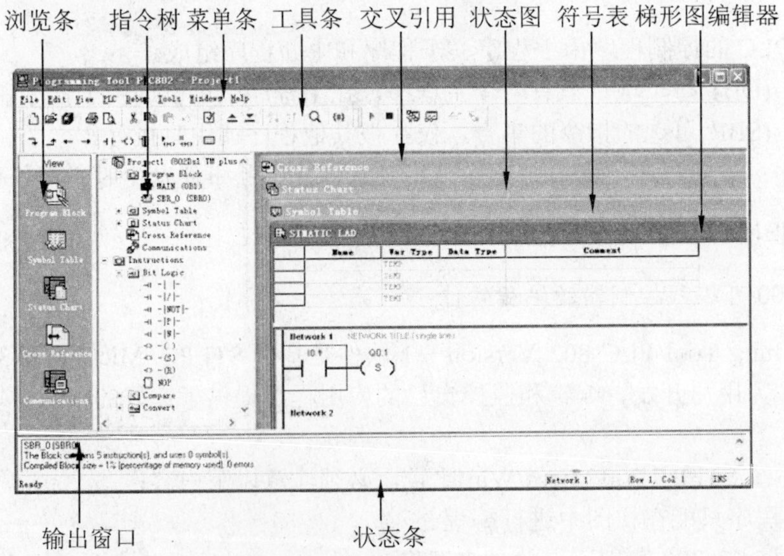

图 6.36　界面功能介绍

符号表：允许分配和编辑全局符号，可以为一个项目建立多个符号表。

梯形图编辑：包括用于该项目的编辑器的局部变量和程序视图。如果需要，可以拖动分割条，展开程序视图，并覆盖局部变量。当在主程序 OB1 之外，创建子程序时，制表符出现在出现编辑器窗口的底部。可单击制表符，在子程序和 OB1 之间移动。

输出窗口：在编译程序时提供信息。当输出窗口列出错误时，可双击错误信息，会在编辑器窗口中显示出错的网络。

状态条：提供执行软件时的操作状态信息。

6.4　数控机床可编程控制器的故障诊断

PMC 的故障多出现在点的输入输出是否正常，动作是否正常执行。要对其进行有效的诊断就要借助 PMC 提供的各项功能对 PMC 进行诊断。PMC 的诊断分动态诊断和静态诊断两种。在诊断时一定先确定 PMC 为运行状态。

本节以 FANUC 0i Mate C 系统为例进行说明。

6.4.1　PMC 故障诊断

1. 静态诊断

静态诊断就是查看梯形图 I/O 模块的连接状况和查看 PMC 各个信号的 ON/OFF 状态。

(1) 查看 PMC I/O LINK 模块连接是否正常。具体操作为：单击系统功能键【system】，然后单击“PMC”键，单击软键【PWMDGN】，再单击系统扩展软键，接着单击功能键“I/OCHK”，最后单击功能键“IOLNK”，即可进入如图 6.37 所示的画面。

```
PMC I/O LINK    (1/1)                 MONIT STOP

                 CHANNEL  1

     GROUP    ID    KIND OF  UNIT
      00      A8    OTHER UNIT






> ^

(PRV. PG)(NXT. PG)(          )(          )(          )
```

图 6.37　PMC I/O LINK 界面

(2) 在系统 PMC 运行情况下，检查各个点的 ON/OFF 状态是否正常。具体操作为单击软键【PMC】然后单击软键【PMCDGN】，再单击软键【STATUS】即可进入如图 6.38 所示的画面。在这个画面中能够清楚地看到每个点的 ON/OFF 状态是否正常，这种检测很直观，但是要求对 PMC 的 I/O 点分配要熟悉。

```
PMC SIGNAL STATUS                                        MONIT RUN

ADDRESS   7    6    5    4    3    2    1    0
G0008     0    0    1    1    0    0    0    0
G0009     0    0    0    0    0    0    0    0
G0010     1    0    0    0    0    0    0    1
G0011     1    1    1    1    1    1    1    1
G0012     1    1    0    0    1    1    0    1
G0013     1    1    1    1    1    1    1    1
G0014     0    0    0    0    0    0    1    0
G0015     0    0    0    0    0    0    0    0

>^
[   SEARCH   ][          ][          ][          ][   FORCE    ]
```

图 6.38　PMC 信号状态显示界面

需要注意的是 PMC 中是直接查看 LADDER 的运行状态、输入输出状态。但是当编辑的 LADDER 中出现两个相同的线圈时，或对同一个点用不同的方式同时处理时，对于该点系统将不会正常时输出。所以在编辑 LADDER 时一定不能出现相同的输出线圈(SET、RESET 除外)。系统 PMC 自带的 CROSS 功能用来检查 LADDER 中是否有相同的线圈。

具体操作为：单击功能键【PMC】，然后单击键【EDIT】，最后单击键【CROSS】即可进入如图 6.39 所示的画面，可以进行相关设定。

```
PMC CROSS REFERENCE                          MONIT STOP

 SELECT CROSS TYPE      =  1
( 1:ADDRESS 2:ADRS KIND 3:FUNCTION )
  1:REFERENCE ADDRESS
           1 =   R0000.0     5 =
           2 =   R0000.1     6 =
           3 =               7 =
           4 =               8 =
  2:ADRS KIND       =
         ( G/F/Y/X/A/R/T/K/C/D/P/L/S )
  3:FUNCTION NO.  =          ( ALL = 0 )

>^

[CRSREF][INPUT ][        ][ INIT ][        ]
```

图 6.39　PMC CROSS 界面

此时，单击软键【CRSREF】，进入如图 6.40 所示的画面，在此可以看出 R0.0 有一个线圈输出，在梯形图的第五行中使用，有六个常开点分别在梯形图的第 5、6、29、34、76 和 120 行使用，另外还有 15 个常闭点，分别在梯形图的 5、29、34、73、77、89、89、90、91、93、94、95、96、97 和 98 中使用，在此图中一目了然。然后可以对照相关梯形图(见图 6.41)，可以看出在梯形图的第五行确实有一个线圈输出。这样就可以很方便地查看是否有相同的线圈。

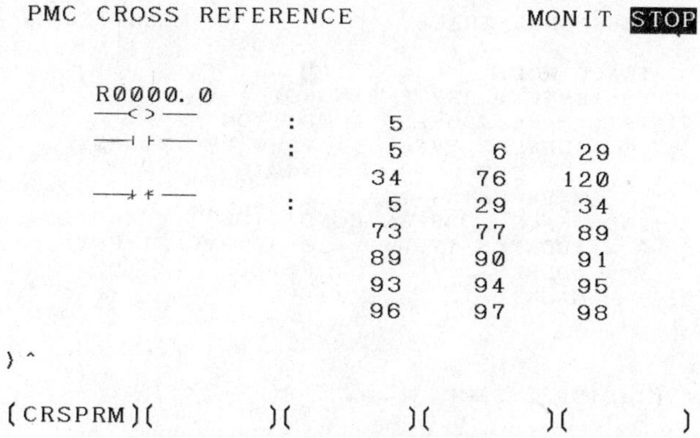

图 6.40　PMC CROSS 参数画面

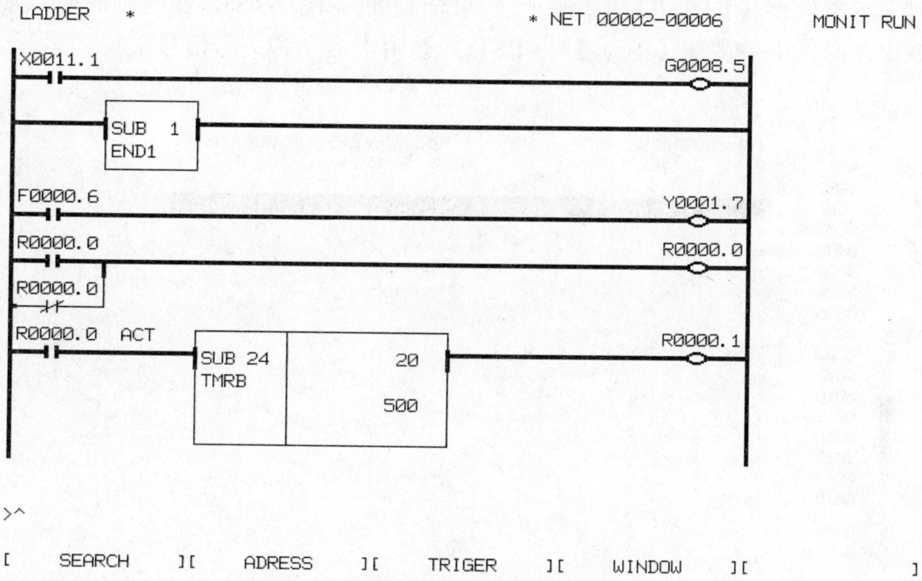

图 6.41　部分梯形图

2. 动态的诊断

LADDER 运行，动作若不能正常执行，并带有误操作，则进行以下两个步骤。

(1) 通过梯形图进行直接诊断，查看相关点的接通、关断(ON/OFF)状态。如图 6.41 所示，梯形图中某点接通用粗实线显示，关断用细实线显示。通过不断查找相关的点，来查出故障的原因。

(2) 利用 TRACE 进行点的状态跟踪。在 PMC 出现误操作时，由于梯形图内部处理的时间很短，某个点的状态可能在瞬间就发生了变化，在梯形图中直接用肉眼察看故障点的运行情况，将变得很困难，但是可通过系统提供的 TRACE(跟踪)功能，把相关点的状态采集到一个画面中进行诊断，查看各个相关点的运行状况是否正常。具体操作为按键【PMC】，然后单击软键【PMCDGN】，最后单击软键【TRACE】进入采样参数设定画面，如图 6.42 所示。

```
PMC SIGNAL TRACE                              MONIT RUN

 TRACE MODE                 : 1
 (0:1BYTE/1:2BYTE/2:WORD)
 1ST TRACE ADDRESS CONDITION
    ADDRESS TYPE         : 0  (0:PMC  /1:PHY)
    ADDRESS              : X0016
    MASK DATA            : FF
 2ND TRACE ADDRESS CONDITION
    ADDRESS TYPE         : 0  (0:PMC  /1:PHY)
    ADDRESS              : R0000
    MASK DATA            : FF

)^

(T.DISP)( STOP )(        )(        )(        )
```

图 6.42　采样参数设定画面

此时，单击软键【T.DISP】可进入信号采样画面(见图 6.43)，在此画面可以观察信号的变化规律。画面中单击键【RUN】、【STOP】用于启动和关断信号采样的运行。

```
PMC SIGNAL TRACE                                              MONIT RUN

        1ST ADDRESS = X0016   (FF)     2ND ADDRESS = R0000   (FF)
NO.     7 6 5 4   3 2 1 0              7 6 5 4   3 2 1 0
0000    . . . .   . . . .              . . . .   . . . .
0001    . . . .   . . . I              I I . .   . . I I
0002    . . . .   . . . .              . . . .   . . . .
0003    . . . .   . . . .              . . . .   . . . .
0004    . . . .   . . . .              . . . .   . . . .
0005    . . . .   . . . .              . . . .   . . . .
0006    . . . .   . . . .              . . . .   . . . .
0007    . . . .   . . . .              . . . .   . . . .
0008    . . . .   . . . .              . . . .   . . . .
0009    . . . .   . . . .              . . . .   . . . .
0010    . . . .   . . . .              . . . .   . . . .
0011    . . . .   . . . .              . . . .   . . . .
0012    . . . .   . . . .              . . . .   . . . .
0013    . . . .   . . . .              . . . .   . . . .
0014    . . . .   . . . .              . . . .   . . . .
0015    . . . .   . . . .              . . . .   . . . .


[   TRCPRM   ][   STOP   ][          ][          ]
```

图 6.43　信号采样画面

单击软键【TRCPRM】进入信号采样参数设定画面(见图 6.42)，在此画面可设定要采样的信号。

6.4.2　PMC 在数控系统故障诊断中的应用举例

在实际工作中，了解和熟悉 FANUC 系统丰富的操作功能，对外围故障的诊断和排除有着事半功倍的作用。

在这里，举例介绍使用 FANUC 系统内嵌的强大、易用的 PMC 功能对外围故障的快速判断和排除。

1. 功能 1

操作方法：单击功能键【SYSTEM】切换屏幕，然后单击软键【PMC】，再单击相应的软键，便可分别进入梯形图程序显示功能、PMC 的 I/O 信号及内部继电器显示功能、PMC 参数和显示功能。

应用实例：某公司的一台日本立式加工中心使用 FANUC 18i 系统，报警内容是 2086 ABNORMAL PALLET CONTACT(M/C SIDE)，查阅数控机床说明书，意思是“加工区侧托盘着座异常”，检测信号的 PMC 地址是 X6.2。该加工中心的 APC 机构是双托盘大转台旋转交换式，观察加工区内堆积了大量的铝屑，所以判断是托盘底部堆积了铝屑，以至托盘底座气检无法通过。但此时报警无法消除，不能对数控机床作任何的操作。在 FANUC 系统的梯形图编程语言中规定，要在屏幕上显示某一条报警信息，要将对应的信息显示请求位(A 线圈)置为“1”，如果置为“0”，则清除相应的信息。也就是说，要消除这个报警，就必须使与之对应的信息显示请求位(A)，置为“0”。单击软键【PMCDGN】和【STATUS】进入信号状态显示屏幕，查找为“1”的信息显示请求位(A)时，查得 A10.5 为“1”。于是，进入梯形图程序显示屏幕【PMCLAD]】，查找 A10.5 置为“1”的梯形图回路，发现其置位条件中使用了一个保持继电器的 K9.1 常闭点，此时状态为“0”。查阅数控机床维修说明书，K9.1 的含义是置“1”为托盘底座检测无效。

故障排除过程：在 MDI 状态下，用功能键【OFFSET SETTING】切换屏幕，单击软键【SETTING】数控将“参数写入”设为“1”，再回到【PMCPRM】屏幕下，单击软键【KEEPRL】进入保持型继电器屏幕，将 K9.1 置为“1”。单击报警解除按钮。这时可使 A10.5 置为“0”，便可对数控机床进行操作。将大转台抬起旋转 45°，拆开护板，果然有铝屑堆积，于是将托盘底部的铝屑清理干净。将 K9.1 和“参数写入”设回原来的值“0”。多次进行 APC 操作，再无此报警，故障排除。

2. 功能 2

在 FANUC 系统的梯形图编程语言中，F 是来自 NC 侧的输入信号(NC→PMC)，而 G 是由 PMC 输出到 NC 的信号(PMC→NC)。其中，G130 是 PMC 输出到 NC 侧的各轴互锁信号，当其中某一位被置为“1”时，允许对应的伺服轴移动，为“0”时，禁止对应的伺服轴移动。

应用实例：一国产加工专机使用 FANUC 21M 系统，执行原点返回的 NC 程序，当执行到“G91 G28 GOO ZO；”时，Z 轴无动作，CNC 状态栏显示为“MEM STRT MTN ***”，即 Z 轴移动指令已发出。用功能键【MESSAGE】切换画面，并无报警信息。用功能键【SYSTEM】切换画面，按软键“诊断”，这时 005(INTERLOCK/START-LOCK)为“1”，即有伺服轴进入了互锁状态。

故障排除过程：进入梯形图程序显示功能画面，发现与 Z 轴对应的互锁信号 G130.0 的状态为“0”，即互锁信号被输入至 NC，检查其互锁原因，发现是一传感器被铝屑污染。擦拭后，将 G130.0 置为“1”，互锁解除，重新启动原点返回的 NC 程序，动作正常，故障排除。

3. 功能 3

PMC 中的跟踪功能(TRACE)是一个可检查信号变化的履历，记录信号连续变化的状态，特别对一些偶发性的、特殊故障的查找和定位起着重要的作用。用功能键【SYSTEM】切换屏幕，依次单击软键【PMC】、【PMCDGN】、【TRACE】即可进入信号跟踪画面。

应用实例：某国产加工中心使用的是 FANUC 0i 系统。在自动加工过程，NC 程序偶尔无故停止，上件端托盘已装夹好的夹爪自动打开(不正常现象)，CNC 状态栏显示 MEM STOP ***，此时无任何报警信息，检查诊断画面，并未发现异常，按 NC 启动便可继续加工。经观察，CNC 都是在执行 M06(换刀)时停止，主要动作是 ATC 手臂旋转和主轴(液压)松开/拉紧刀具。

故障排除过程：使用梯形图显示功能，追查上件侧的托盘夹爪(Y25.1)置为“1”的原因(可能是与自动加工过程中，偶尔无故停止故障有关)。经查，怀疑与一加工区侧托盘夹紧的检测液压压力开关(X1007.4)有关。于是，使用 TRACE 信号跟踪功能，在自动加工过程中，监视 X1007.4 的变化情况。当 NC 再次在 M06 执行时停止，在【TRACE】画面上，跟踪到 X1007.4 在 CNC 无故停止时的一个采样周期从原来的状态“1”跳转为“0”，再变回“1”，从而确认该压力开关有问题。调整此开关动作压力，但故障依旧。于是将此开关更换，故障排除。事后分析，引起这个故障原因是主轴松开/夹紧工具时，液压系统压力有所波动(在合理的波动范围内)，而此压力开关作出了反应以致造成在自动加工过程中，NC 程序偶尔无故停止的故障。

6.5　机床电气维护及故障诊断

数控机床的价格从几十万元到上千万元，一般都是企业中关键产品关键工序的关键设备，一旦发生故障停机，其影响和损失往往很大。但是，人们对这样的设备往往是看重其效能，不仅对合理地使用不够重视，而且对其保养及维修工作关注太少，日常不注意对保养与维修工作条件的创造和投入，故障出现临时抱佛脚的现象很是普遍。因此，为了充分发挥数控机床的效益，我们一定要重视维修工作，创造出良好的维修条件。由于数控机床日常出现的故障多为电气故障，所以电气维修更为重要。

6.5.1　数控机床维修的要求

1. 维修人员条件

数控机床电气维修工作的快速性、优质性关键取决于电气维修人员的素质条件。电气维修人员应具备以下几方面的素质。

(1) 首先是有高度的责任心和良好的职业道德。

(2) 知识面要广。要学习并基本掌握有关数控机床电气控制的各学科知识，如计算机技术、模拟与数字电路技术、自动控制与拖动理论、控制技术、加工工艺以及机械传动技术，当然还包括上节所讲的基本数控知识。

(3) 应经过良好的技术培训。数控技术基础理论的学习，尤其是针对具体数控机床的技术培训，首先是参加相关的培训班和数控机床安装现场的实际培训，然后向有经验的维修人员学习，更重要且更长时间的是自学。

(4) 勇于实践。要积极投入数控机床的维修与操作的工作中去，在不断的实践中提高分析能力和动手能力。

(5) 掌握科学的方法。要做好维修工作光有热情是不够的，还必须在长期的学习和实践中总结提高，从中提炼出分析问题、解决问题的科学方法。

(6) 学习并掌握各种电气维修中常用的仪器、仪表和工具。

(7) 掌握一门外语，特别是英语。起码应做到能看懂技术资料。

2. 物质条件

(1) 准备好通用的和某台数控机床专用的电气备件。

(2) 非必要的常备电气元件应做到采购渠道快速畅通。

(3) 必要的维修工具、仪器仪表等，最好配有笔记本电脑并装有必要的维修软件。

(4) 每台数控机床所配有的完整的技术图样和资料。

(5) 数控机床使用、维修技术档案材料。

3. 关于预防性维护

预防性维护的目的是为了降低故障率，其工作内容主要包括下列几方面。

(1) 人员安排。为每台数控机床分配专门的操作人员、工艺人员和维修人员，所有人员都要不断地努力提高自己的业务技术水平。

(2) 建规建档。针对每台数控机床的具体性能和加工对象制定操作规章，建立工作与维修档案，管理者要对这些操作规章、工作与维修档案经常检查、总结、改进。

(3) 日常保养。对每台数控机床都应建立日常维护保养计划，包括保养内容(如坐标轴传动系统的润滑、磨损情况，主轴润滑，油、水气路，各项温度控制，平衡系统，冷却系统，传动带的松紧，继电器、接触器触头清洁，各插头、接线端是否松动，电气柜通风状况等)及各功能部件和元器件的保养周期(每日、每月、半年或不定期等)。

(4) 提高利用率。数控机床如果较长时间闲置不用，当需要使用时，数控机床的各运动环节会由于油脂凝固、灰尘甚至生锈而影响其静、动态传动性能，降低数控机床精度，油路系统的堵塞更是一大故障。从电气方面来看，由于一台数控机床的整个电气控制系统硬件是由数以万计的电子元器件组成的，它们的性能和寿命具有很大离散性，从宏观来看分三个阶段：在一年之内基本上处于所谓“磨合”阶段。在该阶段故障率呈下降趋势，如果在这期间不断开动机床则会较快完成“磨合”任务，而且也可充分利用一年的维修期；第二阶段为有效寿命阶段，也就是充分发挥效能的阶段。在合理使用和良好的日常维护保养的条件下，数控机床正常运转至少在五年以上；第三阶段为系统寿命衰老阶段，电气硬件故障会逐渐增多，数控系统的使用寿命平均在8～10年。

因此，在没有加工任务的一段时间内，最好较低速度下空运行数控机床，至少也要经常给数控系统通电，甚至每天都应通电。

6.5.2 维修与排除故障技术

1. 常见电气故障分类

数控机床的电气故障可按故障的性质、表象、原因或后果等分类。

(1) 以故障发生的部位，数控机应的电气故障分为硬件故障和软件故障。硬件故障是指电子、电器件、印制电路板、电线电缆、接插件等的不正常状态甚至损坏，这是需要修理甚至更换才可排除的故障。软件故障一般是指PLC逻辑控制程序中产生的故障，需要输入或修改某些数据，甚至修改 PLC 程序方可排除的故障。零件加工程序故障也属于软件故障。最严重的软件故障是数控系统软件的缺损甚至丢失，这就只有与生产厂商或其服务机构联系解决了。

(2) 以故障出现时有无指示，数控机床的电气故障分为有诊断指示故障和无诊断指示故障。当今的数控系统都设计有完美的自诊断程序，实时监控整个系统的软、硬件性能，一旦发现故障就会立即报警或者还有简要文字说明在屏幕上显示出来，结合系统配备的诊断手册不仅可以找到故障发生的原因、部位，而且还有排除的方法提示。机床制造厂也会针对具体数控机床设计有相关的故障指示及诊断说明书。上述这两部分有诊断指示故障加上各电气装置上的各类指示灯使得绝大多数电气故障的排除较为容易。无诊断指示故障一部分是上述两种诊断程序的不完整性所致(如开关不闭合、接插松动等)。这类故障分析诊断难度较大，要依靠对产生故障前的工作过程和故障现象及后果，并依靠维修人员对数控机床的熟悉程度和技术水平加以分析、排除。

(3) 以故障出现时有无破坏性，数控机床的电气故障分为破坏性故障和非破坏性故障。对于破坏性故障，损坏工件甚至数控机床的故障，维修时不允许重演，这时只能根据产生故障时的现象进行相应的检查、分析来排除之，技术难度较高且有一定风险。如果可能会损坏工件，则可卸下工件，试着重现故障过程，但应十分小心。机床大多数的故障属于非破坏性故障，这种故障往往通过“复位”即可消除维修人员诊断这类故障过程中可以再现故障，仔细观察故障现象，通过分析判断，确定故障点，并解除故障。

(4) 以故障出现的或然性，数控机床的电气故障分为系统性故障和随机性故障。系统性故障是指只要满足一定的条件则一定会产生的确定的故障。随机性故障是指在相同的条件下偶尔发生的故障，这类故障的分析较为困难，通常多与数控机床机械结构的局部松动错位、部分电气工件特性漂移或可靠性降低、电气装置内部温度过高有关。此类故障的分析需经反复试验、综合判断才可能排除。

(5) 以数控机床的运动品质特性来衡量，数控机床的电气故障则是数控机床运动特性下降的故障。在这种情况下，数控机床虽能正常运转却加工不出合格的工件。例如，数控机床定位精度超差、反向死区过大、坐标运行不平稳等。这类故障必须使用检测仪器确诊产生误差的机、电环节，然后通过对机械传动系统、数控系统和伺服系统的最佳化调整来排除。

此处故障的分类是为了便于故障的分析排除，而一种故障的产生往往是多种类型的混合，这就要求维修人员具体分析，参照上述分类采取相应的分析、排除法。

2. 故障的调查与分析

下面把电气故障的常用诊断方法综列于下。

1) 直观检查法

这是故障分析之初必用的方法，就是利用感官的检查。

(1) 询问。向故障现场人员仔细询问故障产生的过程、故障表象及故障后果，并且在整个分析判断过程中可能要多次询问。

(2) 目视。总体查看数控机床各部分工作状态是否处于正常状态(如各坐标轴位置、主轴状态、刀库、机械手位置等)，各电控装置(如数控系统、温控装置、润滑装置等)有无报警指示，局部查看有无熔体熔断，元器件烧焦、开裂、电线电缆脱落，各操作元件位置正确与否等。

(3) 触摸。在整机断电条件下可以通过触摸各主要电路板的安装状况、各插头座的插接状况、各功率及信号导线(如伺服与电动机接触器接线)的连接状况等来发现可能出现故障的原因。

(4) 通电。这是指为了检查有无冒烟、打火、有无异常声音、气味以及触摸有无过热电动机和元件存在而进行的通电，一旦发现立即断电分析。

2) 仪器检查法

使用常规电工仪表，对各组交、直流电源电压，相关直流及脉冲信号等进行测量，从中找寻可能的故障。例如，用万用表检查各电源情况，及对某些电路板上设置的相关信号状态测量点的测量，用示波器观察相关的脉动信号的幅值、相位及其有无，用 PLC 编程器查找 PLC 程序中的故障部位及原因等。

3) 信号与报警指示分析法

(1) 硬件报警指示。这是指包括数控系统、伺服系统在内的各电子、电气装置上的各种状态和故障指示灯，结合指示灯状态和相应的功能说明便可获知指示内容及故障原因与排除方法。

(2) 软件报警指示。如前所述的系统软件、PLC 程序与加工程序中的故障通常都设有报警显示，依据显示的报警号对照相应的诊断说明手册便可获知可能的故障原因及故障排除方法。

4) 接口状态检查法

现代数控系统多将 PLC 集成其中，而 CNC 与 PLC 之间是以一系列接口信号形式相互通信连接。有些故障是与接口信号错误或丢失相关的，这些接口信号有的可以在相应的接口板和输入/输出板上有指示灯显示，有的可以通过简单操作在 CRT 屏幕上显示，而所有的接口信号都可以用 PLC 编程器调出。这种检查方法要求维修人员既要熟悉本数控机床的接口信号，又要熟悉 PLC 编程器的应用。

5) 参数调整法

数控系统、PLC 及伺服驱动系统都设置许多可修改的参数以适应不同数控机床、不同工作状态的要求。这些参数不仅能使各电气系统与具体数控机床相匹配，而且更是使数控机床各项功能达到最佳化所必需的。因此，任何参数的变化(尤其是模拟量参数)甚至丢失都是不允许的，随数控机床的长期运行所引起的机械或电气性能的变化会打破最初的匹配状态和最佳化状态。此类故障多指软件故障，需要重新调整相关的一个或多个参数方可排除。这种方法对维修人员的要求是很高的，不仅要对具体系统主要参数十分了解，即知晓其地址熟悉其作用，而且要有较丰富的电气调试经验。

6) 备件置换法

当故障分析结果集中于某一印制电路板上时，由于电路集成度的不断扩大而要把故障落实于其上某一区域甚至某一元件是十分困难的，为了缩短停机时间，在有相同备件的条件下可以先将备件换上，然后再去检查修复故障板。备件板的更换要注意以下问题。

(1) 更换任何备件都必须在断电情况下进行。

(2) 许多印制电路板上都有一些开关或短路棒的设定以匹配实际需要，因此在更换备件时，一定要记录下原印制电路板上有的开关位置和设定状态，并将新板做好同样的设定，否则会产生报警而不能工作。

(3) 某些印制电路板的更换还需在更换后进行某些特定操作以完成其中软件与参数的建立。这一点需要仔细阅读相应电路板的使用说明。

(4) 有些印制电路板是不能轻易拔出的，例如，含有工作存储器的电路板，或者备用电池板，它会丢失有用的参数或者程序。必须更换时应严格遵照有关说明操作。

鉴于以上条件，在拔出旧电路板更换新电路板之前，一定要先仔细阅读相关资料，弄懂要求和操作步骤之后再动手，以免造成更大的故障。

7) 交叉换位法

当发现故障板或者不能确定是否是故障板而又没有备件的情况下，可以将系统中相同或相兼容的两个板互换检查，例如，两个坐标的指令板或伺服板的交换从中判断故障板或故障部位。这种交叉换位法应特别注意，不仅硬件接线要正确交换，还要将一系列相应的参数交换，否则不仅达不到目的，反而会产生新的故障造成思维的混乱，一定要事先考虑周全，设计好软、硬件交换方案，准确无误再行交换检查。

8) 特殊处理法

当今的数控系统已进入 PC、开放化的发展阶段，其中软件含量越来越丰富，有系统软件、机床制造者软件、甚至还有使用者自己的软件，由于软件逻辑设计中不可避免的一些问题，会使得有些故障状态无从分析，如死机现象。对于这种故障现象则可以采取特殊手段来处理，比如整机断电，稍作停顿后再开机，有时则可能将故障消除。维修人员可以在自己的长期实践中摸索其规律或者其他有效的方法。

3. 电气维修与故障的排除

电气维修与故障的排除是排故的第二阶段，是实施阶段。

如前所述，电气故障的分析过程也就是故障的排除过程，因此电气故障的一些常用排除方法在上述内容中已综合介绍过了，下面则列举几个常见电气故障进行简要介绍，供维修人员参考。

(1) 电源。电源是维修系统乃至整个数控机床正常工作的能量来源，它的失效或者故障轻则会丢失数据、造成停机，重则会毁坏系统局部甚至全部。西方国家由于电力充足，电网质量高，因此其电气系统的电源设计考虑较少，这对于我国有较大波动和高次谐波的电力供电网来说就略显不足，再加上某些人为因素，难免出现由电源而引起的故障。所以在设计数控机床的供电系统时应尽量做到：

① 提供独立的配电箱而不与其他设备串用。

② 电网供电质量较差的地区应配备三相交流稳压装置。

③ 电源始端有良好的接地。

④ 进入数控机床的三相电源应采用三相五线制，中线(N)与接地(PE)严格分开。

⑤ 电柜内电器件的布局和交、直流电线的铺设要相互隔离。

(2) 数控系统位置环故障。位置环报警的可能原因是位置测量回路开路；测量元件损坏；位置控制建立的接口信号不存在等。坐标轴在没有指令的情况下产生运动的可能原因是漂移过大；位置环或速度环接成正反馈；反馈接线开路；测量元件损坏。

(3) 数控机床坐标找不到零点。数控机床坐标找不到零点的可能原因是零方向在远离零点；编码器损坏或接线开路；光栅零点标记移位；回零减速开关失灵。

(4) 数控机床动态特性变差，工件加工质量下降，甚至在一定速度下数控机床发生振动。这其中有很大一种可能是机械传动系统间隙过大甚至磨损严重或者导轨润滑不充分甚至磨损造成的；对于电气控制系统来说则可能是速度环、位置环和相关参数已不在最佳匹配状态，应在机械故障基本排除后重新进行最佳化调整。

(5) 偶发性停机故障。这里有两种可能的情况：一种情况是如前所述的相关软件设计中的问题造成在某些特定的操作与功能运行组合下的停机故障，一般情况下数控机床断电后重新通电便会消失；另一种情况是由环境条件引起的，如强力干扰(电网或周边设备)、温度过高、湿度过大等。这种环境因素往往被人们所忽视，例如，南方地区将数控机床置于普通厂房甚至靠近敞开的大门附近，电柜长时间开门运行，附近有大量产生粉尘、金属屑或水雾的设备等。这些因素不仅会造成故障，严重的还会损坏系统与数控机床，务必注意改善。

(6) 接地。接地主要包括以下两方面内容。

① 正确连接地线。数控机床对接地的要求较高，车间及厂房的进线必须符合数控机床要求的接地网络。采用一点接地法，导线线径必须足够大。不可就近接地，造成多点接地环流。数控机床电控系统需要屏蔽的场合，必须采用屏蔽线。屏蔽接地必须按系统要求连接，否则不利于处理故障。

② 抑制或减小供电线路上的干扰。在某些电力不足或频率不稳的场合，电压的冲击、欠压、频率和相位漂移、波形的失真、共模噪声及常模噪声等，将影响系统的正常工作，具体防范措施有以下几点：

a. 对于电网电压波动较大的地区，应在输入电源上加装电子稳压器；

b. 线路的容量必须满足数控机床对电源容量的要求；

c. 避免数控机床和电火花设备频繁启动，禁止大功率设备共用同一干线；

d. 安装数控机床时应尽可能远离中频炉、高频感应炉等变频设备。

预防及维护电气系统是指除 CNC 系统和电源外的所有电气元件及其线路连接，即通常所指的强电部分。它包括按钮、开关、接近开关、继电器、电磁阀、传感元件等，分散于电控柜和数控机床本体的各部位。在生产现场数控机床加工振动大、油烟粉尘重、气候潮湿的情况下，电气系统的电子元器件、连接线、熔断器等极易出现接触不良及元器件损坏、熔断器断路等现象。这是造成数控机床电气系统故障频繁的主要原因。因此使用过程中，必须进行精心的预防和维护。生产过程中，使用过程中的防水(油)、防尘数控机床的数控系统一般装在加工区之外，但数控系统的执行部件、检测部件及相关电缆，如伺服电动机、行程限位开关、回零点开关等则离加工区很近，加工时切忌将冷却液开得过大，致使冷却液飞溅将这些部件淋湿而造成机床故障。通常数控机床的数控装置是采取了一定的防尘措施的，但数控机床的使用环境各异，如果环境条件太差，油雾、粉尘严重，加工铸铁件时，须对数控系统增加一定的防护，因数控系统机箱内的印刷电路板线很密，加工时飞出的粉尘落在印制电路板上，再加上油雾，将使其牢固地附着其上，久而久之便会打火短路，引发故障。有的数控机床，其数控装置放在防护门上，每次开关防护门数控装置的电缆便随之弯曲，长期如此，将导致电缆或其接头部分折断和虚接而造成故障，有的数控机床，连接伺服电机的电缆露在外面随拖板移动，或在其他部件上拖行，久而久之电缆破损出现故障。因此对于数控机床须定期检查维护，尤其是电缆，发现有破损、折断或虚接的趋势即给予更换，预防故障的发生。再者，数控机床使用的伺服电动机与普通电动机不同，其内部装有脉冲编码器、位置检测器，属易损件，尤其脉冲编码器是玻璃的，且是用环氧树脂粘接的，较脆弱。因此对于伺服电动机，装配时忌用榔头敲打，使用时禁止零件、毛坯等重物碰撞或放在上面。

小　结

数控机床用 PLC 可分为两类：一类是专为实现数控机床顺序控制而设计制造的“内装型”(Built-in Type)PLC；另一类是输入/输出信号接口技术规范、输入/输出点数、程序存储容量以及运算和控制功能等均能满足数控机床控制要求的“独立型”(Stand-alone Type)PLC。FANUC 0i PMC 属于“内装型”PLC。对于 PMC 在数控机床上的应用来说，信号地址可以分成两大类，内部地址(G、F)和外部地址(X、Y)。PMC 采集机床侧的外部输入信号(如机床操作面板、机床外围开关信号等)和 NC 内部信号(M、S、T 代码，轴的运行状态等)经过相应的梯形图的逻辑控制，产生控制 NC 运行的内部输出信号(如操作模式、速度、启动停止等)和控制机床辅助动作外部输出信号(如液气压、转台、刀库等中间继电器)。在 FANUC PMC 中有两种指令：基本指令和功能指令。当设计顺序程序时，使用最多的是基本指令，基本指令共 12 条。功能指令便于机床特殊运行控制的编程，在 FANUC 系列的 PLC 中，规格型号不同时，功能指令只是数目有所不同。

SIEMENS 802D 数控系统采用“内装型”PLC，其 PLC 为 S7-200。

用户使用的 S7-200 PLC 中的每一个 I/O、内部存储单元、定时器和计数器等都被称为软元件。各个元件有其不同的功能，有固定的地址。编程时，用户只需要记住软元件的地址即可。每个软元件有一个地址与之对应，软元件的地址编排采用区域号加区域内编号的方式。即 PLC 内部根据软元件的功能不同，分成了很多区域，如 I/O 继电器区、定时器区、计数器区、特殊继电器区等，分别用 I/Q、T、C、SM 等来表示。

PMC 的故障多出现在点的输入输出是否正常，动作是否正常执行。要对其进行有效的诊断就要借助 PMC 提供的各项功能对 PMC 进行诊断。PMC 的诊断分动态诊断和静态诊断两种。在诊断时一定先确定 PMC 为运行状态。

数控机床的价格从几十万元到上千万元，一般都是企业中关键产品关键工序的关键设备，一旦发生故障停机，其影响和损失往往很大。但是，人们对这样的设备往往是看重其效能，不仅对合理地使用不够重视，而且对其保养及维修工作关注太少，日常不注意对保养与维修工作条件的创造和投入，故障出现临时抱佛脚的现象很是普遍。因此，为了充分发挥数控机床的效益，我们一定要重视维修工作，创造出良好的维修条件。

思 考 题

1．简述“独立型”PLC 和“内装型”PLC 各自的特点。
2．S7-200 系列 PLC 属于“独立型”PLC 还是“内装型”PLC？
3．顺序执行中顺序的含义是什么？
4．简述 I/O LINK 设定过程。
5．如何设定 PMC 计数器参数？
6．简述数控机床 TRACE 功能在故障诊断中的作用。
7．数控机床接地的目的是什么？

第7章　数控机床故障分析、维护与调试实例

教学提示

本章分类介绍了数控车床故障诊断与排除的实例、数控铣床故障诊断与排除的实例及加工中心故障诊断、分析与排除的实例。读者通过综合案例分析，能够基本掌握数控机床故障诊断与维护的技术。

引例

数控机床在使用过程中可能出现的故障有机械故障、电气故障、操作故障、编程故障。故障的原因是多样的，有的可能是电气元件的质量问题，有的是装配问题，有的是使用方式不妥而引起的问题。对故障原因进行正确、准确的分析，并确定合理的解决方案是数控机床的使用者、设计者共同关注的问题。

电动刀架是数控机床的常用配置，例图为两种常用刀架的实物图。电动刀架常出现的故障有刀架不转动、换刀刀位错落、刀架锁不紧等故障。根据故障现象可以从外部到内部寻找故障原因。可能得原因有霍尔元件损坏、接线断开、动力线相序错落、机械结构卡死等。

7.1　数控车床故障分析实例

7.1.1　电动刀架故障维修实例

【例7-1】 电动刀架锁不紧的故障维修。

(1) 故障现象：某广州数控设备有限公司生产的GSK系列数控车床出现电动刀架锁不

紧的故障。

(2) 分析及处理过程：刀架锁不紧故障可以从以下三方面分析。

① 发信盘位置没对正：拆开刀架的顶盖，旋动并调整发信盘位置，使刀架的霍尔元件对准磁钢，使刀位停在准确位置。

② 系统反锁时间不够长：调整系统反锁时间参数即可(新刀架反锁时间 t=1.2s 即可)。

③ 机械锁紧机构故障：拆开刀架，调整机械，并检查定位销是否折断。

参照以上三方面分析处理进行维修，最终发现刀架的霍尔元件没有对准磁钢，调整霍尔元件，故障消失。

【例 7-2】　电动刀架某一刀位换刀不停故障维修。

(1) 故障现象：某经济型数控车床，机床配置为 LD4 型电动刀架。在换刀时，某一位刀号转不停，其余刀位可以正常转动。

(2) 分析及处理过程：根据现象初步判断可能为以下故障。

① 此位刀的霍尔元件损坏：确认是哪个刀位使刀架转不停，在系统上输入指令转动该刀位，用万用表测量该刀位信号触点对+24V 触点是否有电压变化，若无变化，可判定为该位刀霍尔元件损坏，更换发信盘或霍尔元件。

② 此刀位信号线断路，造成系统无法检测到位信号：检查该刀位信号与系统的连线是否存在断路，正确连接即可。

③ 系统的刀位信号接收电路有问题：当确定该刀位霍尔元件没问题，以及该刀位信号与系统的连线也没问题的情况下更换主板。

参照以上三方面分析处理进行维修，最终发现刀架中对应该刀位的信号线折断，重新连接该信号线，故障排除。

7.1.2　主轴系统故障维修实例

【例 7-3】　主轴高速飞车故障维修。

(1) 故障现象：国产 CK6140 数控车床，采用 FANUC 0T 数控系统。机床主轴为 V57 直流调速装置，当接通电源后，主轴就高速飞车。

(2) 分析及处理过程：造成主轴飞车的原因有以下几种。

① 装在主轴电动机尾部的测速发电机故障。

② 励磁回路故障，弱磁电流太小。

③ 速度设定错误。根据以上分析，在停电状态下，用手旋转测速发电机，测速发电机反馈电压正常，在开机瞬间，测量励磁电压也正常。而主轴给定电压测得为 14.8V(正常时最高给定电压为±10V)，故初步诊断为 NC 主板硬件故障。

该主板上与给定电压相关的电路较多，不可能将所有的线路一一分割进行试验。但由于给定输出为 14.8V，因此怀疑是 15V 电源通过元件加到了输出上。由于没有该数控系统主板的原理图，采用最基本的测电阻的方法，从外到里逐个元件测量对 15V 电源的电阻值，最终发现一块运算放大器损坏，其输出与 15V 短接，更换后运行正常。

【例 7-4】　主轴噪声大的故障维修。

(1) 故障现象：一台使用 MELDAS M3 数控系统和三菱 FR-SF-22K 主轴控制器的数控车床，出现主轴噪声较大，且在主轴空载情况下，负载表指示超过 40%。

(2) 分析与处理过程：考虑到主轴负载在空载时已经达到 40%以上，初步认为机床机械传动系统存在故障。维修的第一步是脱开主轴电动机与主轴的联结机构，在无负载的情况下检查主轴电动机的运转情况。

经试验，发现主轴负载表指示已恢复正常，但主轴电动机仍有噪声，由此判定该主轴系统的机械、电气两方面都存在故障。

在机械方面，检查了主轴机械传动系统，发现主轴转动明显过紧，进一步检查发现主轴轴承已经损坏，更换后，主轴机械传动系统恢复正常。

在电气方面，检查了主轴驱动器的参数设定，包括驱动放大器的型号，电动机的型号以及伺服环增益等参数，发现机床参数设定无误，由此判定故障原因是驱动系统硬件存在故障。

为了进一步分析原因，维修时将主轴驱动器的 00 号参数设定为 1，让主轴驱动系统进行开环运行，转动主轴后，发现电动机噪声消失，运行平稳，由此判定故障原因是在速度检测器件 PLG 上。进一步检查发现 PLG 的安装位置不正确，重新调整 PLG 安装位置后，再进行闭环运行，噪声消失。重新安装电动机与机械传动系统，机床恢复正常工作。

7.1.3　进给伺服系统故障维修实例

【例 7-5】 Z 轴移动出现剧烈振荡的故障维修。

(1) 故障现象：某采用 FANUC 0T 数控系统的数控车床，开机后，只要 Z 轴一移动，就出现剧烈振荡，CNC 无报警，机床无法正常工作。

(2) 分析与处理过程：经仔细观察、检查，发现该机床的 Z 轴在小范围(约 2.5mm 以内)移动时，工作正常，运动平稳无振动，但超过以上范围，机床即发生激烈振动。根据这一现象分析，系统的位置控制部分以及伺服驱动器本身应无故障，初步判定故障在位置检测器件，即脉冲编码器上。考虑到机床为半闭环结构，维修时通过更换电动机进行了确认，判定故障原因是由于脉冲编码器的不良引起的。

为深入解引起故障的根本原因，维修时做了以下分析与试验：

(1) 在伺服驱动器主回路断电的情况下，手动转动电动机轴，检查系统显示，发现无论电动机正转、反转，系统显示器上都能够正确显示实际位置值，表明位置编码器的 A、B、*A、*B 信号输出正确。

(2) 由于本机床 Z 轴丝杠螺距为 5mm，只要 Z 轴移动 2mm 左右即发生振动，因此，故障原因可能与电动机转子的实际位置有关，即脉冲编码器的转子位置检测信号 C1、C2、C4、C8 信号存在不良。

根据以上分析，考虑到 Z 轴可以正常移动 2.5mm 左右，相当于电动机实际转动 180°，因此，进一步判定故障的部位是转子位置检测信号中的 C8 存在不良。

取下脉冲编码器后，根据编码器的连接要求(见表 7-1)，在引脚 N/T、J/K 上加入 DC5V 后，旋转编码器轴，利用万用表测量 C1、C2、C4、C8，发现 C8 的状态无变化，确认了编码器的转子位置检测信号 C8 存在故障。

表 7-1　编码器引脚连接表

引脚	A	B	C	D	E	F	G	H	J/K	L	M	N/T	P	R	S
信号	A	B	C1	*A	*B	Z	*Z	屏蔽	+5V	C4	C8	0V	C2	OH1	OH2

进一步检查发现，编码器内部的 C8 输出驱动集成电路已经损坏；更换集成电路后，重新安装编码器，调整转子角度后，机床恢复正常。

【例 7-6】 伺服电动机过热报警故障维修。

(1) 故障现象：某配套 FANUC 0T Mate 系统的数控车床，在加工过程中，经常出现伺服电动机过热报警。

(2) 分析与处理过程：本机床伺服驱动器采用的是 FANUC S 系列伺服驱动器，当报警时，触摸伺服电动机温度在正常的范围，实际电动机无过热现象。所以引起故障的原因应是伺服驱动器的温度检测电路故障或是过热检测热敏电阻的不良。

通过短接伺服电动机的过热检测热敏电阻触点，再次开机进行加工试验，经长时间运行，故障消失，证明电动机过热是由于过热检测热敏电阻不良引起的，在无替换元件的条件下，可以暂时将其触点短接，使其系统正常工作。

【例 7-7】 开机出现 414、401 号报警故障维修。

(1) 故障现象：一台配套 FANUC 0 系统的数控车床，开机后就出现 414、401 号报警。

(2) 分析与处理过程：FANUC 0 数控系统的 414 号、401 号报警属于数字伺服报警，报警的具体含义分别是"X、Z 位置测量系统出错"，"X、Z 轴伺服放大器未准备好"。向操作人员询问得知，因工厂基建，该机床刚搬至新址不久，第一次开机就出现上述状况，此前该机床工作一直很稳定，因此怀疑在搬运过程中导致电动机、驱动器等元器件的连接损坏。用万用表测量电动机各电缆的连接，经检查未发现异常。将插头插拔确认连接牢固、无错误后再开机，报警仍未解除。于是，按功能键【SYSTEM】进入系统自诊断功能，检查 0200 号参数，发现该参数第 6 位显示为"1"即"#6(LV)=1"，参阅维修手册，提示此时为低电压报警。检查驱动器输入电压，发现无输入电压，依据电器原理图继续检查，发现断路器 QF4 始终处于断开状态。更换新的开关，重新开机，该机床恢复正常工作。

7.1.4 回参考点故障维修实例

【例 7-8】回参考点位置不准故障维修。

(1) 故障现象：某配套 FANUC 0T 系统的数控车床，回参考点动作正常，但参考点位置随机性大，每次定位都有不同的值。

(2) 分析及处理过程：由于机床回参考点动作正常，证明机床回参考点功能有效。进一步检查发现，参考点位置虽然每次都在变化，但却总是处在参考点减速挡块放开后的位置上。因此，可以初步判定故障的原因是由于脉冲编码器"零脉冲"不良或丝杠与电动机间的连接不良引起的故障。

为确认问题的原因，鉴于故障机床伺服系统为半闭环结构，维修时脱开了电动机与丝杠间的联轴器，并通过手动压参考点减速挡块，进行回参考点试验；多次试验发现，每次回参考点完成后，电动机总是停在某一固定的角度上。

以上证明，脉冲编码器"零脉冲"无故障，问题的原因应在电动机与丝杠的连接上。仔细检查发现，该故障是由于丝杠与联轴器间的弹性胀套配合间隙过大，产生连接松动导致的。修整胀套，重新安装后机床恢复正常。

【例 7-9】 回参考点出现 ALM520 和过行程报警故障维修。

(1) 故障现象：某配套 FANUC 0T 系统的数控车床，回参考点过程中出现 ALM520 和

X 轴过行程报警。

(2) 分析及处理过程：经检查，机床“回参考点减速”开关以及 CNC 的信号输入均正常，因此初步分析原因是由于参数设定不当引起的故障。

仔细观察 X 轴回参考点动作过程，发现“回参考点减速”开关未压到，CNC 就出现了 ALM520 报警，ALM520 报警的意义是，机床到达“软件限位”位置，即机床移动距离值超过了系统参数设定的软件行程极限值。此类故障可以通过重新设定参数解决。以下为故障解除的步骤：

① 将机床运动到正常位置，进行手动回参考点，并利用手动方式压上“回参考点减速”开关，进行回参考点，验证回参考点动作的正确性。

② 在回参考点动作确认正确后，通过 MDI/CRT 操作面板，修改软件限位参数(为了方便可以直接将其改为最大值±99999999)。

③ 再次执行正常的手动回参考点操作，机床到达参考点定位停止。

④ 恢复软件限位参数(由±99999999 改回原参数值)。

⑤ 再次执行正常的手动回参考点操作，机床动作正常，报警消除。

【例 7-10】 回参考点后机床无法继续操作的故障维修。

(1) 故障现象：某配套 FANUC 0T 的数控车床，在回参考点时发现：机床在参考点位置停止后，参考点指示灯不亮，机床无法进行下一步操作。机床关机后，又可手动操作，回参考点后上述现象又出现。

(2) 分析及处理过程：根据以上现象判断，机床回参考点动作属于正常。考虑到机床已在参考点附近停止运动，因此，初步判断其原因可能是参考点定位精度未达到规定的要求所引起的。通过机床的诊断功能，在诊断页面下对系统的“位置跟随误差”(DGN800～802)进行了检查，发现机床的 Y 轴的跟踪误差超过了定位精度的允许范围。经调整伺服驱动器的“偏移”电位器，使“位置跟随误差”DGN800～802 的值接近“0”后，机床恢复正常工作。

【例 7-11】 参考点发生整螺距偏移的故障维修。

(1) 故障现象：某配套 FANUC 0T 的数控车床，在批量加工零件时，某天加工的零件产生批量报废。

(2) 分析及处理过程：经对工件进行测量，发现零件的全部尺寸相对位置都正确，但 X 轴的全部坐标值都相差了 10mm。分析原因是，由于参考点位置偏移导致 X 轴尺寸整螺距偏移(该轴的螺距是 10mm)。

对于大部分系统，参考点一般设定于参考点减速挡块放开后的第一个编程器的“零脉冲”上；若参考点减速挡块放开时刻，编码器恰巧在零脉冲附近，由于减速开关动作的随机性误差，可能使参考点位置发生一个整螺距的偏移。这一故障在使用小螺距滚珠丝杠的场合特别容易发生。

对于此类故障，只要重新调整参考点减速挡块位置，使得挡块放开点与“零脉冲”位置相差在半个螺距左右，机床即可恢复正常工作。本机床经以上处理后，故障排除，机床恢复正常，全部零件加工正确。

【例 7-12】 某一数控车床(系统为 FANUC-TD)回零时，X 轴回零动作正常(先正方向快速运动，碰到减速开关后，能以慢速运动)，但机床出现 X 轴硬件超程而急停报警。此时 Z

轴回零控制正常。

分析及处理过程：根据故障现象和返回参考点控制原理，可以判定减速信号正常，故障为系统一转速信号不正常。产生该故障的原因可能是来自 X 轴进给电动机的编码器故障(包括连接的电缆线)、伺服放大器控制电路不良或系统轴板故障。因此，此时 Z 轴回零动作正常，可以通过采取交换方法来判断故障部位，把伺服放大器的伺服电动机电缆对调，进行机床返回参考点操作，发现故障转移到 Z 轴上(X 轴回零操作正常而 Z 轴回零出现报警)，则判定故障在伺服放大器侧，最后更换伺服放大器，机床恢复正常工作。

7.1.5　机械部件故障维修实例

【例 7-13】 电动机联轴器松动的故障维修。

(1) 故障现象：一台数控车床，加工零件时，常出现径向尺寸忽大忽小的故障。

(2) 分析及处理过程：首先检查控制系统及加工程序均正常，然后检查传动链中电动机与丝杠的连接处，发现电动机联轴器紧固螺钉松动，使得电动机轴与丝杠产生相对运动。由于半闭环系统的位置检测器件在电动机侧，丝杠的实际转动量无法检测，从而导致零件尺寸不稳定，紧固电动机联轴器后故障排除。

【例 7-14】 弹性联轴器未能锁紧的故障维修。

(1) 故障现象：某配套 FANUC 0T 系统的数控车床，在工作运行中，被加工零件的 Z 轴尺寸逐渐变小，而且每次的变化量与机床的切削力有关，当切削力增加时，变化量也会随之变大。

(2) 分析与处理过程：根据故障现象分析，产生故障的原因应在伺服电动机与滚珠丝杠之间的机械连接上。由于本机床采用的是联轴器直接连接的结构形式，当伺服电动机与滚珠丝杠之间的弹性联轴器未能锁紧时，丝杠与电动机之间将产生相对滑移，造成 Z 轴进给尺寸逐渐变小。

解决联轴器不能正常锁紧的方法是压紧锥形套，增加摩擦力。如果联轴器与丝杠、电动机之间配合不良，依靠联轴器本身的锁紧螺钉无法保证锁紧时，通常的解决方法是将每组锥形弹性套中的其中一个开一条 0.5mm 左右的缝，以增加锥形弹性套的收缩量，这样可以解决联轴器与丝杠、电动机之间配合不良引起的松动。

【例 7-15】 机械抖动故障维修。

(1) 故障现象：CK6136 车床在 Z 轴向移动时有明显的机械抖动。

(2) 分析及处理过程：该机床在 Z 轴向移动时，明显感受到机械抖动，在检查系统参数无误后，将 Z 轴电动机卸下，单独转动电动机，电动机运行平稳。用扳手转动丝杠，振动手感明显。拆下 Z 轴丝杠防护罩，发现丝杠上有很多小铁屑及脏物，初步判断为丝杠故障引起的机械抖动。拆下滚珠丝杠副，打开丝杠螺母，发现螺母反向器内也有很多小铁屑及脏物，造成钢球运转流动不畅，时有阻滞现象。用汽油认真清洗，清除杂物，重新安装，调整好间隙，故障排除。

【例 7-16】 精车出现波纹故障维修。

(1) 故障现象：数控车床精车时出现波纹。

(2) 分析及处理过程：这类故障与刀具的选择有关，同时刀具的镶条松动、主轴轴承螺母松动也能出现以上情况。解决此类故障需要选择正确的刀具、检查镶条、主轴轴承螺母是否松动。

【例 7-17】 电动机联轴器松动的故障维修。

(1) 故意现象：一台数控车床，加工零件时，常出现径向尺寸忽大忽小的故障。

(2) 分析及处理过程：检查控制系统及加工程序均正常，然后检查传动链中电动机与丝杠的连接处，发现电动机联轴器紧固螺钉松动，使得电动机轴与丝杠产生相对运动。由于半闭环系统的位置检测器件在电动机侧，丝杠的实际转动量无法检测，从而导致零件尺寸不稳定，紧固电动机联轴器后故障排除。

7.2 数控铣床故障分析实例

7.2.1 主轴准停故障维修实例

【例 7-18】 主轴不能准停故障维修。

(1) 故障现象：某采用 SIEMENS 810M 的数控铣床，配套 6SC6502 主轴驱动器，在调试中，出现当主轴转速＞200r/min 时，主轴不能定位的故障。

(2) 分析及处理过程：为了分析确认故障原因，维修时进行了如下试验：①输入并依次执行“S100M03；M19”指令，机床定位正常。②输入并依次执行“S100M04；M19”指令，机床定位正常。③输入并依次执行“S200M03；M05；M19”指令，机床定位正常。④直接输入并依次执行“S200M03；M19”指令，机床不能定位。

根据以上试验，确认系统、驱动器工作正常，考虑引起故障的可能原因是编码器高速特性不良或主轴实际定位速度过高引起的。因此，检查主轴电动机实际转速，发现与指令值相差很大，当执行指令 S200 时，实际机床主轴转速为 300r/min，调整主轴驱动器参数，使主轴实际转速与指令值相符后，故障排除。

【例 7-19】 主轴准停位置不稳定。

(1) 故障现象：某采用 SIEMENS 810M 的数控铣床，配套 6SC6502 主轴驱动器，在调试时，出现主轴定位点不稳定的故障。

(2) 分析及处理过程：通过反复试验多次定位，确认故障的实际现象为：①该机床可以在任意时刻进行主轴定位，定位动作正确。②只要机床不关机，不论进行多少次定位，其定位点总是保持不变。③机床关机后，再次开机执行主轴定位，定位位置与关机前不同，在完成定位后，只要不关机，以后每次定位总是保持在该位置不变。④每次关机后，重新定位，其定位点都不同，主轴可以在任意位置定位。

主轴定位的过程，是将主轴停止在编码器“零位脉冲”位置的定位过程，并在该点进行位置闭环调节。根据以上试验，可以确认故障是由于编码器的“零位脉冲”不固定引起的。分析可能引起以上故障的原因有：

(1) 编码器固定不良，在旋转过程中编码器与主轴的相对位置在不断变化。

(2) 编码器不良，无“零位脉冲”输出或“零位脉冲”受到干扰。

(3) 编码器连接错误。

逐一检查上述原因，排除了编码器固定不良、编码器不良的原因。进一步检查编码器的连接，发现该编码器内部的“零位脉冲”Ua0 与*Ua0 引出线接反，重新连接后，故障排除。

7.2.2 主轴系统故障维修实例

【例 7-20】 主轴低速旋转故障维修。

(1) 故障现象：一台配套 FANUC 0M 的二手数控铣床，采用 FANUC S 系列主轴驱动器，开机后，不论输入 S**M03 或 S**M04 指令，主轴仅仅出现低速旋转，实际转速无法达到指令值。

(2) 分析与处理过程：在数控机床上，主轴转速的控制，一般是数控系统根据不同的 S 代码，输出不同的主轴转速模拟量值，通过主轴驱动器实现主轴变速的。在本机床上，检查主轴驱动器无报警，且主轴出现低速旋转，可以基本确认主轴驱动器无故障。

根据故障现象，为了确定故障部位，利用万用表测量系统的主轴模拟量输出，发现在不同的 S**指令下，其值改变，由此确认数控系统工作正常。分析主轴驱动器的控制特点，主轴的旋转除需要模拟量输入外，作为最基本的输入信号还需要给定旋转方向。在确认主轴驱动器模拟量输入正确的前提下，进一步检查主轴转向信号，发现其输入模拟量的极性与主轴的转向输入信号不一致；交换模拟量极性后重新开机，故障排除，主轴可以正常旋转。

【例 7-21】 机床剧烈抖动、驱动器显示 AL-04 报警故障维修。

(1) 故障现象：一台配套 FANUC 6 系统的数控铣床，在加工过程中，机床出现剧烈抖动、交流主轴驱动器显示 AL-04 报警。

(2) 分析与处理过程：FANUC 交流主轴驱动系统 AL-04 报警的含义为“交流输入电路中的 P1、F2、F3 熔断器熔丝熔断”，故障可能的原因有：

(1) 交流电源输出阻抗过高。

(2) 逆变晶体管模块不良。

(3) 整流二极管(或晶闸管)模块不良。

(4) 浪涌吸收器或电容器不良。

针对上述故障原因，逐一进行检查。检查交流输入电源，在交流主轴驱动器的输入电源，测得 R、S 相输入电压为 220V，但 T 相的交流输入电压仅为 120V，表明驱动器的三相输入电源存在问题。

进一步检查主轴变压器的三相输出，发现变压器输入、输出，机床电源输入均同样存在不平衡，从而说明故障原因不在机床本身。

检查车间开关柜上的三相熔断器，发现有一相阻抗为数百欧姆。将其拆开检查，发现该熔断器接线螺钉松动，从而造成三相输入电源不平衡；重新连接后，机床恢复正常。

【例 7-22】 驱动器出现报警“A”的故障维修

(1) 故障现象：一台配套 FANUC 0M 的数控铣床，开机后，系统处在“急停”状态，显示“NOT READY”，操作面板上的主轴报警指示灯亮。

(2) 分析与处理过程：根据故障现象，检查机床交流主轴驱动器，发现驱动器显示为“A”。根据驱动器的报警显示，驱动器报警的含义是“驱动器软件出错”，这一报警在驱动器受到外部偶然干扰时较容易出现，解决的方法通常是对驱动器进行初始化处理。在本机床按如下步骤进行了参数的初始化操作：

(1) 切断驱动器电源，将设定端 S1 置 TEST。

(2) 接通驱动器电源。

(3) 同时按住 MODE、UP、DOWN、DATASET 四个键。

(4) 当显示器由全暗变为“FFFFF”后，松开全部键，并保持 1s 以上。

(5) 同时按住 MODE、UP 键，使参数显示 FC-22。

(6) 按住 DATASET 键 1s 以上，显示器显示“GOOD”，标准参数写入完成。

(7) 切断驱动器电源，将 S1(SH)重新置“DRIVE”。

通过以上操作，驱动器恢复正常，报警消失，机床恢复正常工作。

7.2.3 进给伺服系统故障维修实例

【例 7-23】 系统出现 ALM05、07 和 37 号报警的故障维修。

(1) 故障现象：一台配套 FANUC 7M 系统的数控铣床，开机时，系统出现 ALM05、07 和 37 号报警。

(2) 分析与处理过程：FANUC 7M 系统 ALM05 报警的含义是“系统处于‘急停’状态”；ALM07 报警的含义是“伺服驱动系统未准备好”。ALM37 是 Y 轴位置误差过大报警。分析以上报警，ALM05 报警是由于系统“急停”信号引起的，通过检查可以排除；ALM07 报警是系统中的速度控制单元未准备好，可能的原因有：

(1) 电动机过载。

(2) 伺服变压器过热。

(3) 伺服变压器保护熔断器熔丝熔断。

(4) 输入单元的 EMG(IN1)和 EMG(IN2)之间的触点开路。

(5) 输入单元的交流 100V 熔断器熔丝熔断(F5)。

(6) 伺服驱动器与 CNC 间的信号电缆连接不良。

(7) 伺服驱动器的主接触器(MCC)断开。

ALM37 报警的含义是“位置跟随误差超差”。

综合分析以上故障，当速度控制单元出现报警时，一般均会出现 ALM37 报警，因此故障维修应针对 ALM07 报警进行。

在确认速度控制单元与 CNC、伺服电动机的连接无误后，考虑到机床中使用的 X、Y、Z 伺服驱动系统的结构和参数完全一致，为了迅速判断故障部位，加快维修进度。维修时首先将 X、Z 两个轴的 CNC 位置控制器输出连线 XC(Z 轴)和 XF(Y 轴)以及测速反馈线 XE(Z 轴)与 XH(Y 轴)进行了对调。这样，相当于用 CNC 的 Y 轴信号控制 Z 轴，用 CNC 的 Z 轴信号控制 Y 轴，以判断故障部位是在 CNC 侧还是在驱动侧。经过以上调换后开机，发现故障现象不变，说明本故障与 CNC 无关。

在此基础上，为了进一步判别故障部位，区分故障是由伺服电动机或驱动器引起的，维修时再次将 Y、Z 轴速度控制单元进行了整体对调。经试验，故障仍然不变，从而进一步排除了速度控制单元的原因，将故障范围缩小到 Y 轴直流伺服电动机上。

为此，拆开了直流伺服电动机，经检查发现，该电动机的内装测速发电机与伺服电动机间的连接齿轮存在松动，其余部分均正常。将其连接紧固后，故障排除。

【例 7-24】 电动机声音异常故障维修。

(1) 故障现象：某数控铣床采用 FANUC 3M 数控系统。当机床在加工或快速移动时，X 轴与 Y 轴电动机声音异常，Z 轴出现不规则抖动。并且主轴启动后，此现象更为明显。

(2) 分析及处理过程：从表面上看，此故障是由于干扰所致，但分别对各个接地点和机床所带的浪涌吸收器做了检查，并作了相应的处理，启动机床并没有好转。检查各轴的伺服电动机和反馈部件，均未发现异常。再检查各轴的 NC 系统的工作电压，都满足要求。只好用示波器查看各个点的波形，发现伺服电路板上整流块的交流输入电压波形不对，继续检查，发现一输入匹配电阻有问题，取下后测量，阻值变大。换上相应阻值的电阻后，机床运行正常。

【例 7-25】 进给轴频繁报警的故障维修。

(1) 故障现象：一台配套 FAGOR 8025MG，型号为 XK5038-1 的数控铣床，频繁出现进给轴报警，多则一天一次，少则五六天一次，停机断电半小时后开机又正常。

(2) 分析及处理过程：根据故障现象，判断电气接触有问题。先检查供电，将机床停下用万用表测伺服电源 BUG 电压正常，+24V 供电正常；再检查控制线路，CNC 到 PLC、X 轴伺服单元电缆接触良好，X 轴伺服到 X 轴电动机电缆正常；测电动机亦无断路、短路、发热现象，故确认电气无问题。然后检查机械传动，用手拧 X 轴丝杠，转动轻松、灵活，无阻滞、卡死现象，则判断机械应该没问题。鉴于伺服断电半小时后开机又正常，有时几天不报警，故判断伺服及电动机不应有大问题，检查陷入困境。因任务紧，机床暂时带病工作。后加工时无意中测量一控制变压器进线 380V 电压，发现只有 290V，比正常值低 90V 左右，且不稳定；跟踪查到电柜总空气开关，测开关进线电压正常，开关出线有两线线电压偏低且波动较大；机床各轴停下时，电压又上升至 380V 左右。至此，故障根源终于找到。断电拆下总空气开关，发现有一触点烧蚀，造成接触不良。机床不加工时，总电流小，空气开关不良触点压降小，看上去供电正常，不易察觉；机床切削加工时，总电流大，不良触点压降相应增大，造成伺服单元电源不正常而报警停机。

7.2.4 跟随误差报警的故障维修实例

【例 7-26】 编码器不良引起的跟随误差报警的故障维修。

(1) 故障现象：某配套 FANUC 3MA 系统的数控铣床，在运行过程中系统显示 ALM31 报警。

(2) 分析及处理过程：FANUC 3MA 系统显示 ALM31 报警的含义是“坐标轴的位置跟随误差大于规定值”。

通过系统的诊断参数 DGN800、801、802 检查，发现机床停止时，DGN 800(*X* 轴的位置跟随误差)在-1 与-2 之间变化；DGN801(Y 轴的位置跟随误差)在+1 与-1 之间变化；但 DGN802(Z 轴的位置跟随误差)值始终为“0”。由于伺服系统的停止是闭环动态调整过程，其位置跟随误差不可以始终为“0”，现象表明 Z 轴位置测量回路可能存在故障。

为进一步判定故障部位，采用交换法，将 Z 轴和 X 轴驱动器与反馈信号互换，即利用系统的 X 轴输出控制 Z 轴伺服，此时，诊断参数 DGN800 数值变为 0，但 DGN802 开始有了变化，这说明系统的 Z 轴输出以及位置测量输入接口无故障。故障最大的可能是 Z 轴伺服电动机的内装式编码器或编码器的连接电缆存在不良。

通过示波器检查 Z 轴的编码器，发现该编码器输出信号不良；更换新的编码器，机床即恢复正常。

【例 7-27】 连接不良引起跟随误差报警的故障维修。

(1) 故障现象：一台配套 FANUC 6M 系统的数控铣床(二手设备)，开机后移动 X 轴，CNC 显示 ALM411、ALM401 报警。

(2) 分析与处理过程：FANUC 6M 系统，ALM411 报警的含义是“运动时 X 轴跟随误差超过”。

进一步分析、试验，发现系统全部参数设置正确，开机时驱动器无报警，且利用增量方式或手轮方式少量移动 X 轴(≤0.2mm)，机床仍无报警，且显示变化，但电动机不转。通过诊断参数检查 X 轴跟随误差 DGN800 的值，发现在 X 轴运动时，其值不断增加，当超过±200 时，即出现报警，这一点与系统的“停止时允差”监控参数一致。

由于机床开机时速度控制单元均无报警，且 CNC 跟随误差能变化，初步判定机床的 CNC 与速度控制单元均无故障。利用万用表测量驱动器的 VCMD(速度给定电压)输入，发现此值始终为“0”，即故障原因为 CNC 的速度给定电压未输入到驱动器。

在故障确定后，检查 CNC 至速度控制单元的连线，发现 X 轴速度给定输出线中间已断裂；重新连接后，故障排除，X 轴即可正常工作。

【例 7-28】 “ERR22”跟随误差超差报警故障维修。

(1) 故障现象：某配套 SIEMENS PRIMOS 系统、6RA26**系列直流伺服驱动系统的数控机床，开机后移动机床的 Z 轴，系统发生“ERR22 跟随误差超差”报警。

(2) 分析与处理过程：数控机床发生跟随误差超过报警，其实质是实际机床不能到达指令的位置。引起这一故障的原因通常是伺服系统故障或机床机械传动系统的故障。

由于机床伺服进给系统为全闭环结构，无法通过脱开电动机与机械部分的连接进行试验。为了确认故障部位，维修时首先在机床断电、松开夹紧机构的情况下，手动转动 Z 轴丝杠，未发现机械传动系统的异常，初步判定故障是由伺服系统或数控装置不良引起的。

为了进一步确定故障部位，维修时在系统接通的情况下，利用手轮少量移动 Z 轴(移动距离应控制在系统设定的最大允许跟随误差以内，防止出现跟随误差报警)，测量 Z 轴直流驱动器的速度给定电压，经检查发现速度给定有电压输入，其值大小与手轮移动的距离、方向有关。由此可以确认数控装置工作正常，故障是由于伺服驱动器的不良引起的。

检查驱动器发现，驱动器本身状态指示灯无报警，基本上可以排除驱动器主回路的故障。考虑到该机床 X、Z 轴驱动器型号相同，通过逐一交换驱动器的控制板确认故障部位在 6RA26**直流驱动器的 A2 板。

根据 SIEMENS 6RA26**系列直流伺服驱动器的原理图，逐一检查、测量各级信号，最后确认故障原因是由 A2 板上的集成电压比较器 N7(型号：LM348)不良引起的，更换后，机床恢复正常。

7.2.5 机械故障维修实例

【例 7-29】 行程终端产生明显的机械振动故障维修。

(1) 故障现象：某数控铣床运行时，工作台 X 轴方向位移接近行程终端过程中产生明显的机械振动故障，故障发生时系统不报警。

(2) 分析及处理过程：因故障发生时系统不报警，但故障明显，故通过交换法检查，确定故障部件应在 X 轴伺服电动机与丝杠传动链一侧；拆卸电动机与滚珠丝杠之间的弹性联轴器，单独通电检查电动机。检查结果表明，电动机运行时无振动现象，显然故障部位在机械传动部分。脱开弹性联轴器，用扳手转动滚珠丝杠进行手感检查，发现工作台 X 轴方向位移接近行程终端时，感觉到阻力明显增加。拆下工作台检查，发现滚珠丝杠与导轨不平行，故而引起机械转动过程中的振动现象。经过认真修理、调整后重新装好，故障排除。

【例 7-30】 滚珠丝杠螺母松动引起的故障维修。

(1) 故障现象：其配套 SIEMENS 公司生产的 SINUMEDIK 8MC 的数控装置的数控镗铣床，机床 Z 轴运行(防滑枕为 Z 轴)抖动，瞬间即出现 123 号报警；机床停止运行。

(2) 分析及处理过程：出现 123 号报警的原因是跟踪误差超出了机床数据 TEN345/N346 中所规定的值。导致此种现象有三个可能：①位置测量系统的检测器件与机械位移部分连接不良；②传动部分出现间隙；③位置闭环放大系数 *KV* 不匹配。通过详细检查和分析，初步断定是后两个原因，使防滑枕(*Z* 轴)运行过程中产生负载扰动而造成位置闭环振荡。基于这个判断，我们首先修改了设定闭环位置闭环放大系数 *KV* 的机床数据 TEN152，将原值 S1333 改成 S800，即降低了位置闭环放大系数，有助于位置闭环稳定。经试运行发现虽振动减弱，但未彻底消除。这说明机械传动出现间隙的可能性增大，可能是滑枕镶条松动、滚珠丝杠或螺母窜动。对机床各部位采用先易后难，先外后内逐一否定的方法，最后查出故障源，滚珠丝杠螺母背帽松动，使传动出现间隙，当 Z 轴运动时，由于间隙造成的负载扰动导致位置闭环振荡而出现抖动现象。紧好松动的背帽，调整好间隙，并将机床数据 TEN152 恢复到原值后，故障消除。

【例 7-31】 某配套 FANUC 0i 系统、αi 系列伺服驱动的立式数控铣床。

(1) 故障现象：在自动加工过程中突然出现 ALM414、ALM411 报警。

(2) 分析与处理过程：FANUC 0i 系统发生 ALM411 报警的含义是移动过程中位置偏差过大；ALM414 报警的含义是数字伺服报警(Z-Axis DETECTION SYSTEM ERROR)。

检查 Z 轴驱动器显示“8”，表明 Z 轴 IPM 报警，可能的原因是 Z 轴过电流、过热或 IPM 控制电压过低。利用系统诊断参数 DGN200 检查发现 DGN200 bit5=“1”，表明 Z 轴驱动器出现过电流报警。

根据以上诊断、检查，可以初步确认故障原因为 Z 轴过电流。考虑到机床的伺服进给系统为半闭环结构，维修时脱开了电动机与丝杠间的联轴器，手动转动丝杠，发现该轴运动十分困难，由此确认故障原因在机械部分。

进一步检查机床机械部分，发现 Z 轴导轨表面无润滑油，检查机床润滑系统的定量分油器，确认定量分油器不良。更换定量分油器后，通过手动润滑较长时间，保证 *Z* 导轨润滑良好后，再次开机试验，报警消失，机床恢复正常工作。

7.3　加工中心故障分析实例

7.3.1　换刀故障维修实例

【例 7-32】 执行换刀指令时不动作故障维修。

(1) 故障现象：某加工中心的换刀系统在执行换刀指令时不动作，机械臂停在行程中间位置上，CRT 显示报警号，查阅手册得知该报警号表示：换刀系统机械臂位置检测开关信号为“0”及“刀库换刀位置错误”。

(2) 分析与处理过程：根据报警内容，可诊断故障发生在换刀装置和刀库两部分，由于相应的位置检测开关无信号送至 PLC 的输入接口，从而导致机床中断换刀。造成开关无信号输出的原因有两个：一是由于液压或机械部分的原因造成动作不到位而使开关得不到感应；二是电感式开关失灵。

首先检查刀库中的接近开关，用一薄铁片去感应开关，以排除刀库部分接近开关失灵的可能性；接着检查换刀装置机械臂中的两个接近开关，一是“臂移出”开关 SQ21，一是“臂缩回”开关 SQ22。由于机械臂停在行程中间位置上，这两个开关输出信号均为“0”，经测试，两个开关均正常。

机械装置检查：“臂缩回”动作是由电磁阀 YV21 控制的。手动电磁阀 YV21，把机械臂退回至“臂缩回”位置，机床恢复正常，这说明手控电磁阀能换刀装置定位，从而排除了液压或机械部分阻滞造成换刀系统不到位的可能性。

由以上分析可知，PLC 的输入信号正常，输出动作执行无误。问题在 PLC 内部或操作不当。经操作观察，两次换刀时间的间隔小于 PLC 所规定的要求，从而造成 PLC 程序执行错误引起故障。

对于只有报警号而无报警信息的报警，必须检查数据位，并与正常数据相比较，明确该数据位所表示的含义，以采取相应的措施。

【例 7-33】 刀库转动中突然停电的故障维修。

(1) 故障现象：一台配套 FANUC 0MC 系统，型号为 XH754 的数控机床，换刀过程中刀库旋转时突遇停电，刀库停在随机位置。

(2) 分析及处理过程：刀库停在随机位置，会影响开机刀库回零。故障发生后尽快用螺钉旋具打开刀库伸缩电磁阀手动钮让刀库伸出，用扳手拧刀库齿轮箱方头轴，将刀库转到与主轴正对，同时手动取下当前刀爪上的刀具，再将刀库电磁阀手动钮关掉，让刀库退回。经以上处理，来电后，正常回零可恢复正常。

【例 7-34】 换刀过程有卡滞的故障维修。

(1) 故障现象：一台配套 FANUC 0MC 系统，型号为 XH754 的数控机床，换刀过程中，刀时有卡滞，同时声响大。

(2) 分析及处理过程：观察刀库无偏移错动，故怀疑主轴定向有问题，主轴定向偏移会影响换刀。将磁性表吸在工作台上，将百分表头压在主轴传动键上平面，用手摇脉冲发生器，移动 X 轴，看两键是否等高。通过调整参数 6531，将两键调平，再换刀，故障排除。

【例 7-35】 换刀不能拔刀的故障维修。

(1) 故障现象：一台配套 FANUC 0MC 系统，型号为 XH754 的数控机床，换刀时，手爪未将主轴中刀具拔出，报警。

(2) 分析及处理过程：手爪不能将主轴中刀具拔出的可能原因如下：

① 刀库不能伸出；

② 主轴松刀液压缸未动作；

③ 松刀机构卡死。

复位，即可消除报警。如不能消除报警，则停电、再送电开机。用手摇脉冲发生器将主轴摇下，用手动换刀方式换主轴刀具，不能拔刀，故怀疑松刀液压缸有问题。在主轴后部观察，发现松刀时，松刀液压缸未动作，而气液转换缸油位指示无油，检查发现其供油管脱落，重新安装好供油管，加油后，打开液压缸放气塞放气两次，松刀恢复正常。

【例 7-36】 换刀卡住的故障维修。

(1) 故障现象：一台配套 FANUC 0MC 系统，型号为 XH754 的数控机床，换刀过程快结束，主轴换刀后从换刀位置下移时，机床显示 1001“spindle alarm 408 servo alarm(serialer)”报警。

(2) 分析及处理过程：现场观察，主轴处于非定向状态，可以断定换刀过程中，定向偏移，卡住；而根据报警号分析，说明主轴试图恢复到定向位置，但因卡住而报警关机。手动操作电磁阀分别将主轴刀具松开，刀库伸出，手工将刀爪上的刀卸下，再手动将主轴夹紧，刀库退回；开机，报警消除。为查找原因，检查刀库刀爪与主轴相对位置，发现刀库刀爪偏左，主轴换刀后下移时刀爪右指刮擦刀柄，造成主轴顺时针转动偏离定向，而主轴默认定向为 M19，恢复定向旋转方向与偏离方向一致，更加大了这一偏离，因而偏离很多造成卡死；而主轴上移时，刀爪右指刮擦使刀柄逆转，而 M19 定向为正转正好将其消除，不存在这一问题。调整刀库回零位置参数 7508，使刀爪与主轴对齐后，故障排除。

【例 7-37】 刀库不停转的故障维修。

(1) 故障现象：台配套 FANUC 0MC 系统，型号为 XH754 的数控机床，刀库在换刀过程中不停转。

(2) 分析及处理过程：拿螺钉旋具将刀库伸缩电磁阀手动钮拧到刀库伸出位置，保证刀库一直处于伸出状态，复位，手动将刀库当前刀取下，停机断电，用扳手拧刀库齿轮箱方头轴，让空刀爪转到主轴位置，对正后再用螺钉旋具将电磁阀手动钮关掉，让刀库回位。再检查刀库回零开关和刀库电动机电缆正常，重新开机回零正常，MDI 方式下换刀正常。怀疑是干扰所致，将接地线处理后，故障再未出现过。

7.3.2　主轴系统故障维修实例

【例 7-38】 主轴启动不了和正常运转中突然停转故障维修。

(1) 故障现象：某加工中心采用 FANUC 11 ME-F 数控系统，启动主轴时，CRT 偶尔出现 EX15 报警——主轴启动/停止故障。偶尔还发生主轴正常运转中突然停转的现象，此时，CRT 也显示 EX15 报警。随着使用时间的增加，此故障出现越来越频繁。

(2) 分析及处理过程：经过对该设备的长期观察，发现 CRT 出现 EX15 报警时有两种现象。其一，在设备送电后，未启动主轴，有时主轴伺服板显示器有干扰，显示主轴较高的转速，启动主轴时 CRT 会显示 EX15 报警，主轴启动不了。此时，用手晃动由主轴编码器至主轴伺服板的电缆插头 CN2，会使主轴伺服板显示器的干扰信号消失，将系统复位，有时 EX15 报警会消失，主轴可以启动。通过 CRT 观察由主轴输入至 NC 的有关主轴转动的参数 X1.1 也证实了这一点。正常情况下，当主轴未转动时，X1.1 为 1，当主轴转动时，X1.1 为 0。而在未启动主轴，有干扰信号时，X1.1 为 0。可以判断这种 EX15 报警是由于干扰信号引起的。反复检查 CN2 插头和电缆，最终发现该电缆屏蔽线的接地线虚焊(当用手晃动插头，接地线接触好时，干扰信号会消失)。其二，有时干扰信号造成 EX15 报警，但将该干扰信号消除，系统复位后仍消除不了 EX15 报警，主轴启动不了。通过 CRT 观察有关参数，看出启动主轴后虽然主轴转不了，但 PLC 送至 NC 有关速度的地址指令 G24，

G25 均正常，NC 送至 PLC 的有关参数 F10、F11 也无问题，说明 PLC 与 NC 均正常。当在主轴板上测量速度指令信号 VCMD 和由 NC 来的转速模拟信号指令 DA2，发现有 DA2 信号而无 VCMD 信号，这说明虽然 PLC 与 NC 均正常，还需满足其他条件主轴才能转动。经分析原理和图样，主轴转动的必备条件为除 PLC 与 NC 正常外，机床准备信号 MRDY1 与 MRDY2 都必须接通，而 MRDY1 与 MRDY2 接通必须具备以下三个条件：

① PLC 输出至机床的信号 Y10.2=1 时，N35 的触点 1 和 3 闭合，启动信号接通；

② PLC 输出至机床的信号 Y1.4=1 时，K1 的触点 13 和 14 接通，变频器启动。

(3) 机床电源开关 D1-Q2 的辅助触点 11 与 14 接通，如图 7.1 所示。

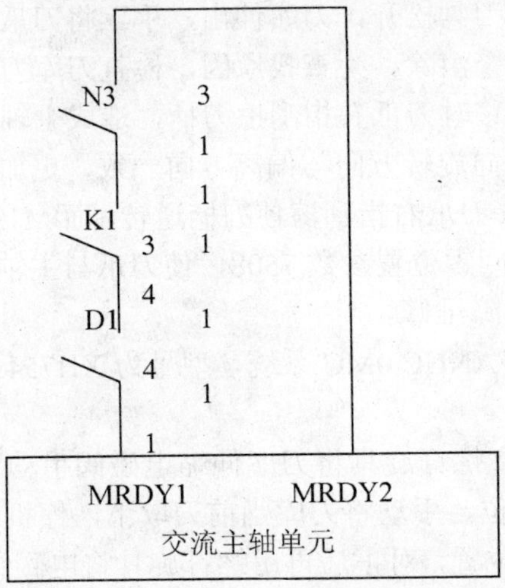

图 7.1 交流主轴单元电路图(局部)

经查以前的多次记录，了解到出现 EX15 报警时，主轴虽不转动，PLC 的输出 Y1.4 和 Y10.2 均为 1(正常)，重点怀疑到电源开关 D1-Q2 的辅助触点有问题。经检查，该电源开关 D1-Q2 的辅助触点接触不良，致使主轴功率驱动部分的晶体管模块频繁通断，从而造成晶体管模块损坏，由此断定是主轴电源辅助触点接触不良造成的上述故障。

将插头 CN2 和电缆屏蔽线的接地线重新焊好，并修理电源开关 D1-Q2 的辅助触点，主轴启动不了和正常运转中突然停转两种故障排除。

【例 7-39】 电主轴高速旋转发热的故障维修。

(1) 故障现象：主轴高速旋转时发热严重。

(2) 分析及处理过程：电主轴运转中的发热和温升问题始终是研究的焦点，有两个主要热源：一是主轴轴承，二是内藏式主电动机。电主轴单元最凸出的问题是内藏式主电动机的发热。由于主电动机旁边就是主轴轴承，如果主电动机的散热问题解决不好，还会影响机床工作的可靠性。主要的解决方法是采用循环冷却结构，分外循环和内循环两种，冷却介质可以是水或油，使电动机与前后轴承都能得到充分冷却。主轴轴承是电主轴的核心支承，也是电主轴的主要热源之一。当前高速电主轴，大多数采用角接触陶瓷球轴承。因为陶瓷球轴承具有以下特点：①由于滚珠质量轻，离心力小，动摩擦力矩小。②因温升引起的热膨胀小，使轴承的预紧力稳定。③弹性变形量小，刚度高，寿命长。由于电主轴的运转速度高，因此对主轴轴承的动态、热态性能有严格要求。合理的预紧力、良好而充分的润滑是保证主轴正常运转的必要条件。采用油雾润滑，雾化发生器进气压为 0.25～0.3MPa，选用 20 号透平油，油滴速度控制在 80～100 滴/分钟。润滑油雾在充分润滑轴承的同时，还带走了大量的热量。前后轴承的润滑油分配是非常重要的问题，必须加以严格控制。进气口截面大于前后喷油口截面的总和，排气应顺畅，各喷油小孔的喷射角与轴线呈 15° 夹角，使油雾直接喷入轴承工作区。

【例 7-40】 主轴低速指令不起作用故障维修。

(1) 故障现象：国产 JCS-018 立式加工中心，采用 FANUC 6 数控系统，主轴低速指令不起作用。

(2) 分析与处理过程：经检查，从键盘上输入指令 S 时，在地址 R01～R12 上能读到相应的二进制代码，主轴能够运转，只是在低于 120r/min 时，S 指令无效。当转速指令给定为 0 时，主轴按 120r/min 转速运转。显然是有一额外的模拟指令电压在起作用。通过对主轴板上数模转换集成块 DAC80 的测量，发现其输出端 15、18 也即 CH2 对地有 0.5V 的电压。如表 7-2 所示，可以看出该电压基本符合 120r/min 时的模拟指令电压，显然该集成块已有故障，因而产生了这一额外电压。

将短路棒 S2 撤除，改为串入一只硅二极管，利用其管压抑制多出的 0.5V 电压，故障排除，主轴低速能够达到所需的 50r/min，使低速加工工序得以完成。

表 7-2　指令、电压、转速对应表

二进制转速指令	模拟输出电压/V	电动机转速/($r \cdot min^{-1}$)
0000 0000 0000	0	0
0000 0101 1011	0.222	50
0000 1011 0110	0.444	100
…	…	…
1111 1111 1111	9.999	2250

7.3.3 进给伺服系统故障维修实例

【例 7-41】 Z 轴发生周期性振动故障维修。

(1) 故障现象：一台配套 FANUC 11M 系统的加工中心，开机时，CRT 显示 SV008 号报警，Z 轴发生周期性振动。

(2) 分析与处理过程：FANUC 11M 系统出现 SV008 报警的含义是“坐标轴停止时的误差过大”，引起此报警的可能原因如下：

① 系统位置控制参数设定错误；

② 伺服系统机械故障；

③ 电源电压异常；

④ 电动机和测速发电机、编码器等部件连接不良。

根据上述可能的原因，再结合 Z 轴作周期性振动的现象综合分析，并通过脱开电动机与丝杠的连接试验，初步判定故障原因在伺服驱动系统的电气部分。

为了进一步判别故障原因，维修时更换了 X、Z 轴的伺服电动机，进行试验，结果发现故障不变，由此判定故障原因不在伺服电动机。

由于 X、Y、Z 轴伺服驱动器的控制板规格一致，在更改设定、短接端后，更换控制板试验，证明故障原因在驱动器的控制板上。

更换驱动器控制板后，故障排除，机床恢复正常。

【例 7-42】 CRT 显示 401 号报警故障维修。

(1) 故障现象：一台配套 FANUC 0MC 系统的加工中心，机床起动后，在自动方式运行下，CRT 显示 401 号报警。

(2) 分析与处理过程：FANUC 0MC 出现 401 号报警的含义是“轴伺服驱动器的 VRDY 信号断开，即驱动器未准备好”。

根据故障的含义以及机床上伺服进给系统的实际配置情况，维修时按下列顺序进行了检查与确认：

(1) 检查 X/Y/Z 轴的伺服驱动器，发现驱动器的状态指示灯 PRDY、VRDY 均不亮。

(2) 检查伺服驱动器电源 AC100V、AC18V 均正常。

(3) 测量驱动器控制板上的辅助控制电压，发现±24V，±15V 异常。

根据以上检查，可以初步确定故障与驱动器的控制电源有关。

仔细检查输入电源，发现 X 轴伺服驱动器上的输入电源熔断器熔丝电阻大于 2MΩ，远远超出规定值。经更换熔断器后，再次测量直流辅助电压，±24V，±15V 恢复正常，状态指示灯 PRDY、VRDY 均恢复正常，重新运行机床，401 号报警消失。

【例 7-43】 连接不良引起跟随超差的报警维修。

(1) 故障现象：一台配套 SIEMENS 810M 系统、61lA 驱动的卧式加工中心机床，开机后，在机床手动回参考点或手动时，系统出现 ALM1120 报警。

(2) 分析与处理过程：SIEMENS 810M 系统 ALM1120 的含义是“X 轴移动过程中的误差过大”，引起故障的原因较多，但其实质是 X 轴实际位置在运动过程中不能及时跟踪指令位置，使误差超过了系统允许的参数设置范围。

观察机床在 X 轴手动时，电动机未旋转，检查驱动器亦无报警，且系统的位置显示值与位置跟随误差同时变化，初步判定系统与驱动器均无故障。

进一步检查 810M 位置控制板至 X 轴驱动器之间的连接，发现 X 轴驱动器上来自 CNC 的速度给定电压连接插头未完全插入。测量确认在 X 轴手动时，CNC 速度给定有电压输出，因此可以判定故障是由于速度给定电压连接不良引起的；重新安装后，故障排除，机床恢复正常工作。

7.3.4 液压和气动系统故障维修实例

【例 7-44】 松刀动作缓慢的故障维修。

(1) 故障现象：TH5840 立式加工中心换刀时，主轴松刀动作缓慢。

(2) 分析及处理过程：根据图 7.2 所示的气动控制原理图进行分析，主轴松刀动作缓慢的原因如下：

① 气动系统压力太低或流量不足；

② 机床主轴拉刀系统有故障，如碟型弹簧破损等；

③ 主轴松刀气缸有故障。

根据分析，首先检查气动系统的压力，压力表显示气压为 0.6MPa，压力正常。将机床操作转为手动，手动控制主轴松刀，发现系统压力下降明显，气缸的活塞杆缓慢伸出，故判定气缸内部漏气。拆下气缸，打开端盖，压出活塞和活塞环，发现密封环破损，气缸内壁拉毛。更换新的气缸后，故障排除。

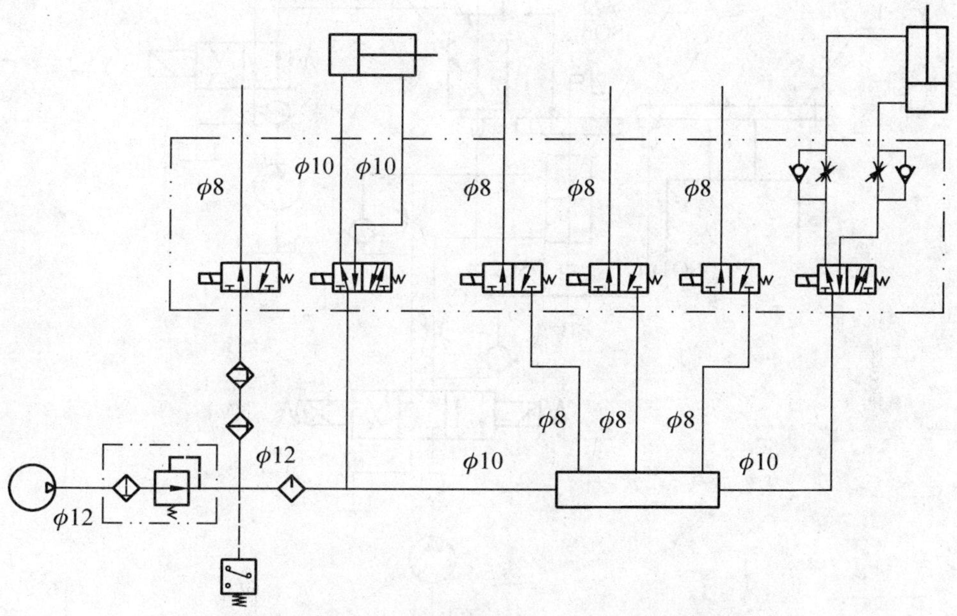

图 7.2　TH5840 立式加工中心气动控制原理图

φ —管径符号

【例 7-45】 无拔刀动作的故障维修。

(1) 故障现象：某立式加工中心自动换刀时，当换刀臂平移至 C 时，无拔刀动作。

(2) 分析及处理过程：某立式加工中心自动换刀控制示意图如图 7.3 所示。数控机床上刀具及托盘等装置的自动交换动作都是按照一定的顺序来完成的，因此，观察机械装置的运动过程，比较正常与故障时的情况，就可发现疑点，诊断出故障的原因。

ATC 动作的起始状态是：

(1) 主轴保持要交换的旧刀具；

(2) 换刀臂在 B 位置；

(3) 换刀臂在上部位置；

(4) 刀库已将要交换的新刀具定位。

自动换刀的顺序为：换刀臂左移(B→A)—换刀臂下降(从刀库拔刀)—换刀臂右移(A→B)—换刀臂上升—换刀臂右移(B→C，抓住主轴中刀具)—主轴液压缸下降(松刀)—换刀臂下降(从主轴拔刀)—换刀臂旋转 180°(两刀具交换位置)—换刀臂上升(装刀)—主轴液压缸上升(抓刀)—换刀臂左移(C→B)—刀库转动(找出旧刀具位置)—换刀臂左移(B→A 返回旧刀具给刀库)—换刀臂右移(A→B)—刀库转动(找下把刀具)。

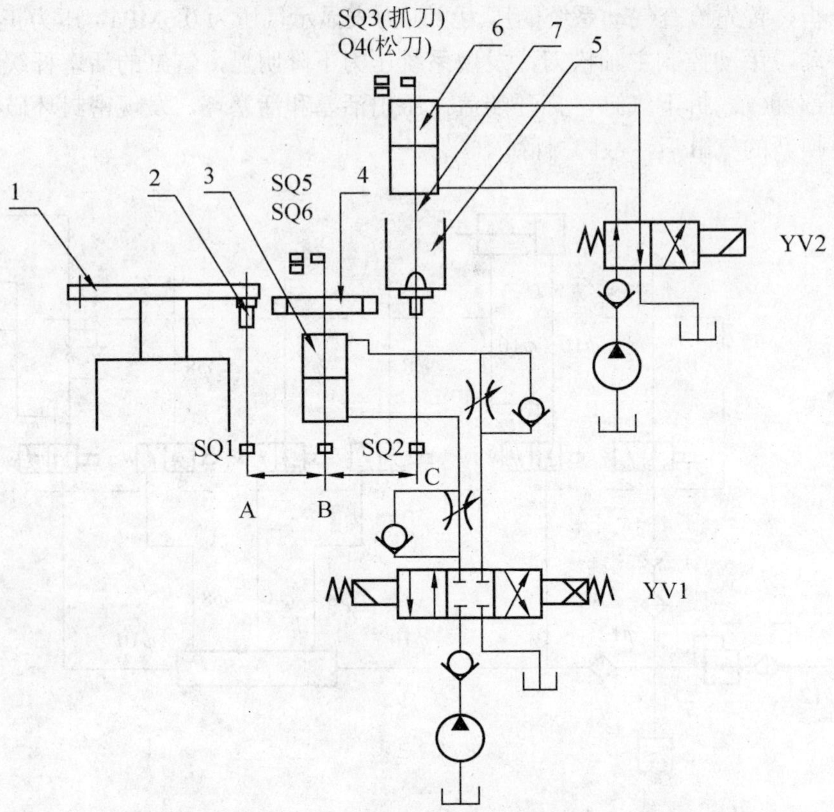

图 7.3　自动换刀控制示意图

1—刀库；2—刀具；3—换刀臂升降油缸；4—换刀臂；5—主轴；6—主轴油缸；7—拉杆

换刀臂平移至 C 位置时，无拔刀动作，分析原因，有几种可能：

(1) SQ2 无信号，使松刀电磁阀 YV2 未励磁，主轴仍处于抓刀状态，换刀臂不能下移。

(2) 松开接近开关 SQ4 无信号，则换刀臂升降电磁阀 YVl 状态不变，换刀臂不下降。

(3) 电磁阀有故障，给予信号也不能动作。

逐步检查，发现 SQ4 未发出信号，进一步对 SQ4 检查，发现感应间隙过大，导致接近开关无信号输出，产生动作障碍。

【例 7-46】 阀换向滞后引起的故障维修。

(1) 故障现象：在图 7.4(a)所示系统中，液压泵为定量泵，三位四通换向阀中位机能为 Y 型。系统为进口节流调速。液压缸快进、快退时，二位二通阀接通。系统故障是液压缸在开始完成快退动作时，首先出现向工件方向前冲，然后再完成快退动作。此种现象影响加工精度，严重时还可能损坏工件和刀具。

(2) 分析及处理过程：从系统中可以看出，在执行快退动作时，三位四通电动换向阀和二位二通换向阀必须同时换向。由于三位四通换向阀换向时间的滞后，即在二位二通换向阀接通的一瞬间，有部分压力油进入液压缸工作腔，使液压缸出现前冲。当三位四通换向阀换向结束时，压力油才全部进入液压缸的有杆腔，无杆腔的油液才经二位二通阀回油箱。

改进后的系统如图 7.4(b)所示。在二位二通换向阀和节流阀上并联一个单向阀，液压缸快退时，无杆腔油液经单向阀回油箱，二位二通阀处于关闭状态，这样就避免了液压缸前冲的故障。

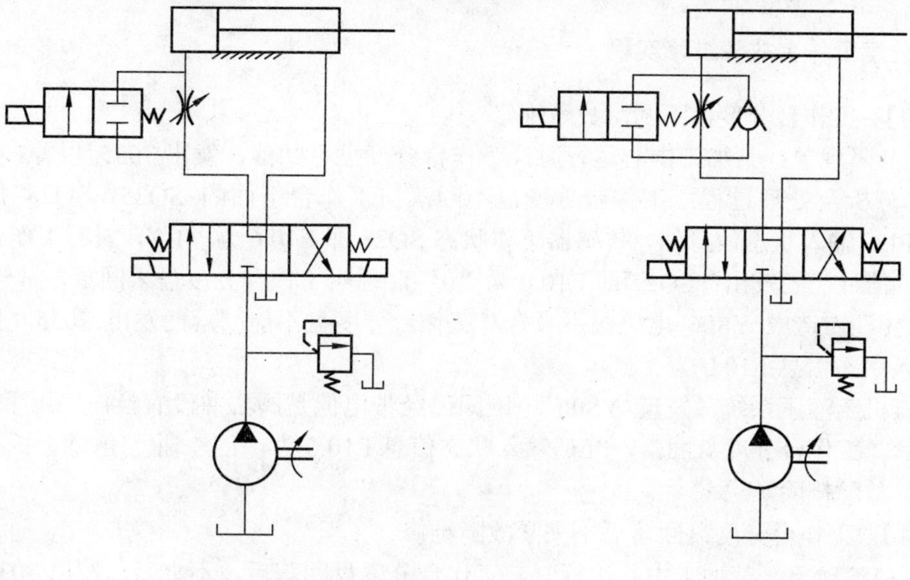

(a) 改进前的液压系统　　(b) 改进后的液压系统

图 7.4　液压系统原理

7.3.5　PLC 故障维修实例

【例 7-47】　自动加工不能进行的故障维修。

(1) 故障现象：某数控加工中心出现防护门关不上，自动加工不能进行的故障，而且无故障显示。

(2) 分析及处理过程：该防护门是由气缸来完成开关的，关闭防护门是由 PLC 输出 Q2.0 控制电磁阀 YV2.0 来实现。检查 Q2.0 的状态，其状态为“1”。但电磁阀 YV2.0 却没有得电。由于 PLC 输出 Q2.0 是通过中间继电器 KA2.0 来控制电磁阀 YV2.0 的，检查发现，中间继电器损坏引起故障，更换继电器，故障排除。

另外一种简单实用的方法就是将数控机床的输入/输出状态列表，通过比较通常状态和故障状态，就能迅速诊断出故障的部位。

【例 7-48】　机床不能启动故障维修。

(1) 故障现象：某数控加工中心不能启动，但无报警信号。

(2) 分析及处理过程：这种情况大多由于机床侧的准备工作没有完成，如润滑准备、切削液准备等。查阅 PLC 有关的输入/输出接口，发现 I3.1 为“1”，其余均正常。从接口表看，正常状态是 I3.1 为“0”。检查压力开关 SP92，找到故障原因是滤油阀脏堵，造成油压增高。清洗液油阀，故障排除。

【例 7-49】　分度台旋转不停故障维修。

(1) 故障现象：某数控加工中心分度台旋转不停，但无报警号。

(2) 分析及处理过程：查阅输出接口，发现输出 Q0.4 为“1”，Q0.7 为“1”，从接口表看，Q0.4 为“1”表明分度台无制动，Q0.7 为“1”表明分度台处于旋转状态。再检查输入接口，发现 I15.7 为“1”，其余正常，其原因是限位开关 SQ12 损坏。更换限位开关 SQ12 后，PLC 输入/输出均恢复正常，故障排除。

7.3.6 分度工作台故障维修实例

【例 7-50】 工作台分度盘不回落故障维修。

(1) 故障现象：某加工中心运行时，工作台分度盘不回落，发出 7035#报警。

(2) 分析及处理过程：工作台分度盘不回落与工作台下面的 SQ25、SQ28 传感器有关。由 PLC 输入状态信息知，传感器工作状态 SQ28 即 E10.6 为“1”，表明工作台分度盘旋转到位信号已经发出；SQ25 即 E10.0 为“0”，说明工作台分度盘未回落，故输出 A4.7 始终为“0”，造成 YS06 电磁阀不吸合，工作台分度盘不能回落而发出 7035＃报警，即 PLC 输入状态信息 E10.0 为“1”。

检查机床液压系统，发现 YS06 电磁阀已经带电但是阀心并没有换向，用手动 YS06 电磁阀后，工作台分度盘回落，PLC 输入状态信息 E10.0 为“1”，报警解除。拆换新的换向阀后，故障排除。

【例 7-51】 工作台分度盘回落后不夹紧故障维修。

(1) 故障现象：某加工中心运行时，工作台分度盘回落后，不夹紧，发出 7036#报警。

(2) 分析及处理过程：工作台分度盘不夹紧与工作台下面的 SQ25 传感器有关。由 PLC 输入状态信息知，传感器工作状态 SQ25 即 E10.0 为“0”，表明工作台分度盘落下到位信号未发出，故输出 A4.6 始终为“0”，造成 YS05 电磁阀不吸合，而发出 7036＃报警。

检查工作台分度盘落下传感器 SQ25 和挡块，发现挡块松动，传感器与挡块间隙太大，因此传感器 SQ2 未发出工作台分度盘落下到位信号。重新紧固挡块，调整挡块与传感器之间为 0.15～0.2mm 后，故障排除。

【例 7-52】 工作台回零不旋转故障维修。

(1) 故障现象：TH6263 加工中心，开机后工作台回零不旋转且出现 05 号、07 号报警。

(2) 分析及处理过程：利用梯形图和状态信息首先对工作台夹紧开关 SQ6 的状态进行检查。138.0 为“1”正常。手动松开工作台时，138.0 由“1”变为“0”，表明工作台能松开。回零时，工作台松开，地址 211.1TABSC 由“0”变为“1”，211.2TABSC1 出由“0”变为“1”，二者均由“0”变为“1”。211.3TABSC2 也由“0”变为“1”，然而经 2 000ms 延时后，由“1”变成了“0”，致使工作台旋转信号无。可能的原因是：①电动机过载；②工作台液压有问题。经过反复几次试验，发现工作台液压有问题，其正常工作压力为 4.0～4.5MPa，在工作台松开抬起时，液压由 4MPa 下降到 2.5MPa 左右，泄压严重，致使工作台未完全抬起，松开延时后，无法旋转，产生过载。

拆开工作台检查，发现活塞支承环 O 形圈均有直线性磨损，其状态能通过压力油液。液压缸内壁粗糙，环状刀纹明显，精度太差。更换液压缸套和密封圈，重装调整试车后，运行正常，故障排除。

【例 7-53】 工作台回零不旋转故障维修。

(1) 故障现象：TH636 加工中心，开机后工作台回零不旋转且出现 05 号、07 号报警。

(2) 分析及处理过程：此故障完全按上例方法检查。检查状态信息，同上例一样，查液压也正常。故障显示是过载，是电动机问题还是工作台机械故障？首先，检查电动机(此项检查较为容易)，将刀库电动机与工作台电动机交换(型号一致)，故障仍未消除，故判断故障出现在机械方面。

将工作台卸开发现鼠齿盘中的 6 组碟形弹簧损坏不少。更换碟形弹簧后，工作台仍不旋转。但利用梯形图和状态信息检查，发现 139.3INP.M 信息由“1”变为了“0”，139.5SALM.M 由“0”变为了“1”，即简易定位装置在位信号灯不亮，不在位，且报警。手动旋转电动机使之进入在位区后，“INP”变为“1”，灯亮，故障排除。

【例 7-54】 回转工作台不能落入鼠牙定位盘内故障维修。

(1) 故障现象：在机床使用过程中，回转工作台经常在分度后不能落入鼠牙定位盘内，机床停止执行下面命令。

(2) 分析及处理过程：回转工作台在分度后出现不能落入鼠牙定位盘内，发生顶齿现象，是因为工作台分度不准确所致。工作台分度不准确的原因可能有电气问题和机械问题，首先检查机床电动机和电气控制部分(因此项检查较为容易)。若机床电气控制部分正常，则问题出在机械部分，可能是伺服电动机至回转工作台传动链间隙过大或转动累计间隙过大所致。拆下传动箱，发现齿轮、蜗轮与轴键连接间隙过大，齿轮啮合间隙超差过多。经更换齿轮、重新组装，然后精调回转工作台定位块和伺服增益可调电位器后，故障排除。

7.3.7 润滑系统故障维修实例

【例 7-55】 润滑油损耗大的故障维修。

(1) 故障现象：TH5640 立式加工中心，集中润滑站的润滑油损耗大，隔 1 天就要向润滑站加油，切削液中明显混入大量润滑油。

(2) 分析及处理过程：TH5640 立式加工中心采用容积式润滑系统。这一故障产生以后，初步认为是润滑时间间隔太短，润滑电动机启动频繁，润滑过多，导致集中润滑站的润滑油损耗大。将润滑电动机启动时间间隔由 12min 改为 30min 后，集中润滑站的润滑油损耗有所改善但是油损耗仍很大。故集中注意力查找润滑管路问题，润滑管路完好并无漏油，但发现 Y 轴丝杠螺母润滑油特别多，拧下 Y 轴丝杠螺母润滑计量件，检查发现计量件中的 Y 形密封圈破损。换上新的润滑计量件后，故障排除。

【例 7-56】 导轨润滑不足的故障维修。

(1) 故障现象：TH6363 卧式加工中心，Y 轴导轨润滑不足。

(2) 分析及处理过程：TH6363 卧式加工中心采用单线阻尼式润滑系统，故障产生以后，初步认为是润滑时间间隙太长，导致 Y 轴润滑不足，将润滑电动机起动时间间隔由 15min 改为 110min，Y 轴导轨润滑有所改善但是油量仍不理想。故又集中注意力查找润滑管路问题，润滑管路完好，拧下 Y 轴导轨润滑计量件，检查发现计量件中的小孔堵塞，清洗后，故障排除。

【例 7-57】 润滑系统压力不能建立的故障维修。

(1) 故障现象：TH68125 卧式加工中心，润滑系统压力不能建立。

(2) 分析及处理过程：TH68125 卧式加工中心组装后，进行润滑试验。该卧式加工中心采用容积式润滑系统。通电后润滑电动机旋转，但是润滑系统压力始终上不去。检查润滑泵工作正常，润滑站出油口有压力油；检查润滑管路完好；检查 X 轴滚珠丝杠轴承润滑，发现大量润滑油从轴承里面漏出；检查该计量件，型号为 ASA-5Y，查计量件生产公司润滑手册，发现 ASA-5Y 为单线阻尼式润滑系统的计量件，而该机床采用的是容积式润滑系统，两种润滑系统的计量件不能混装。更换容积式润滑系统计量件 ZSAM-20T 后，故障排除。

7.3.8　排屑系统故障维修实例

【例 7-58】 排屑困难的故障维修。

(1) 故障现象：ZK8206 数控刮端面钻中心孔机床，排屑困难，电动机过载报警。

(2) 分析及处理过程：ZK8206 数控刮端面钻中心孔机床采用螺旋式排屑器，加工中的切屑沿着床身的斜面落到螺旋式排屑器所在的沟槽中，螺旋杆转动时，沟槽中的切屑即由螺旋杆推动连续向前运动，最终排入切屑收集箱。机床设计时为了在提升过程中将废屑中的切削液分离出来，在排屑器排出口处安装一直径 160mm 长 350mm 的圆筒形排屑口，排屑口向上倾斜 30°。机床试运行时，大量切屑阻塞在排屑口，电动机过载报警。原因是切屑在提升过程中，受到圆筒形排屑口内壁的摩擦，相互挤压，集结在圆筒形排屑口内。将圆筒形排屑口改为喇叭形排屑口后，锥角大于摩擦角，故障排除。

【例 7-59】 排屑器不运转，无法排除切屑故障维修。

(1) 故障现象：MC320 立式加工中心机床，其刮板式排屑器不运转，无法排除切屑。

(2) 分析及处理过程：MC320 立式加工中心采用刮板式排屑器。加工中的切屑沿着床身的斜面落到刮板式排屑器中，刮板由链带牵引在封闭箱中运转，切屑经过提升将废屑中的切削液分离出来，切屑排出机床，落入存屑箱。刮板式排屑器不运转的原因可能有：

① 摩擦片的压紧力不足。先检查碟形弹簧的压缩量是否在规定的数值之内，碟形弹簧自由高度为 8.5mm，压缩量应为 2.6～3mm，若在这个数值之内，则说明压紧力已足够了。如果压缩量不够，可均衡地调紧三只 M8 压紧螺钉。

② 若压紧后还是继续打滑，则应全面检查卡住的原因。

检查发现排屑器内有数只螺钉，其中有一只螺钉卡在刮板与排屑器体之间。将卡住的螺钉取出后，故障排除。

小　结

本章通过大量实际数控机床的维修实例，详细分析了数控机床故障诊断与维修的方法与思路。理解、掌握机床资料，设计故障判别流程，结合故障现象，进行故障定位是数控维修人才必备的能力。要想真正掌握数控机床维修的能力，必须通过艰苦的实践工作，同时要勤于思考，善于学习和总结。希望通过本章的学习为读者掌握数控机床故障诊断与维护的技术提供一些有益的帮助。

思 考 题

1. 电动刀架锁不紧的故障原因可以从哪几方面分析？

2．CK6140 数控车床主轴为 V57 直流调速装置，当接通电源后，主轴就高速飞车。试分析故障原因，并排除故障。

3．已经初步判断主轴准停位置不稳定是由于编码器的“零位脉冲”不固定引起的，分析可能引起该故障的原因有哪些。

4．机床移动距离值超过了系统参数设定的软行程设置极限值，该机床还能够正常回参考点吗？如果不能，请解释原因，并进行故障排除。

5．国产 JCS-018 立式加工中心，采用 FANUC 6 数控系统，主轴低速指令不起作用。试分析故障原因，并排除故障。

第 8 章　实　　验

实验目的和要求

通过实验加深理解和验证学过的基本理论和知识；使学生受到必要的基本技能训练；培养学生理论联系实际，独立解决工程技术问题的能力；可根据实验条件选做其中的六个实验，实验通过后，必须写出实验报告。

实验一　数控系统主要部件认知

一、实验目的

1．了解数控系统的各主要组成部件及其功能；
2．熟悉各个部件的接口及每个接口的功能。

二、实验设备

数控机床维修综合实验系统。

三、实验内容

数控机床综合维修实验台各部件的认知：按要求写出实验台各个部件名称及型号，并对其相应功能进行简单的描述。

1．数控系统

数控机床维修综合实验台所使用的数控系统是＿＿＿＿＿＿＿＿＿＿，该数控系统可以驱动的伺服系统类型有＿＿＿＿＿＿＿＿＿、＿＿＿＿＿＿＿＿＿、＿＿＿＿＿＿＿＿＿。

2．实验台主要部件名称及功能

对照实验台实物写出下列各部件的名称、型号，并对其功能和作用进行简单的描述，填写如表 8-1 所示。

表 8-1　实验台主要部件

名　称	型　　号	功 能 描 述
变频器		
主轴电动机		
伺服驱动器		
伺服电动机		

续表

名　称	型　号	功能描述
步进驱动器		
步进电动机		
光栅尺		
脉冲编码器		
断路器		
接触器		
继电器		
行程开关		
变压器		
直流稳压电源		
工作台		
电动刀架		
磁粉制动器		

3. 数控系统各接口的功能

对照实物，找出数控系统的各个功能接口，并对其功能进行简单描述，填写如表 8-2 所示。

表 8-2 数控系统接口功能

接口名称	接口代号	接口功能说明
电源接口		
外接 PC 键盘接口		
以太网接口		
软驱接口		
RS-232 接口		
远程 I/O 板接口		
手持单元接口		
主轴控制接口		
输入开关量接口		
输出开关量接口		
模拟、脉冲式进给轴控制接口		
伺服轴控制接口		

实验二　FANUC 0i C/0i Mate C 数控系统的基本连接

一、实验目的

1. 了解数控系统的各基本单元；

2．了解数控系统的硬件连接。

二、实验设备

1．数控机床维修综合实验系统；

2．10mm 十字螺钉旋具、2mm 一字螺钉旋具各一把；

3．万用表一块。

三、实验必备知识

1．FANUC 0iC/0i Mate C 系统构成

FANUC 0iC Mate C 系统可控制四个进给轴和一个伺服主轴(或变频主轴)。它包括基本控制单元、伺服放大器、伺服电动机等。

FANUC 0i Mate C 系统可控制三个进给轴和一个伺服主轴(或变频主轴)。它包括基本控制单元、伺服放大器、伺服电动机和外置 I/O 模块等。FANUC 0iC/0i Mate C 控制单元接口如图 8.1 所示。

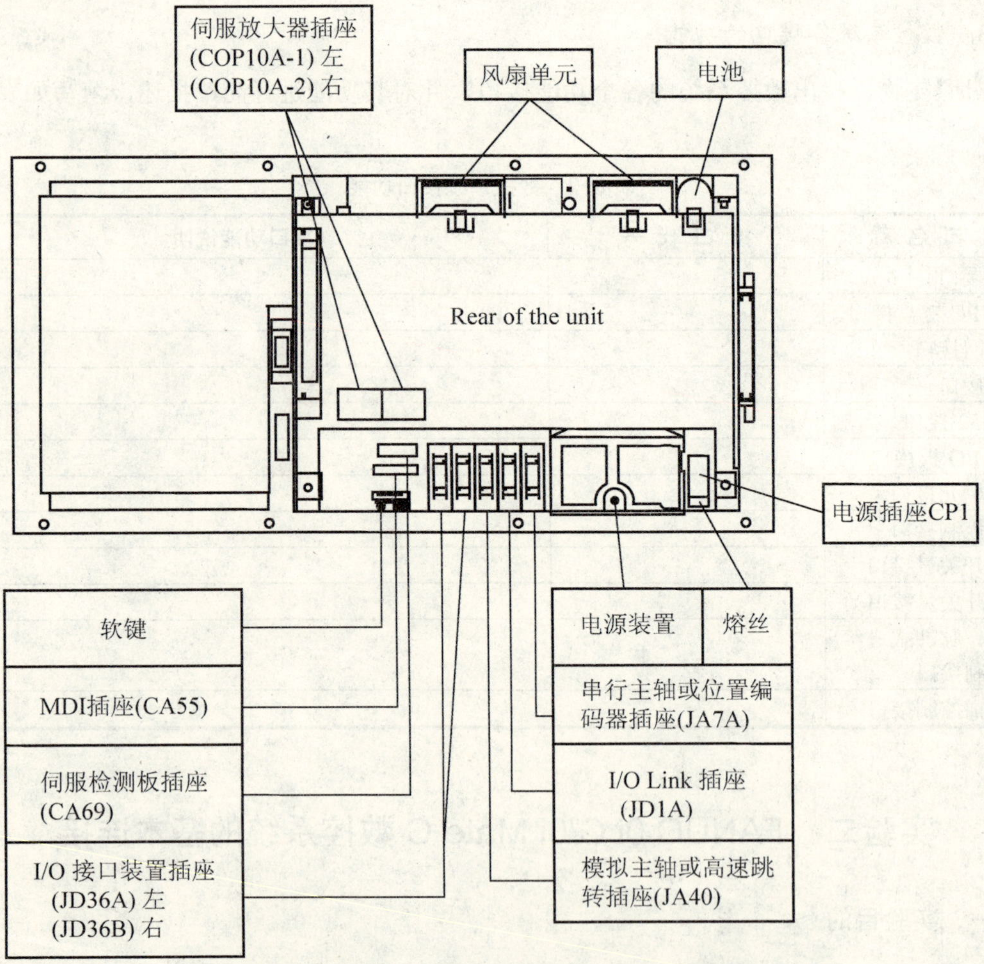

图 8.1　FANUC 0iC/0i Mate C 控制单元接口图

2. FANUC 0iC/0i Mate C 整个系统间的部件连接

FANUC 0iC/0i Mate C 整个系统间的部件连接如图 8.2 所示。

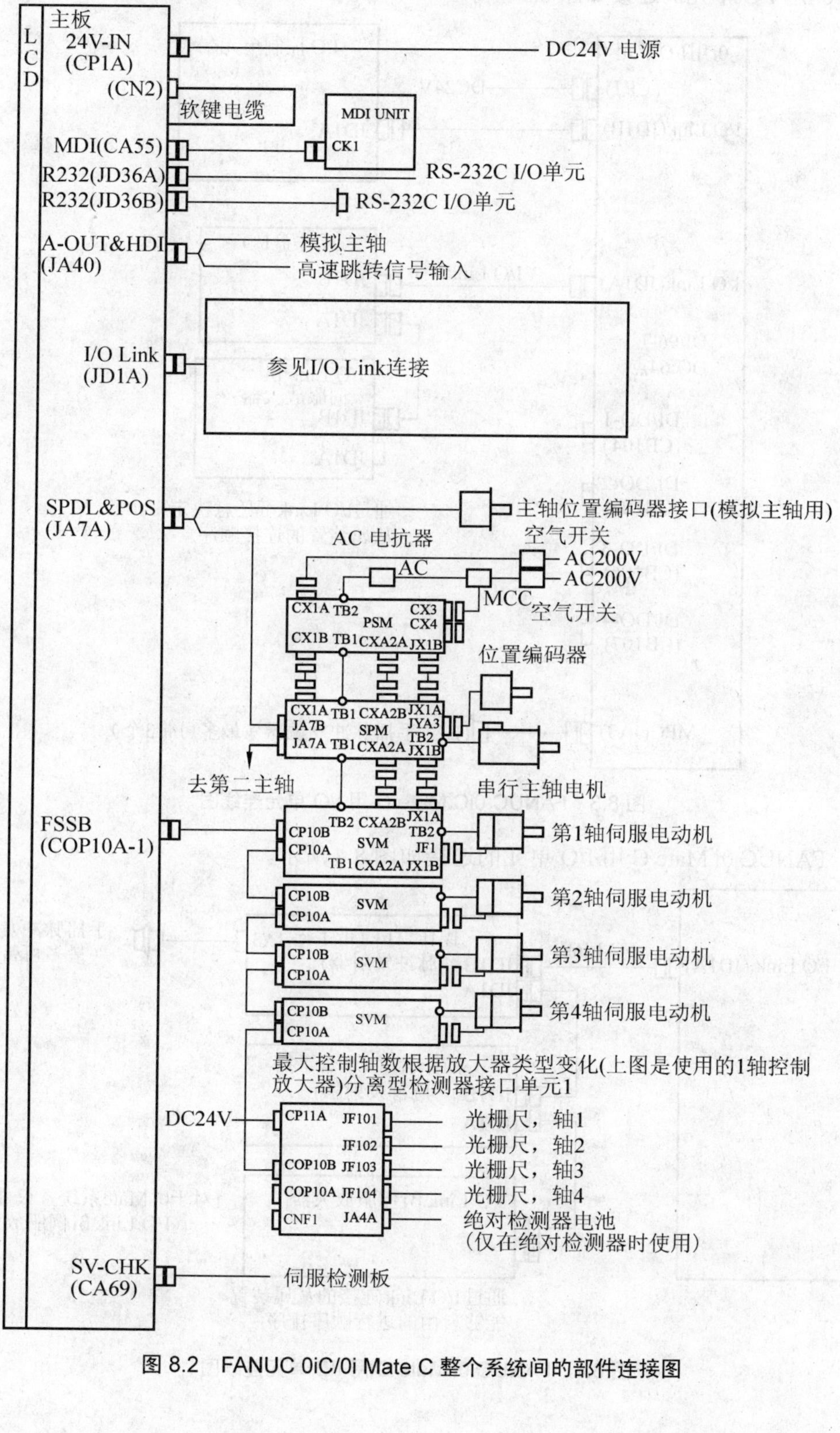

图 8.2 FANUC 0iC/0i Mate C 整个系统间的部件连接图

3. FANUC I/O Link 连接

(1) 0i 用 I/O 单元的连接如图 8.3 所示。

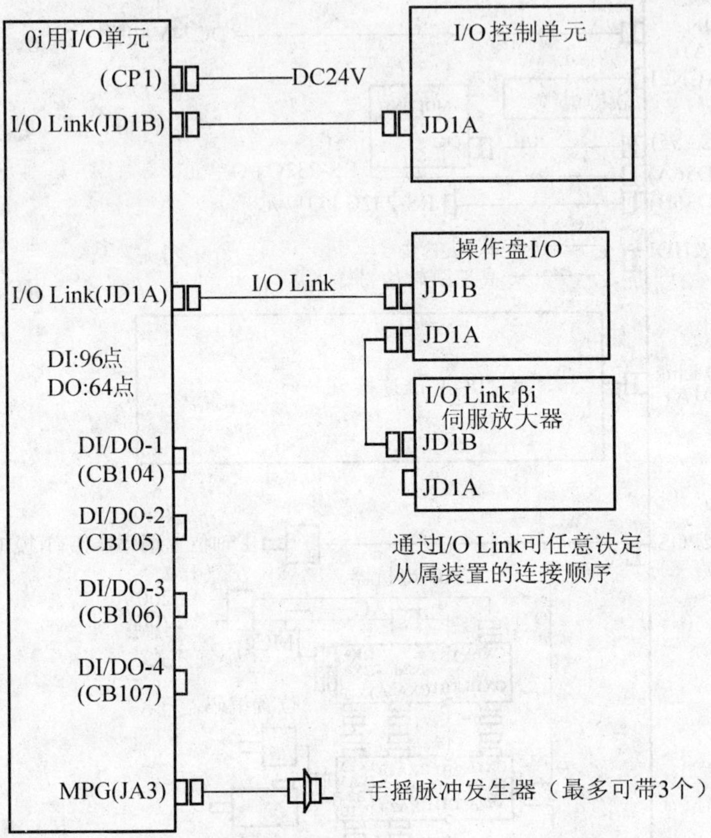

图 8.3　FANUC 0iC Mate C 用 I/O 单元连线图

(2) FANUC 0i Mate C 用 I/O 单元的连接如图 8.4 所示。

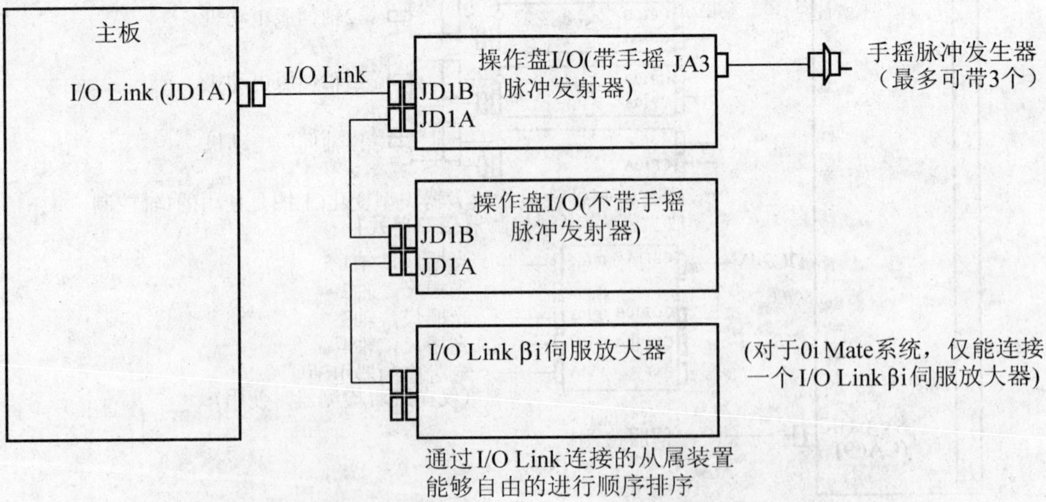

图 8.4　FANUC 0i Mate C 用 I/O 单元连线图

4. 系统电源的接通顺序

按如下顺序接通各单元的电源或全部同时接通电源。

(1) 机床的电源(AC200V)。

(2) 伺服放大器的控制电源(AC200V)。

(3) I/O 设备、显示器的电源；CNC 控制单元的电源(DC24V)。

5. 系统电源的关断顺序

按如下顺序关断各单元的电源或全部同时关断电源。

(1) I/O 设备、CNC 控制单元的电源(DC24V)。

(2) 伺服放大器的控制电源(AC200V)。

(3) 机床的电源(AC200V)。

四、实验内容

1．系统电源的连接；

2．系统与外围设备的连接；

3．系统与主轴变频器的连接；

4．系统与伺服放大器的连接；

5．实验台上电路的连接；

6．系统的通电。

五、实验步骤

1. 系统电源的连接

(1) 在各个伺服模块的 L1、L2、L3 端子上同时接入交流 200V 的电压，CXA19A 插头上接入 DC24V 的电压；

(2) 在系统基本单元的 CP1，I/O 模块的 CP1 插头上接入 DC24V 的电源。

2. 系统与外围设备的连接

(1) 系统基本单元的 JF7A 插头通过电缆连接到主轴位置编码器接口；

(2) 系统基本单元的 JD1A 插头通过 I/O Link 电缆连接到外置 I/O 模块。

3. 系统与主轴变频器的连接

(1) 系统基本单元的 JA40 插头连接到变频器的指令输入口；

(2) 在变频器 R、S、T 端子上接入 220V/380V 电压，STF、STR 端子上接入正、反转信号，U、V、W 端子上接入电动机动力线。

4. 系统与伺服放大器的连接

(1) 系统基本单元的 COP10A 插头通过光缆连接到伺服单元的 COP10B；

(2) 伺服单元的 U、V、W 端子上接入伺服电动机的动力线；

(3) 伺服单元的 CX30 插头上接入急停信号；

(4) 伺服单元的 CX29 插头上接入控制驱动主电源的接触器线圈；

(5) 伺服单元的 CX19 插头上接入驱动控制电源 DC24V。

5. 实验台上电路的连接，按图 8.1、8.2、8.3、8.4 将线路连好

6. 系统的通电

通电前的电路检查包括以下几方面：

(1) 用万用表交流电压挡测量 AC200V 是否正常：断开各变压器二次，用万用表交流电压挡测量各电压是否正常，如正常将电路恢复。

(2) 用万用表直流电压挡测量开关电源输出电压是否正常(DC24V)：断开 DC24V 输出端，给开关电源供电，用万用表直流电压挡测量其电压，如正常即可进行下一步。

(3) 断开电源，用万用表电阻挡测量各电源输出端对地是否短路。

(4) 按图样要求将电路恢复。

六、思考题

1. 伺服驱动器有哪些信号与数控系统相连？分别起什么作用？
2. 数控系统内置可编程序控制器起什么作用？

实验三　机床参数的设置

一、实验目的

了解机床参数在数控机床调试中的应用。

二、实验设备

数控机床维修综合实验系统。

三、实验必备知识

1. 参数的分类(这里只介绍主要的几种)

FANUC 0i 系统主要包括以下参数：有关“SETTING”的参数、有关阅读机/穿孔机接口的参数、有关轴控制/设定单位的参数、有关坐标系的参数、有关储存行程检测的参数、有关进给速度的参数、有关伺服的参数、有关显示及编辑的参数、有关编程的参数、有关螺距误差补偿的参数、有关主轴控制的参数、有关软操作面板的参数、有关基本功能的参数。

2. 参数的含义(这里只介绍几种，具体查看 FANUC 0i 参数使用说明书)

(1) 参数 8130：总控制轴数(设定此参数时，要切断一次电源)。

(2) 参数 8131：包括以下几项具体设置(设定此参数时，要切断一次电源)。

				AOV	EDC	FID	HPG

HPG：是否使用手轮进给。HPG 设为 0，则不使用手轮进给；其设为 1，则使用手轮进给。

FID：是否使用 F1 位的进给。FID 设为 0，则不使用 F1 位的进给；其设为 1，则使用 F1 位的进给。

EDC：是否使用外部加减速。EDC 设为 0，则不使用外部加减速；其设为 1，则使用外部加减速。

AOV：是否使用自动拐角倍率。AOV 设为 0，则不使用自动拐角倍率；其设为 1，则使用自动拐角倍率。

参数 8132：包括以下几项具体设置(设定了此参数时，要切断一次电源)。

		SCL	SPK	IXC	BCD		TLF

TLF：是否使用刀长寿命管理。TLF 设为 0，则不使用刀长寿命管理；其设为 1，则使用刀长寿命管理。

BCD：是否使用第 2 辅助功能。BCD 设为 0，则不使用第 2 辅助功能；其设为 1，则使用第 2 辅助功能。

LXC：是否使用分度工作台分度。LXC 设为 0，则不使用分度工作台分度；其设为 1，则使用分度工作台分度。

SPK：是否使用小直径深孔钻削循环。SPK 设为 0，则不使用小直径深孔钻削循环；其设为 1，则使用小直径深孔钻削循环。

SCL：是否使用缩放。SCL 设为 0，则不使用缩放；其设为 1，则使用缩放。

参数 8133：包括以下几项具体设置(设定此参数时，要切断一次电源)。

			SYC		SCS		SSC

SSC：是否使用恒定表面切削速度控制。SSC 设为 0，则不使用恒定表面切削速度控制；其设为 1，则使用恒定表面切削速度控制。

SCS：是否使用 Cs 轮廓控制。SCS 设为 0，则不使用 Cs 轮廓控制；其设为 1，则使用 Cs 轮廓控制。

SYC：是否使用主轴同步控制。SYC 设为 0，则不使用主轴同步控制；其设为 1，则使用主轴同步控制。

参数 8134：有以下一项设置(设定此参数时，要切断一次电源)。

							IAP

IAP：是否使用图形对话编程功能。IAP 设为 0，则不使用图形对话编程功能；其设为 1，则使用图形对话编程功能。

四、实验内容

1. 显示参数；
2. 用 MDI 设定参数；
3. 基本功能参数的设置。

五、实验步骤

1. 参数显示的操作步骤

(1) 按 MDI 键盘操作面板上的功能键【SYSTEM】一次后，再按软键【PARAM】选择参数画面。

(2) 参数画面由多页面组成。通过①②两种方法显示需要显示的参数所在的页面。

① 用翻面键或光标移动键，显示需要的页面。

② 从键盘输入想显示的参数号，然后按软键【NO.SRH】。这样可显示包括指定参数所在的页面，光标同时在指定参数的位置(数据部分变成反转文字显示)。

2. 用 MDI 设定参数的操作步骤

(1) 将 NC 置于 MDI 方式或急停状态。

(2) 用以下步骤使参数处于可写状态。

① 单击功能键【SETTING】一次或多次后，再按软键【SETTING】，可显示 SETTING 画面的第一页。

② 将光标移至“PARAMETER WRITE”处。

③ 单击软键【OPRT】显示操作选择软键。

④ 单击软键[ON：1]或输入 1，再单击软键【INPUT】，使“PARAMETER WRITE”=1。这样参数成为可写入状态，同时 CNC 发生 P/S 报警 100(允许参数写入)。

(3) 单击功能键【SYSTEM】一次或多次后，再单击软键[PARAM]，显示参数画面。

(4) 显示包含需要设定的参数的画面，将光标置于需要设定的参数的位置上。

(5) 输入数据，然后按软键【INPUT】。输入的数据将被设定到光标指定的参数中。

(6) 若需要则重复步骤(4)和(5)。

(7) 参数设定完毕。需将参数设定画面的“PARAMETER WRITE”设定为 0，禁止参数设定。

(8) 复位 CNC，解除 P/S 报警 100。但在设定参数时，有时会出现 P/S 报警 000(需切断电源)，此时请关掉电源再开机。

3. 基本功能参数的设置步骤

(1) 按步骤 1 的方法显示参数 8130。

(2) 按步骤 2 的方法将参数 8130 设定为 2(车床)、设定为 3(铣床)。

(3) 按步骤 1 的方法显示参数 8131。

(4) 按步骤 2 的方法将参数 8131 设定为 0(用手轮)、设定为 1(不用手轮)。

(5) 按步骤 1 的方法显示参数 8133。

(6) 按步骤 2 的方法将参数 8133 设定为 0(不使用恒定表面切削速度)、设定为 1(使用恒定表面切削速度)。

(7) 按步骤 1 的方法显示参数 8134。

(8) 按步骤 2 的方法将参数 8134 设定为 0(不使用图形对话编程功能)、设定为 1(使用图形对话编程功能)。

六、思考题

1. 请说明系统报警 P/S00 和 P/S100 的含义。

2. 如果机床在切削时使用恒定表面切削速度控制不起作用，应该首先检查哪个参数？

实验四 数控机床主轴与主轴编码器的安装及故障诊断

一、实验目的

1．了解数控机床主轴的工作原理以及主轴编码器的相关知识；
2．相关故障的分析方法与解决办法。

二、实验设备

1．数控机床维修综合实验系统；
2．10mm 十字螺钉旋具、2mm 一字螺钉旋具各一把；
3．万用表一块。

三、实验必备知识

1．就电气控制而言，数控机床主轴的控制是有别于数控机床伺服轴的。一般情况下，数控机床主轴的控制系统为速度控制系统，而数控机床伺服轴的控制系统为位置控制系统。主轴编码器一般情况下不是用于位置反馈的，也不是用于速度反馈的，而仅作为速度测量元件使用，从主轴编码器上所获取的数据，一般有两个用途，一是用于主轴转速显示；二是用于主轴与伺服轴配合运行的场合(如螺纹切削加工，恒线速加工，G99 转进给等)。

注意：当数控机床主轴驱动单元使用了带速度反馈的驱动装置以及标准主轴电动机时，主轴可以根据需要工作在伺服状态。此时，主轴编码器作为位置反馈元件使用。

2．数控机床主轴，一般用于给数控机床加工提供动力，通常主轴驱动被加工工件旋转的是车削加工，所对应的数控机床是数控车床类；主轴驱动切削工件旋转的是铣削加工，所对应的数控机床是数控铣床类。主轴电动机通常有普通电动机与标准主轴电动机两种(与之对应的驱动装置也分为开环与闭环两种)。

3．主轴驱动装置，有普通变频器和闭环主轴驱动装置等，普通变频器的生产厂家很多，目前市场上流行的有德国西门子公司、日本三肯、安川等。闭环主轴驱动装置一般由各数控公司自行研制并生产，如西门子公司的 611 系列，日本发那科公司的 α 系列等。

4．主轴编码器，数控机床的主轴编码器一般直接安装在主轴上或安装在主轴附近用相应传动装置与主轴相连，使其能如实地向数控系统反映主轴的转速、方向等信号。主轴编码器一般有三个信号通道：A、B 和 Z，其中 A、B 两通道为相差 90° 的脉冲信号，其二通道主要反映主轴的转速与方向。数控系统根据两通道单位时间的脉冲数来计算主轴的速度，根据 A 通道与 B 通道之间的相位差来判别主轴的旋转方向。Z 为零脉冲信号，主轴每转一圈，Z 通道发一个零脉冲，该通道主要给系统在加工时提供相关基准信号，如图 8.5 所示。

注：编码器的信号可以是如图 8.5 所示的方波信号，也可以是其他波形的信号(如正/余弦信号等)。

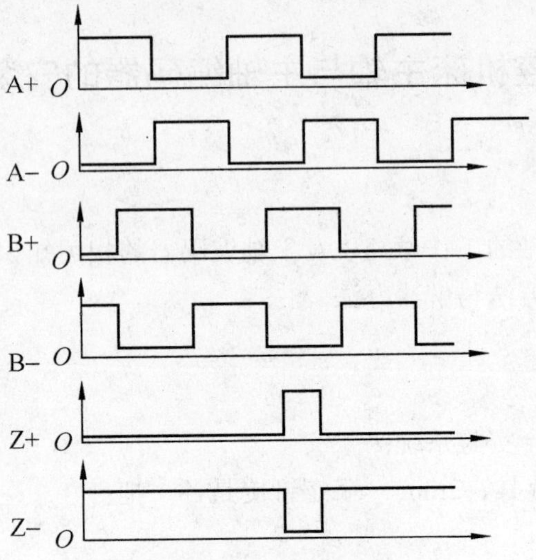

图 8.5　编码器工作原理图

5. 与编码器相关的参数

(1) PRM3706

TCW	CWM					PG2	PG1

(2) PG2 和 PG1：主轴与位置编码器的齿轮比，其具体设置如表 8-3 所示。

表 8-3　主轴与位置编码器的齿轮比

倍率	PG2	PG1
×1	0	0
×2	0	1
×4	1	0
×8	1	1

注：倍率=主轴转速/位置编码器转速

(3) TCW 和 CWM：主轴速度输出时电压的极性。其具体设置及说明如表 8-4 所示。

表 8-4　主轴速度输出时电压的极性

TCW	CWM	电压的极性
0	0	M03，M04 同时为正
0	1	M03，M04 同时为负
1	0	M03 为正，M04 为负
1	1	M03 为负，M04 为正

四、实验内容

1. 验证主轴编码器与主轴转速之间的关系；

2．了解数控系统通过主轴编码器识别主轴旋转方向的原理；
3．了解与主轴编码器有关的数控加工；
4．利用拨码开关，设置主轴编码器硬件故障。

五、实验步骤

1．在 MDI 方式下，改变参数 3706.0、3706.1 的值，关机再开机，数控机床回参考点，在 MDI 方式下，执行程序 M03S200，观察屏幕上主轴转速理论值和实际值的变化及关系。

2．在 MDI 方式下，改变参数 3706.6、3706.7 的值，关机再开机，数控机床回参考点，在 MDI 方式，执行程序 M03S200，再执行程序 M04S200，观察各种参数情况下，主轴旋转方向的变化？

3.在 MDI 或 AUTO 方式下分别运行程序 G98G1Z100F200 和 G99G1Z100F200M3S400，观察数控机床的运行情况，及运行过程中主轴转速变化的区别。

4．用同样的方法运行 G96、G32 并观察数控机床的运行，并分析其原因。

六、思考题

1．为什么说主轴编码器在一般情况下既不是速度反馈元件，也不是位置反馈元件？

2．若一数控车床，执行 M3 时，主轴转速显示为负值，执行 M4 时主轴转速显示正值，要做怎样的修改，才能予以更正？

3．若一数控机床主轴实际转速与系统屏幕上显示的转速不相符，可能的原因有哪些？

实验五　伺服电动机驱动故障分析

一、实验目的

1．了解伺服驱动单元的调试过程；
2．掌握伺服驱动单元的故障排除方法。

二、实验设备

1．数控机床维修综合培训系统；
2．10mm 十字螺钉旋具、2mm 一字螺钉旋具各一把；
3．万用表一块。

三、实验必备知识

1．有关伺服参数的含义

(1) 参数 1010：CNC 控制轴数。
(2) 参数 1020：各轴的编程名称，具体介绍如表 8-5 所示。

表 8-5　进给伺服轴名设定

轴名称	设定值	轴名称	设定值	轴名称	设定值	轴名称	设定值
X	88	U	85	A	65	E	69
Y	89	V	86	B	66	—	—
Z	90	W	87	C	67	—	—

(3) 参数 1022：基本坐标系中各轴的顺序。伺服轴属性的设定见表 8-6。

表 8-6 伺服轴属性的设定

设定值	意义
0	既不是基本三轴，也不是平行轴
1	基本三轴中的 X 轴
2	基本三轴中的 Y 轴
3	基本三轴中的 Z 轴
5	X 轴的平行轴
6	Y 轴的平行轴
7	Z 轴的平行轴

(4) 参数 1023：各轴的伺服轴号。

(5) 参数 1825：各轴的伺服环增益。

(6) 参数 1826：各轴的到位宽度。

(7) 参数 1827：设定各轴切削进给的到位宽度。

(8) 参数 1828：各轴移动中的最大允许位置偏差量。

(9) 参数 1829：各轴停止中的最大允许位置偏差量。

2. 诊断画面的显示

诊断画面的显示操作步骤如下：

(1) 单击【SYSTEM】键。

(2) 单击软键【诊断】即显示诊断画面。

3. 伺服相关诊断号的含义

(1) 诊断号 200：诊断号 200 包括以下几个参数，各参数含义如下。

OVL	LV	OVC	HCA	HVA	DCA	FBA	OFA

OVL：发生过载报警(详细内容显示在诊断号 201 上)。

LV：伺服放大器电压不足的报警。

OVC：在数字伺服内部，检查出过电流报警。

HCA：检测出伺服放大器电流异常报警。

HVA：检测出伺服放大器过电压报警。

DCA：伺服放大器再生放电电路报警。

FBA：发生了断线报警。

OFA：数字伺服内部发生了溢出报警。

(2) 诊断号 201：诊断号 201 包括 ALD 和 EXP 两个参数，各参数含义如下。

ALD			EXP				

当诊断号 200 的 OVL 为 1 时，ALD 设为 1，则电动机过热；其设为 0，则伺服放大器过热。

当诊断号 200 的 FBA 为 1 时，ALD 和 EXP 的设置。断线报警情况见表 8-7。

表 8-7 断线报警信息

ALD	EXP	报警内容
1	0	内装编码器断线
1	1	分离式编码器断线
0	0	脉冲编码器断线

(3) 诊断号 203：诊断号 203 包括 PRM 一个参数，这个参数含义如下。

				PRM			

PRM：数字伺服侧检测到报警，参数设定值不正确。

(4) 诊断号 204：诊断号 204 包括以下几个参数，各参数的含义如下。

	OFS	MCC	LDA	PMS			

OFS：数字伺服电流值的 A/D 转换异常。

MCC：伺服电磁接触器的触点熔断了。

LDA：LED 表明串行编码器异常。

PMS：由于反馈电缆异常导致的反馈脉冲错误。

4. 伺服报警号的含义(具体参考系统维修说明书)

报警号 4*n*7：当第 *n* 轴处在下列状况之一时发生此报警。

(1) 参数 2020 设定在特定限制范围以外。

(2) 参数 2022 没有设定正确值。

(3) 参数 2023 设定了非法数据。

(4) 参数 2024 设定了非法数据。

(5) 参数 2084 和参数 2085(柔性齿轮比)没有设定。

(6) 参数 1023 设定了超出范围的值或是设定了范围内不连续的值，或设定隔离的值。

(7) PMC 轴控制中，扭矩控制参数设定不正确。

报警号 5136：与控制轴的数量比较，FSSB 认出的放大器的数量不够。

报警号 5137：FSSB 进入了错误方式。

报警号 5138：在自动设定方式，还没完成轴的设定。

报警号 5139：伺服初始化没有正常结束。

四、实验内容

1．伺服驱动单元的正常调试过程；

2．伺服参数设置异常实验；

3．伺服串行总线故障的实验。

五、实验步骤

1．伺服驱动单元的正常调试过程

(1) 检查系统、伺服驱动单元和电动机的连接是否正确(可参考实验一)，然后通电。

(2) 伺服参数的初始化。伺服参数的初始化操作过程如下：

① 在紧急停止状态，接通电源。

② 按下面顺序，显示伺服参数的设定画面：按功能键【SYSTEM】、扩展键、软键【SV.PARA】。

③ 使用光标，翻页键，输入初始设定时必要的参数。

a. 初始设定位 2000，包括如下内容：

#3(PRMCAL)1：进行参数初始设定时，自动变成 1。

#1(DGPRM)0：进行数字伺服参数的初始化设定；1：不进行数字伺服参数的初始化设定。

#0(PLC01)0：使用 PRM2023、2024 的值；1：在内部把 PRM2023、2024 的值乘 10 倍。

b. 电动机 ID 号，对应参数 2020，设定为各轴的电动机类型号。

c. 任意 AMR 功能，对应参数 2001，设定为 00000000。

d. CMR(指令倍乘比)，对应参数 1820。

e. 关断电源，然后再打开电源。

f. 进给齿轮比 N/M(F.FG)。

g. 移动方向，对应参数 2022，正方向(设定为 111)，反向(设定为-111)。

h. 速度脉冲数，对应参数 2023，设定为 8192。

i. 位置脉冲数，对应参数 2024，设定为 12500。

j. 参考计数器，对应参数 1821，设定为各轴的参考计数器的容量。

④ 将电源关闭，然后再接通。

(3) 其他有关伺服参数的设置，具体如下：

参数 1010：设置为 2(车床)，设置为 3(铣床)。

参数 1020：设置为 88(X 轴)，设置为 89(Y 轴)，设置为 90(Z 轴)。

参数 1022：设置为 1(X 轴)，设置为 2(Y 轴)，设置为 3(Z 轴)。

参数 1023：对于车床设置为 1(X 轴)，设置为 2(Z 轴)，对于铣床，设置为 1(X 轴)，设置为 2(Y 轴)，设置为 3(Z 轴)。

参数 1420：设置各轴快速运行速度。

参数 1423：设置各轴手动连续进给(JOG 进给)时的进给速度。

参数 1424：设置各轴的手动快速运行速度。

参数 1825：设置为 3000。

参数 1826：设置为 20。

参数 1827：设置为 20。

参数 1828：设置为 10000。

参数 1829：设置为 20。

(4) 在手轮方式下，运行各轴，看各轴是否正常，然后转换到手动方式，分别以慢速到快速运行各轴。

2. 伺服参数设置异常实验

(1) 将伺服参数 1023 改成 4，关机，再开机，观察系统的变化，注意报警号。

(2) 调出诊断号 203、诊断号 280，并记下诊断号的值。

(3) 将伺服参数 1023 改回原来值，关机，再开机，系统应该恢复正常。
(4) 调出诊断号 203 和 280，观察有什么变化。
(5) 实验老师可以自己设置一些故障，让学生通过报警号和诊断号自己排除。

3．伺服串行总线故障的实验

(1) 将其中一个伺服模块 COP10B 插头上的光缆线拔下来。
(2) 观察系统出现的报警号，并分析原因。

六、思考题

1．光缆在整个系统中起到什么作用？
2．当伺服出现 417 报警时，请分析可能出现的原因，怎样排除？

实验六　数控系统 PLC 参数设置、故障分析实验

一、实验目的

1．掌握 FANUC PMC-SA1 编程语言；
2．培养学生的 PLC 编程能力及综合逻辑分析能力。

二、实验设备

数控机床维修综合实验系统。

三、实验必备知识

1．PLC 程序设计是数控设计与调试的一个重要环节，是 NC 系统对机床及其外围部件进行逻辑控制的重要通道，同时也是外部逻辑信号对数控系统进行反馈的必由之路。通俗地说，PLC 程序设计是连接机床与数控系统的桥梁。PLC 程序的编制通过 PMC 编程软件来完成。

2．本系统采用的 PLC 程序由两部分组成，第一级程序部分和第二级程序部分。如果第一级程序较长，那么总的执行时间就会延长。因而编制第一级程序时，应使其尽可能短。第二级程序每 8*n*ms 执行一次(*n* 为第二级程序的分割数)。程序编制完成后，在与 CNC 的调试 RAM 中传送时，第二级程序被自动分割。

(1) 第一级程序。第一级程序仅处理短脉冲信号。这些信号包括急停、各轴超程、返回参考点减速、外部减速、跳步，到达测量位置和进给暂停信号。

(2) 第二级程序的分割。第二级程序的分割是为了执行第一级程序。当最后的第二级程序部分执行完后，程序又从头开始执行。这样当分割数为 *n* 时，一个循环的执行时间为 8*n*ms(8ms×*n*)。第一级程序每 8ms 执行一次，第二级程序每 8*n*ms 执行一次。如果第一级程序的步数增加，那么在 8ms 内第二级程序动作的步数就要相应减少，因此，分割数要变多，整个程序处理时间变长。因此第一级程序应编得尽可能地短。

3．PLC 程序中输入/输出信号的处理。来自 CNC 侧的输入信号(M 代码，T 代码等)和

机床侧的输入信号(循环启动，进给暂停等)传送至 PMC 中处理。作为 PMC 的输出信号，有向 CNC 侧的输出信号(循环启动，进给暂停等)和向机床侧的输出信号(刀架旋转，主轴停止等)。这些信号与 PMC 之间的关系如图 8.6 所示。

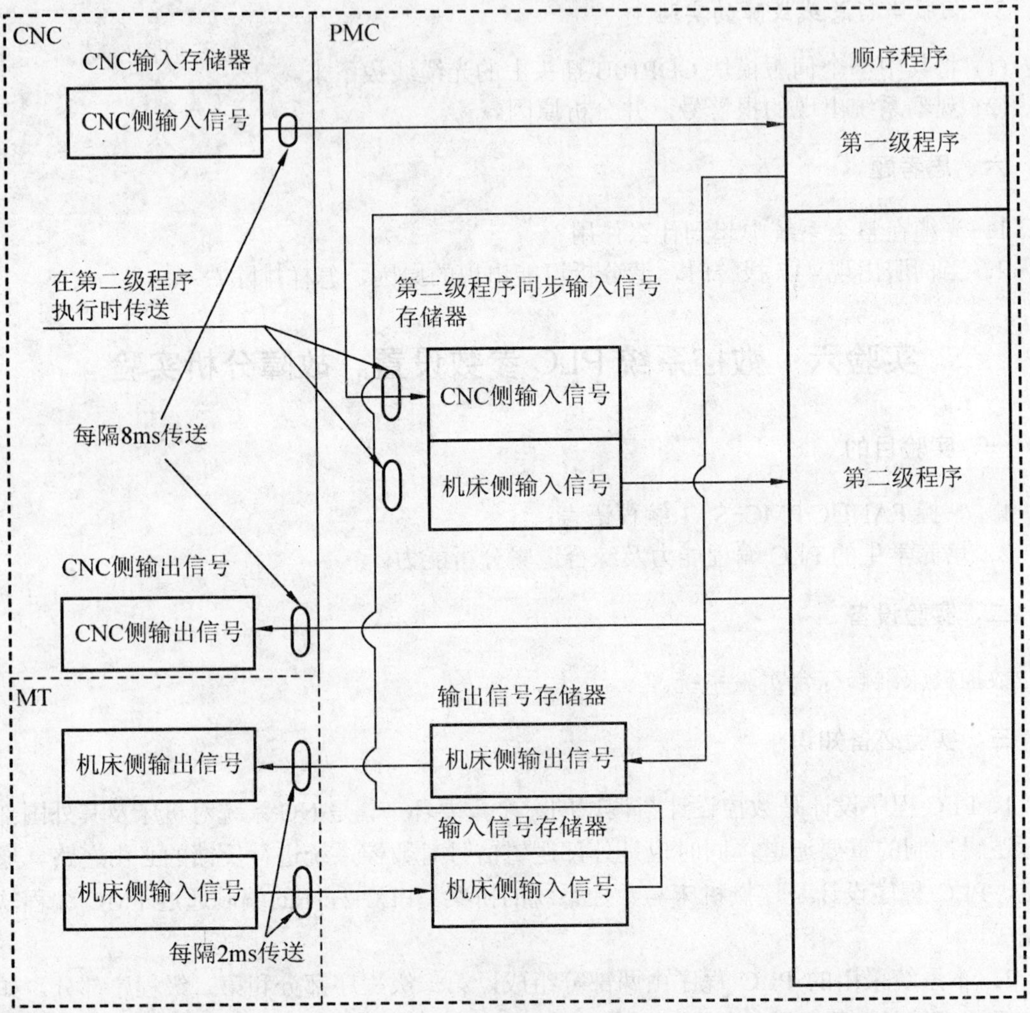

图 8.6　输入/输出信号与 PLC 关系图

4. PLC 程序中的地址是用来区分信号。不同的地址分别对应机床侧的输入、输出信号，CNC 侧的输入、输入信号，内部继电器，计数器，保持型继电器(PMC 参数)和数据表。每个地址由地址号和位号组成。在地址号的开头必须指定一个字母用来表示表中所列的信号类型。在功能指令中指定字节单位的地址时，位号可以省略。功能指令的含义参见《梯形图语言编程说明书》。

四、实验内容

1．编一 PLC 程序，使用实验台上与输入信号相对应的拨动开关和与输出信号相对应的发光二极管呈一一对应关系。

2．通过 CRT/MDI 上的按键，以梯形图形式把上面的程序输入系统。

3．在实验台上验证所编程序的正确性。

五、实验步骤

1．根据实验内容的要求，编制一程序要求 X13.0～X13.7(或 X1011.0～X1011.7)与 Y3.0～Y3.7(或 Y1007.0～Y1007.7)中的各位成一一对应关系。实现该功能有多种方法，其中一种编程程序如图 8.7 所示。

2．通过 CRT/MDI 上的按键，以梯形图形式把图 8.7 所示的程序输入系统，方法如下：

(1) 系统内部提供了内置编程器，将 PMC 参数 K17.1 置为 1，激活 PMC 编程基本菜单。

(2) 单击 PMC 编程基本菜单中的菜单软键【EDIT】、【LADDER】，显示编辑画面。

(3) 把上面的程序输入系统。

(4) 退出编辑画面，单击软键【RUN】，执行 PLC 程序。

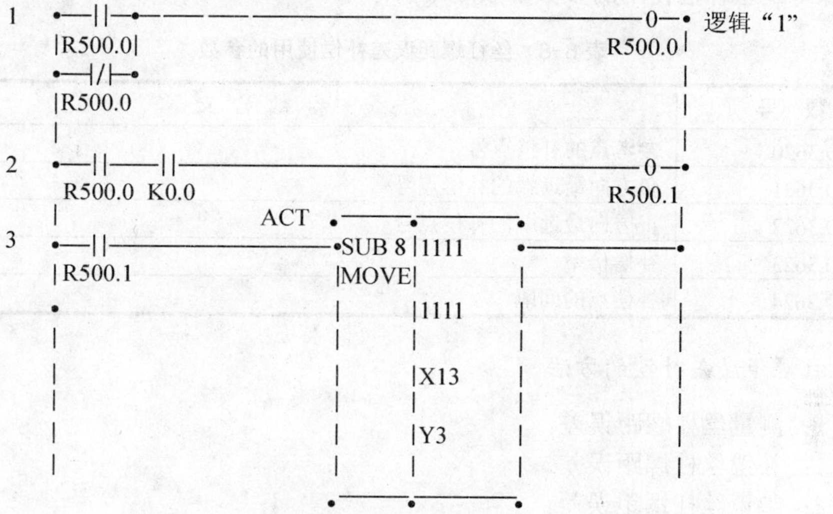

图 8.7　实验程序梯形图

注：①为逻辑“1”操作；②K0.0 为保持型继电器。

3．在实验台上的 I/O 模块上，拨动对应的输入信号开关，观察所对应输出信号的发光二极管的变化。重复这样的拨动，逐一验证各个输入信号。

六、思考题

1．为什么该系统中 PLC 程序的第一级程序应尽可能地短？

2．用另一种方法编一程序，使每一位输入位动作时，激活相对应的输出位。并在实验台上验证程序的正确性。

实验七　丝杠螺距误差补偿

一、实验目的

1．了解丝杠螺距误差的概念；

2．掌握补偿丝杠螺距误差的方法。

二、实验设备

1. 数控机床维修综合实验系统；
2. 位置测量仪器。

三、实验必备知识

1. 丝杠螺距误差补偿原理

丝杠制造上存在一定的螺距误差，加之本实验系统采用半闭环控制，最终在坐标位置上反映出定位上的误差，NC 系统可以用螺距误差补偿功能来消除该误差。

2. 丝杠螺距误差补偿使用的参数

丝杠螺距误差补偿使用的参数如表 8-8 所示。

表 8-8 丝杠螺距误差补偿使用的参数

参数号	参数含义
NO.3620	参考点的补偿点号
NO.3621	负方向最远端的补偿点号
NO.3622	正方向最远端的补偿点号
NO.3623	补偿倍率
NO.3624	补偿点的间隔

3. 丝杠螺距误差补偿的方法

步骤一：测量丝杠螺距误差。
步骤二：补偿丝杠螺距误差。
步骤三：验正丝杠螺距误差。

四、实验内容

1. 设置有关丝杠螺距误差补偿的参数；
2. 测量丝杠螺距误差；
3. 补偿丝杠螺距误差。

五、实验步骤

1. 设置丝杠螺距误差补偿的参数

例如，当直线轴机械行程为-400～+800mm，螺距误差补偿点间隔为 50mm，参考点的号码为 40。相应的参数设置如下：

参数号	参数含义	设定值
NO.3620	参考点的补偿点号	40
NO.3621	负方向最远端的补偿点号	33
NO.3622	正方向最远端的补偿点号	56
NO.3623	补偿倍率	1
NO.3624	补偿点的间隔	50 000

根据上面的例子，设定本实验系统的对应参数，并输入系统。

2．编写一零件加工程序，要求被测量的进给轴以丝杠螺距增量进给，最好在丝杆全程均有分布。

零件加工程序：

3．通过测量装置测量，计算出进给轴的定位值与理论值之间的误差值，并填写在下面的表中。

X 轴

测量点									
定位值									
理论值									

Y 轴

测量点									
定位值									
理论值									

Z 轴

测量点									
定位值									
理论值									

4．调出螺距误差补偿画面。

5．根据上面计算出的值，对测出的螺距误差进行补偿，在对应的补偿位置号码中输入适当的补偿值。

6．关机，再开机，让参数生效。

7．重复步骤 3、4、5、6，直到误差在规定范围之内。

六、思考题

若 NC 系统配置有光栅反馈，还需进行丝杠螺距误差补偿吗？为什么？

实验八 电动刀架控制原理及调试

一、实验目的

1．了解电动刀架的电气控制原理；

2．了解刀架的 PLC 及相关参数。

二、实验设备

1．数控机床维修综合实验系统；

2．10mm 十字螺钉旋具、2mm 一字螺钉旋具各一把；

3．万用表一块。

三、实验必备知识

1. 电动刀架工作原理

系统发出换刀信号，刀架电机正转继电器动作，电机正转，通过减速机构和升降机构将上刀体上升至一定位置，离合盘起作用，带动上刀体旋转到所选择刀位，发讯盘发出刀位信号，刀架电动机反转继电器动作，电动机反转，完成初定位后上刀体下降，齿牙盘啮合，完成精确定位，并通过升降机构锁紧刀架。

2. 电动刀架设定

电动刀架可为四或六工位(即刀架上可装四或六把刀具)。每把刀具都有一固定刀号，通过霍尔开关(一般为 NPN 型，因此我们在接入 PNP 型 PLC 时要并接一电阻)进行到位检测。到位信号经故障设置引至 I/O 演示板下方的拨码开关上。刀架电动机顺时针旋转时为选刀过程，逆时针旋转时为锁紧过程，选刀时间由 PLC 14 号定时器决定，锁紧时间由 PLC 15 号定时器决定(定时器的计时单位为 ms)。

3. 两相四工位电动刀架电气控制原理图

两相四工位电动刀架电气控制原理如图 8.8～图 8.11 所示。

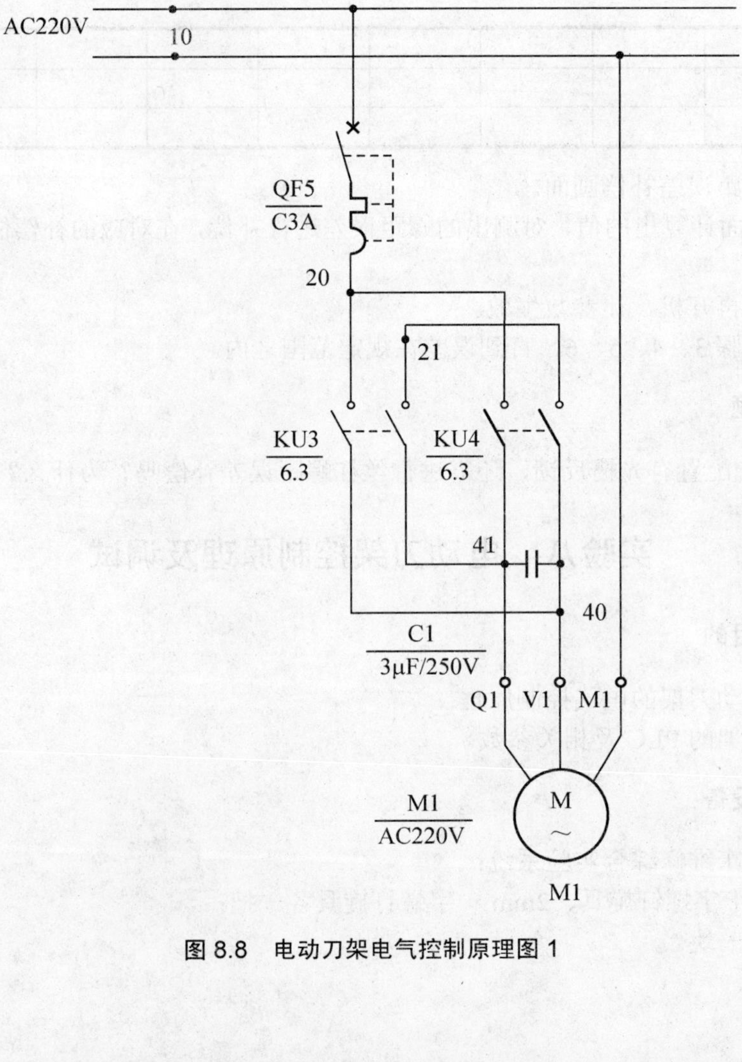

图 8.8　电动刀架电气控制原理图 1

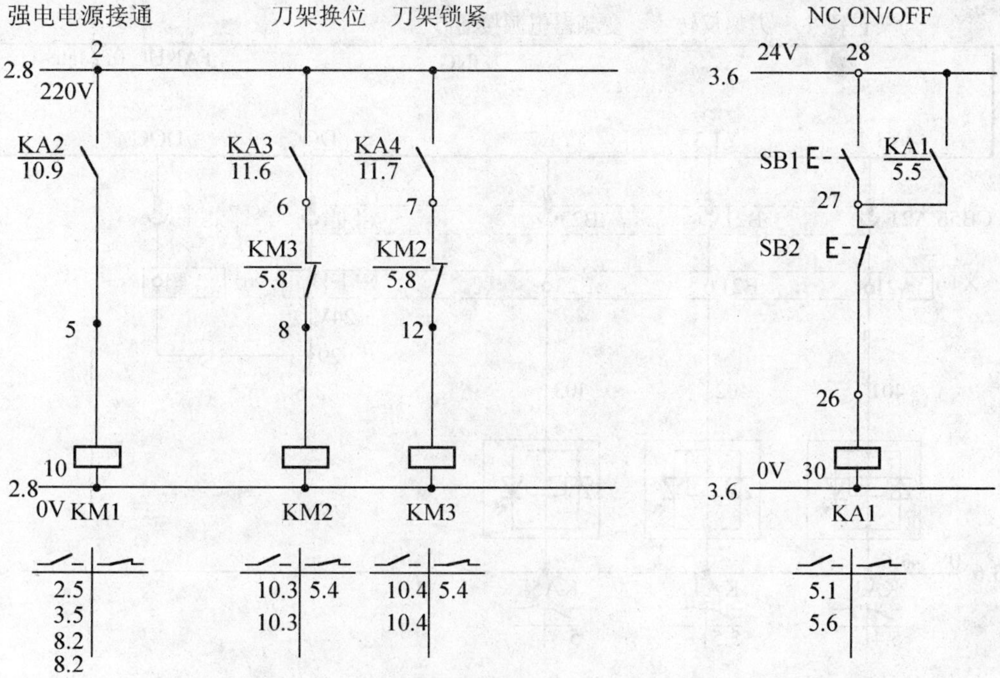

图 8.9 电动刀架电气控制原理图 2

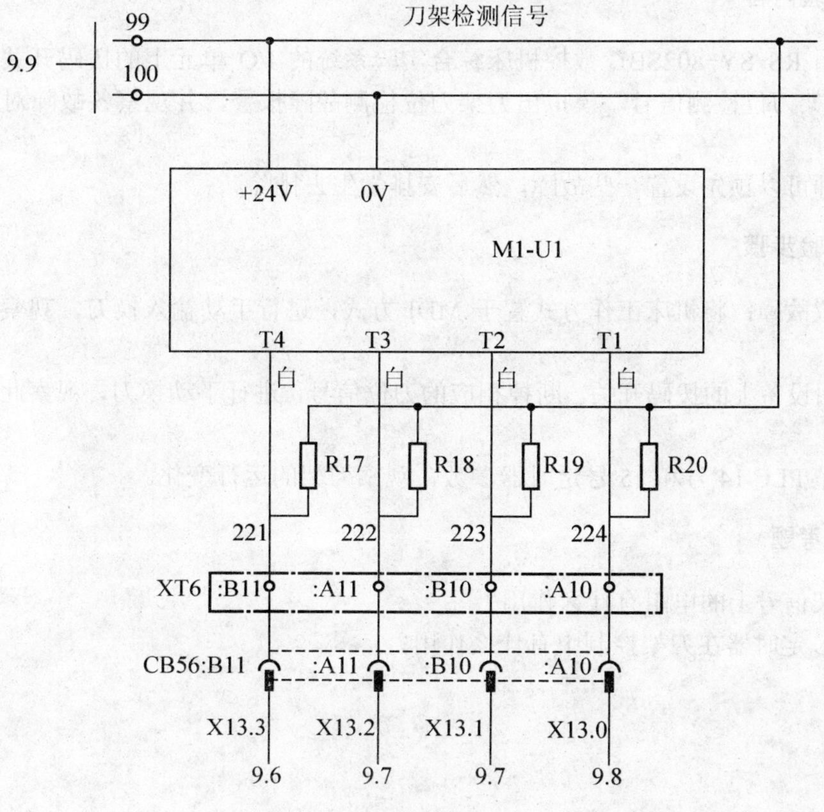

图 8.10 电动刀架电气控制原理图 3

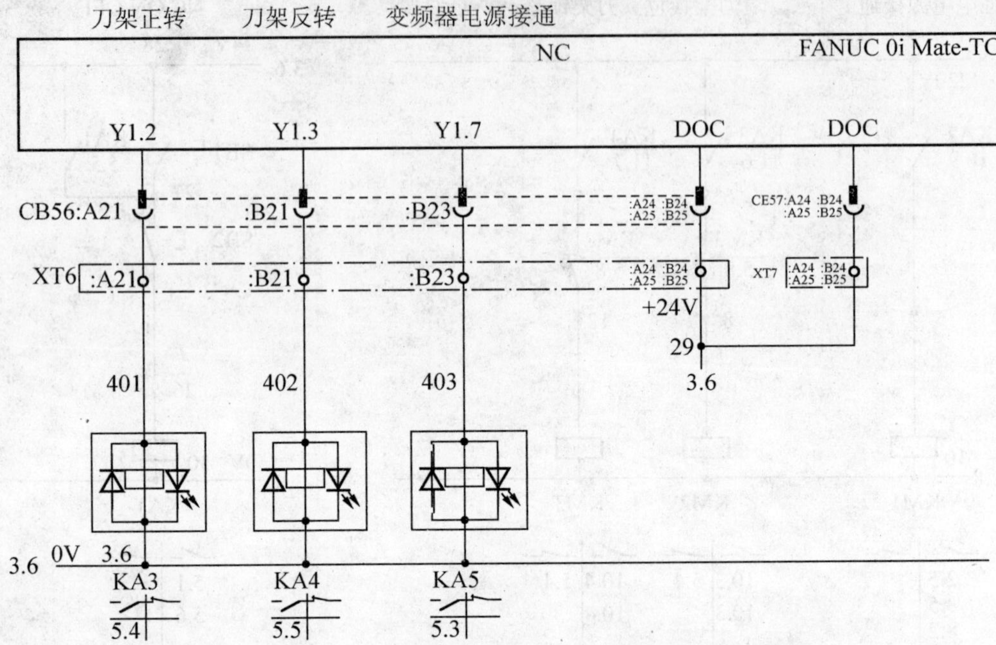

图 8.11　电动刀架电气控制原理图 4

四、实验内容

1．利用 RS-SY-802SBL 数控机床综合实验系统的 I/O 单元上的拨码开关，断开或接通相应的刀架刀位检测信号，模拟出刀架刀位检测故障报警，并观察各故障对机床运行的影响。

2．老师可以预先设置一些故障，然后安排学生去排除。

五、实验步骤

1．刀位故障：将机床工作方式置于 MDI 方式，进行手动输入换刀，观察此时的刀架运转情况。

2．利用设备上的拨码开关，断掉相应的刀位信号，进行手动换刀，观察此时的刀架运行情况。

3．调整 PLC 14 号和 15 号定时器参数，观察刀架的运行变化。

六、思考题

1．刀架信号上的电阻有什么作用？

2．PLC 定时器在刀架控制中有什么作用？

附录　日立 SJ100 变频器参数说明

1. 监示模式/基本命令设定模式

功能码		功能名称	监视/设定范围	初始值
监示	d01	输出电流监示	0.0～360.0Hz	—
	d02	输出电流监示	0.00～999.9A	—
	d03	电机转向监示	F(正转运行) r(反转运行) □(停止)	—
	d04	PID 控制反馈数据显示	0.00～9999	—
	d05	智能输入端子状态显示	显示端子的状态 (输入、输出端子)	—
	d06	智能输出端子状态显示		—
	d07	输出频率转换值监示	输出频率(Hz) (b86 所设频率转换值)	—
	d08	跳闸监示	—	—
	d09	跳闸历史监示	—	—
设定	F01	输出频率设定	0.5～360Hz	—
	F02	加速时间(1)设定	0.1～3 000s	10.0s
	F202	加速时间(1)设定(第 2 设定)	0.1～3 000s	10.0s
	F03	减速时间(1)设定	0.1～3 000s	10.0s
	F303	减速时间(1)设定(第 2 设定)	0.1～3 000s	10.0s
	F04	电动机转向设定	00：正转/01：反转	00：正转

2. A 组扩展功能(频率设定相关功能)

功能码		功能名称	监视/设定范围	初始值
基本设定	A01	频率指令设定	频率调节旋钮(面板) 控制端子 数字面板	控制端子
	A02	运行指令设定	控制端子 数字面板	控制端子
	A03	基本频率设定	50～360Hz	XXE 型：50.0HZ XXU 型：60.0Hz
	A203	基本频率设定(第 2 设定)	50～360Hz	XXE 型：50.0HZ XXU 型：60.0Hz
	A 04	最大频率设定	50～360Hz	XXE 型：50.0HZ XXU 型：60.0Hz
	A204	最大频率设定(第 2 设定)	50～360Hz	XXE 型：50.0HZ XXU 型：60.0Hz

续表

功能码		功能名称	监视/设定范围	初始值
模拟量输入设定	A11	外部频率设定起始频率	0.0～360Hz	0.0Hz
	A12	外部频率设定终止频率	0.0～360Hz	0.0Hz
	A13	外部频率设定起点偏差率	0%～100%	0%
	A14	外部频率设定终点偏差率	0%～100%	100%
	A15	外部频率起动模式设定	A11 所设频率/0Hz	0Hz
	A16	频率指令采样率设定	1～8 次	8 次
多段速度设定	A20	多段速度设定(0 速)	0～360Hz	0Hz
	A220	多段速度设定(0 速)(第 2 设定)		
	A21-A35	多段速度设定(1 速至 15 速)		
	A38	寸动频率设定	0.00～9.99Hz	1.0Hz
	A39	寸动停止设定	自由停车 按所设减速时间停车 再生制动	自由停车
V/F 特性设定	A41	转矩提升方法选择	手动/自动	手动
	A241	转矩提升方法选择(第 2 设定)	手动/自动	手动
	A42	手动提升转矩设定	0～99	11
	A242	手动提升转矩设定(第 2 设定)	0～99	11
	A43	手动提升转矩频率调节	0.00%～50.0%	1.5%
	A243	手动提升转矩频率调节(第 2 设定)	0.00%～50.0%	1.5%
	A44	V/F 特性调节	恒转矩 降转矩 SLV 矢量控制(*)	恒转矩
	A244	V/F 特性调节(第 2 设定)	恒转矩 降转矩 SLV 矢量控制(*)	恒转矩
	A45	输出电压增益设定	50%～100%	100%
直流制动	A51	允许/禁止直流制动	运行/禁止	禁止
	A52	直流制动频率设定	0.5～10Hz	0.5Hz
	A53	直流制动滞后时间	0.0～5s	0.0s
	A54	直流制动力	0%～100%	0%
	A55	直流制动时间	0.0～6.0s	0.0s
频率上/下限，跨跳频率	A61	上限频率设定	0.0～360Hz	0.0Hz
	A62	下限频率设定	0.0～360Hz	0.0Hz
	A63	跳频设定 1	0.0～360Hz	0.0Hz
	A64	跳频范围设定 1	0～10Hz	0.5Hz
	A65	跳频设定 2	0.0～360Hz	0.0Hz
	A66	跳频范围设定 2	0～10Hz	0.5Hz
	A67	跳频设定 3	0.0～360Hz	0.0Hz
	A68	跳频范围设定 3	0～10Hz	0.5Hz

续表

功能码		功能名称	监视/设定范围	初始值
PID控制	A71	PID 控制允许/禁止	允许/禁止	禁止
	A72	P(比例)增益设定	0.2～5 倍	1.0
	A73	I(积分)增益设定	0.0～150s	1.0s
	A74	D(微分)增益设定	0.0～100s	0.0s
	A75	PID 控制转换频率设定	0.01～99.99	1.00
	A76	反馈输入方法设定	电流/电压	电流
AVR	A81	AVR 功能允许/禁止	允许/禁止/减速时禁止	减速时禁止
	A82	电机输入电压设定	200/220/230/240 380/400/415/440/460	欧美：230/240 北美：230/460
2段加/减速功能	A92	二段加速时间设定	0.1～3 000s	15.0s
	A292	二段加速时间设定(第 2 设定)	0.1～3 000s	15.0s
	A93	二段减速时间设定	0.1～3 000s	15.0s
	A293	二段减速时间设定(第 2 设定)	0.1～3 000s	15.0s
	A94	二段加/减速切换方式	端子/切换频率	端子
	A294	二段加/减时间命令选择(第 2 设定)	端子/切换频率	端子
	A95	加速切换频率	0～360Hz	0Hz
	A295	加速切换频率(第 2 设定)	0～360Hz	0Hz
	A96	减速切换频率	0～360Hz	0Hz
	A296	减速切换频率(第 2 设定)	0～360Hz	0Hz
	A97	加速曲线设定	线性/S-曲线	线性
	A98	减速曲线设定	线性/S-曲线	线性

3. B 组扩展功能(微调功能)

功能码		功能名称	监视/设定范围		初始值
瞬停重起动	b01	跳闸/再起动功能选择	跳闸/从 0Hz 重起动/由跳闸时的频率重起动/由跳闸时的频率停车		跳闸
	b02	允许欠压时间设定	0.3～25s		1.0s
	b03	允许欠压再起动滞后时间	0.3～100s		1.0s
电子热敏保护	b12	电子热继电器门限调节	50%～120%额定电流	具体值应型号而定	变频器的额定电流
	b212	电子热继电器门限调节(第 2 设定)	50%～120%额定电流	具体值应型号而定	变频器的额定电流
	b13	电子热继电器特性选择	降转矩/恒转矩		恒转矩
	b213	电子热继电器特性选择(第 2 设定)	降转矩/恒转矩		恒转矩
过载限制	b21	过载限制模式选择	00～02(代码)		01：仅在加速与恒速下有效
	b22	过载限制门限设定	50%～120%额定电流	具体值应型号而定	变频器额定电流*1.25，另外监视范围为额定电流的 50%～150%
	b23	过载限制常数设定	0.3～30.0		1.0

续表

功能码		功能名称	监视/设定范围	初始值
软锁	b31	数据锁定模式选择	00～03(代码)	01
其他	b81	模拟表输出调节	0～255	80
	b82	起动频率调节	0.5～9.9Hz	0.5Hz
	b83	载波频率设定(KHz)	0.5～16KHz	5KHz
	b84	初始化模式选择	数据初始化/消除跳闸记录	只消除跳闸记录
	b85	初始化数据版本选择	01，02	XXE 型：01 XXU 型：02
	b86	频率转化值设定	0.1～99.9	1.0
	b87	允许/禁止 STOP 键	允许/禁止	允许
	b88	FRS 信号取消后允许方式选择	0Hz 起动/由电机此时转速对应频率起动	0Hz 起动
	b89	数字操作器(OPE-J)显示内容选择	01～07(代码)	01
	b90	再生制动电阻使用率设定	00～100.0	00
	b91	停止模式选择	减速停车/自由停车	减速停车
	b92	冷却风扇控制选择	开/关/停机时关	开

4. C 组扩展功能(端子设定功能)

功能码		功能名称	监视/设定范围	初始值
智能输入端子功能设定	C01	输入端子 1 功能设定	代码 功能 00 FW(正转命令) 01 RV(反转命令) 02 CF1(多段速度命令 1) 03 CF2(多段速度命令 2) 04 CF3(多段速度命令 3) 05 CF4(多段速度命令 4) 06 JG(寸动命令) 07 DB(外部直流制动) 08 SET(第二设定功能) 09 2CH(2 级加/减速时间) 11 FRS(自由停机命令) 12 EXT(外部跳闸) 13 USP(自启动保护) 15 SFT(软件锁定) 16 AT(电压/电流模拟量输入选择) 18 RS(复位) 19 PTC(电机热敏输入) 27 UP(远程控制功能加速) 28 DOWN(远程控制功能减速)	FW
	C02	输入端子 2 功能设定		RV
	C03	输入端子 3 功能设定		XXE 型：CF1 XXU 型：AT
	C04	输入端子 4 功能设定		XXE 型：CF2 XXU 型：USP
	C05	输入端子 5 功能设定		XXE 型：RS XXU 型：2CH
	C06	输入端子 6 功能设定		XXE 型：2CH XXU 型：RS
智能输入端子类型设定	C11	输入端子 1 类型设定	输入端子设定 NO：短路时 ON(动作) NC：开路时 ON(动作) 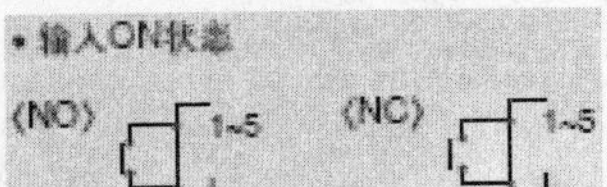	NO
	C12	输入端子 2 类型设定		NO
	C13	输入端子 3 类型设定		NO
	C14	输入端子 4 类型设定		XXE 型：NO XXU 型：NC
	C15	输入端子 5 类型设定		NO
	C16	输入端子 6 类型设定		NO

5. H 组扩展功能(无速度传感器矢量控制自整定功能)

功能码		功能名称	监视/设定范围	初始值
无速度传感器矢量控制	H01	自整定模式选择	00～02(代码)	00
	H02	电机数据选择	日立标准电机/自整定	日立标准电机
	H202	电机数据选择(第 2 设定)	日立标准电机/自整定	日立标准电机
	H03	电机容量设定	0.1～3.7	根据变频器实际容量设定
	H203	电机容量设定(第 2 设定)	0.1～3.7	
	H04	电机极数设定	2/4/6/8	4
	H204	电机极数设定(第 2 设定)	2/4/6/8	4
	H05	电机速度控制响应常数设定	0～99	20
	H205	电机速度控制响应常数设定(第 2 设定)	0～99	20
	H06	电机温度常数设定	0～255	100
	H206	电机温度常数设定(第 2 设定)	0～255	100
电机常数	H20	电机常数 R1 设定	0～65.53	具体值因型号而定
	H220	电机常数 R1 设定(第 2 设定)	0～65.53	
	H21	电机常数 R2 设定	0～65.53	
	H221	电机常数 R2 设定(第 2 设定)	0～65.53	
	H22	电机常数 L 设定	0～655.35	
	H222	电机常数 L 设定(第 2 设定)	0～655.35	
	H23	电机常数 L0 设定	0～655.35	
	H223	电机常数 L0 设定(第 2 设定)	0～655.35	
	H24	惯性常数设定	0～655.35	
	H224	惯性常数设定(第 2 设定)	0～655.35	
自整定电机常数	H30	电机常数 R1 设定	0～65.53	
	H230	电机常数 R1 设定(第 2 设定)	0～65.53	
	H31	电机常数 R2 设定	0～65.53	
	H231	电机常数 R2 设定(第 2 设定)	0～65.53	
	H32	电机常数 L 设定	0～655. 35	
	H232	电机常数 L 设定(第 2 设定)	0～655. 35	
	H33	电机常数 L0 设定	0～655. 35	
	H233	电机常数 L0 设定(第 2 设定)	0～655. 35	
	H34	惯性常数设定	0～655. 35	
	H234	惯性常数设定(第 2 设定)	0～655. 35	

6. C 组扩展功能(端子设定功能)

功能码		功能名称	监视/设定范围	初始值
智能输入端子功能设定	C21	输入端子 1 功能选择	代码 功能 00 RUN(运行状态信号) 01 FA1(频率到达信号，到达某一恒定速度时) 02 FA2(频率到达信号，到达或高于设定速度) 03 OL(频率信号) 04 OD(PID 控制偏差信号) 05 AL(报警信号)	FA1
	C22	输入端子 2 功能选择		RUN

续表

功能码		功能名称	监视/设定范围	初 始 值
	C23	监示讯号选择	A-F(模拟量输出频率监示) B(模拟量输出电流监示) D-F(数字式输出频率监示)	A-F
	C24	报警输出端子功能选择	代码 功能 00 RUN(运行状态信号) 01 FA1(频率到达信号，到达某一恒定速度时) 02 FA2(频率到达信号，到达或高于设定速度) 03 OL(频率信号) 04 OD(PID 控制偏差信号) 05 AL(报警信号)	AL
智能输出端子类型设定	C31	输出端子 11 类型选择	输出端子设定	NO
	C32	输出端子 12 类型选择	NO：动作时闭合(ON 时低电平) NC：动作时断开(ON 时高电平)	NO
	C33	报警输出端子类型选择	NO：报警时，AL0-AL2 闭合 NC：报警时，AL0-AL2 断开	NC
智能输出端子相关功能设定	C41	过载预警门限	0%～200%额定电流　具体值应型号而定	变频器额定电流
	C42	加速到达信号频率设定	0.0～360Hz	0Hz
	C43	减速到达信号频率设定	0.0～360Hz	0Hz
	C44	PID 偏差信号输出门限设定	0.0%～100.0%	3.0%
	C81	模拟表 O 调节	0～255	具体值因型号而定
	C82	模拟表 OI 调节	0～255	具体值因型号而定
其他	C91-C95	—	厂方设定，切勿修改	—

7. 保护功能

功　　能	内　　容		数字操作器	远程操作器/拷贝单元
过流保护(*1)	如果电机突然减速，变频器会受到答电流(再生电流)冲击，引起故障，当变频器检测到205%峰值电流时，即会进行过流保护	恒速	E01	OC.Drive
		减速	E02	OC.Decele
		加速	E03	OC.Dccel
		其他	E04	Over.C
过载保护	当变频器内部的热敏功能检测到电机过载时，变频器的输出被关断		E05	Over.L
制动电阻过载	当再生制动电阻超过应用时间额定值时，由于 BRD 功能停止引起的过压被检测到，变频器输出被切断		E06	OL.BRO

续表

功 能	内 容	数字操作器	远程操作器/拷贝单元
过压保护	当变频器直流侧的电压由于电机的再生能量超过一定值时，这一保护功能将工作，切都变频器输出	E07	Over.V
EEPROM 错误	由于外部噪声，异常升温或其他原因使内存出错，保护功能会切断变频器的输出	E08	EEPROM
欠压保护	变频器输入电压降低会导致控制电路不能正常工作，还会使电机发热，转矩减低	E09	Under.V
CT 出错	当 CT 出现异常时，变频器输出被切断	E10	C T
CPU 错误	当变频器内部的误动作或异常会使得变频器输出切断	E11 E22	CPU1 CPU2
外部跳闸	外部设别的异常信号将使变频器输出切断。(当选择了外部跳闸功能时)	E12	EXTERNAL
USP 错误	当变频器运行时，打开电源，会指示这一错误(当选择 USP 功能时	E13	USP
接地故障保护	上电时，变频器输出和电机之间接地情况会受到检测，以保护变频器，也有可能是功率模块失效	E14	GND.FII
输入过压保护	当变频器的供电电压超过一特定值时，显示一错误信息	E15	OV.SRC
过热保护	如果冷却风扇停止工作，主电路温度上升到一定程度即会关断输出(只适用于含冷却风扇的型号	E21	OH.FIN
PTC 错误	当外部热敏电阻的阻值过大，变频器检测到热敏电阻的异常情况并且切断输出(当选择 PTC 功能时)	E35	PTC
欠压等待	如果变频器输入电压降低，输出关断后将保持一段时间的等待	U	U.WAIT

参 考 文 献

[1] 刘世杰，杨俊．最新国内外数控机床安全操作指南与机械维修及检测实用手册[M]．北京：机械工业出版社，2005．

[2] 邓三鹏．现代数控机床故障诊断与维修[M]．北京：国防工业出版社，2009．

[3] 邓三鹏．数控机床结构及维修[M]．北京：国防工业出版社，2008．

[4] 邓三鹏．数控机床故障诊断与维修[M]．北京：机械工业出版社，2009．

[5] 任建平．现代数控机床故障诊断及维修[M]．北京：国防工业出版社，2005．

[6] 刘永久．数控机床故障诊断与维修技术[M]．北京：机械工业出版社，2006．

[7] 王爱玲．数控机床故障诊断与维修[M]．北京：机械工业出版社，2006．

[8] 龚仲华．数控机床故障诊断与维修 500 例[M]．北京：机械工业出版社，2005．

[9] 龚仲华，孙毅，史建成．数控机床维修技术与典型实例——SIEMENS 810/802 系统[M]．北京：人民邮电出版社，2006．

[10] 吴国经．数控机床故障诊断与维修[M]．北京：电子工业出版社，2004．

[11] 叶晖．图解 NC 数控系统—FANUC 0i 系统维修技巧[M]．北京：机械工业出版社，2004．

[12] 牛志斌．数控机床故障诊断与维修[M]．沈阳：辽宁科学技术出版社，2006．

[13] 韩鸿鸾．数控原理与维修技术[M]．北京：机械工业出版社，2004．

[14] 柴瑞娟，陈海霞．西门子 PLC 编程技术及工程应用[M]．北京：机械工业出版社，2007．

[15] 邓三鹏，张香玲，等．现代数控机床 PLC 相关故障诊断及维修[J]．制造业自动化，2008(10)．

[16] SIEMENS 公司．SINUMERIK 802D、SINUMERIK 802D base line 调试说明．2008．

[17] SIEMENS 公司．SINUMERIK 802D 铣床操作编程指南．2003．

[18] SIEMENS 公司．SINUMERIK 810D/840D 简明调试指南．2006．

[19] SIEMENS 公司．SIMATIC S7-200 可编程序控制器系统手册．2008．

[20] BEIJING-FANUC 公司．BEIJING-FANUC 0i-C/0i Mate-C 简明联机调试手册．2005．

[21] 徐慧，卢艳军．数控机床电气及 PLC 控制技术[M]．北京：国防工业出版社，2006．

[22] 邵泽强，黄娟．机床数控系统技能实训[M]．北京：北京理工大学出版社，2006．

[23] 王钢．数控机床调试、使用与维护[M]．北京：化学工业出版社，2006．